逆引き PIC 電子工作
やりたいこと事典

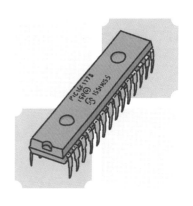

後閑 哲也 著
技術評論社

■ご注意

　本書に記載された内容は、情報の提供のみを目的としています。本書の記載内容については正確な記述に努めて制作をいたしましたが、内容に対して何らかの保証をするものではありません。本書を用いた運用は、必ずお客様自身の責任と判断によって行ってください。これらの情報の運用の結果について、技術評論社および著者はいかなる責任も負いません。

　本書記載の情報については、2019年3月現在のものを掲載しています。それぞれの内容については、ご利用時には変更されている場合もあります。

　以上の注意事項をご承諾いただいた上で、本書をご利用願います。これらの注意事項をお読みいただかずに、お問い合わせいただいても、技術評論社および著者は対処しかねます。あらかじめ、ご承知おきください。

■登録商標

　本書に記載されている会社名、製品名などは、米国およびその他の国における登録商標または商標です。なお、本文中には®、TMなどは明記していません。

はじめに

　筆者は、これまで多くのマイクロチップ社のPICマイコンを使い続けてきましたので、多くの情報や製作例が溜まっているのですが、あちこちで紹介しているためそれぞれがバラバラの状態となっていました。

　そこで、本書では、マイクロチップ社の8ビットPICマイコンをメインにして、最新情報や実際の使用例をひとつに集めて整理してみました。

　スイッチやLEDの使い方から、カラーグラフィック液晶表示器、モータ、多くのセンサの使い方、さらにはBluetooth無線、Wi-Fiを使ってインターネットに接続する方法などなどについて、使いやすい市販部品や、回路図、プログラム例を紹介しています。

　初心者の方から、ベテランの方々を含めて、ちょっとアレを使ってみたいというとき、辞書代わりに本書を使っていただけば何らかのお役に立つのではないかと思います。

　しかし、流石に量が多くすべての項目の詳細までは書き切れていません。そこで、開発環境や内蔵モジュールの使い方、コード自動生成ツール（MCC）の使い方などの詳細については、前著「C言語によるPICプログラミング大全」を参照して頂ければより深く理解できるものと思います。

　両方の書を手元に置いていただき、使うものの対応ページをさっと開いて参考にしていただくことで、読者の製作や設計開発にちょっとでもお役に立てば幸いです。

　末筆になりましたが、本書の編集作業で大変お世話になった技術評論社の藤澤 奈緒美さんに大いに感謝いたします。

2019年3月　　後閑 哲也

目 次

第1章 ● PICマイコンの選び方 ... 9

1-1 PICマイコンの選び方 ... 10
- 001 PICマイコンの種類 ... 10
- 002 PICマイコンの選び方 ... 12

第2章 ● PICマイコンのハードウェア設計のポイント ... 15

2-1 PICマイコンの電源 ... 16
- 003 PICマイコンの電源の条件を知りたい ... 16
- 004 電池と3端子レギュレータを使いたい ... 17
- 005 電池1個から3.3Vや5Vを生成したい ... 18
- 006 高い電圧から3.3V/5Vを作りたい ... 20
- 007 できるだけ低消費電力で動かしたい ... 22
- 008 なにゆえパスコンが必要なのか ... 24
- 009 リチウムイオンバッテリの充電器を作りたい ... 25
- 010 電源停電時のバックアップをしたい ... 27

2-2 PICマイコンのクロック ... 28
- 011 PICマイコンのクロックの条件を知りたい ... 28
- 012 PICマイコンのクロックの生成方法を知りたい ... 29
- 013 正確な時計を作りたい ... 32

第3章 ● PICマイコンのプログラムを作るには ... 33

3-1 PICマイコンのプログラム開発 ... 34
- 014 PICマイコンのプログラムを開発したい ... 34
- 015 プログラマ・デバッガの種類を知りたい ... 37

3-2 MPLAB X IDEの使い方 ... 38
- 016 コンフィギュレーションを設定したい ... 38
- 017 エディタの文字サイズを変えたい ... 39
- 018 実機デバッグをしたい ... 40
- 019 MCCを使いたい ... 42

目 次

第4章 ● 何かを表示したい ... 47

4-1 LEDを光らせたい ... 48
- **020** 一定間隔でLEDを点滅させたい ... 48
- **021** たくさんのLEDの点滅制御をしたい ... 54
- **022** 明るいLED（パワーLED）を使いたい ... 56
- **023** LEDの明るさを連続的に変えたい ... 59
- **024** フルカラーLEDを使いたい ... 63
- **025** 7セグメントLEDを使いたい ... 66
- **026** ドットマトリックスLEDを使いたい ... 69
- **027** LEDテープを使いたい ... 72

4-2 文字やグラフを表示させたい ... 77
- **028** パラレル接続のキャラクタ液晶表示器を使いたい ... 77
- **029** I^2C接続のキャラクタ液晶表示器を使いたい ... 80
- **030** 小型グラフィック液晶表示器を使いたい ... 84
- **031** グラフィック液晶表示器で文字を表示したい ... 89
- **032** フルカラーグラフィック液晶表示器を使いたい ... 93
- **033** 数値や文字列の表現形式を変換したい ... 99
- **034** 数値を文字列に変換して出力したい ... 101

第5章 ● スイッチを使いたい ... 105

5-1 スイッチを使いたい ... 106
- **035** 押しボタンスイッチを使いたい ... 106
- **036** トグルスイッチを使いたい ... 108
- **037** DIPスイッチを使いたい ... 109
- **038** DIP式ロータリースイッチを使いたい ... 112
- **039** マトリクス方式のテンキーを使いたい ... 114

5-2 ロータリーエンコーダを使いたい ... 117
- **040** メカニカル式ロータリーエンコーダを使いたい ... 117
- **041** 光学式ロータリーエンコーダを使いたい ... 120

5-3 リレーを使いたい ... 123
- **042** メカニカルリレーを使いたい ... 123
- **043** フォトカプラ/フォトリレー/フォトトライアックを使いたい ... 125
- **044** AC100Vをオンオフ制御したい ... 128

第6章 ●データをメモリに保存したい　131

6-1 内蔵メモリを使いたい　132
045 PICの内蔵メモリの種類を知りたい　132
046 内蔵EEPROMメモリを使いたい　133
047 内蔵フラッシュメモリにデータを保存したい　137

6-2 外付け大容量ICメモリを使いたい　141
048 外付け大容量ICメモリの種類を知りたい　141
049 I²C接続のEEPROMを使いたい　142
050 SPI接続のEEPROMを使いたい　146
051 SPI接続の大容量フラッシュメモリを使いたい　151

第7章 ●何かと通信したい　155

7-1 パソコンと通信したい　156
052 USBシリアル変換ケーブルでパソコンと通信したい　156
053 Bluetoothでパソコンと通信したい　158
054 Wi-Fiでパソコンと通信したい　162
055 USBで直接パソコンと通信したい　166

7-2 スマホ・タブレットと通信したい　169
056 Bluetooth通信でタブレットと接続したい　169
057 Wi-Fi通信でタブレットと接続したい　170

7-3 ESP WROOM-02同士で通信したい　171
058 PIC同士をWi-Fiで通信したい　171
059 ESPをアクセスポイントとして使いたい　175
060 ESP同士で直接通信したい　178

第8章 ●何かを動かしたい　183

8-1 モータを使いたい　184
061 モータの種類を知りたい　184
062 DCブラシモータを使いたい　185
063 ブラシモータの回転方向と回転速度を可変制御したい　188
064 ステッピングモータを使いたい　191

8-2　RCサーボを使いたい ……………………………………………………………… 195
- **065**　RCサーボを使いたい ……………………………………………………… 195
- **066**　高分解能でRCサーボを使いたい ……………………………………… 198
- **067**　連続回転のRCサーボを使いたい ……………………………………… 202

8-3　リモコンで制御したい …………………………………………………………… 204
- **068**　無線リモコンで動かしたい ……………………………………………… 204
- **069**　赤外線リモコンで制御したい …………………………………………… 208
- **070**　方向の制御をしたい（ジョイスティック）………………………………… 214

第9章●センサをつなぐには …………………………………………………… 215

9-1　センサ接続用の設定を行いたい ………………………………………………… 216
- **071**　MCCでUSARTを設定して使いたい ……………………………………… 216
- **072**　MCCでA/Dコンバータを設定して使いたい ……………………………… 220
- **073**　MCCでI²Cを設定して使いたい …………………………………………… 223
- **074**　MCCでSPIを設定して使いたい …………………………………………… 226
- **075**　MCCでオペアンプを設定して使いたい …………………………………… 228
- **076**　MCCでCLCを設定して使いたい ………………………………………… 230

第10章●何かを測りたい ………………………………………………………… 233

10-1　電気的な計測 ……………………………………………………………………… 234
- **077**　電圧を測りたい …………………………………………………………… 234
- **078**　電流を測りたい …………………………………………………………… 238
- **079**　パルス数をカウントしたい（SOSCを使いたい）………………………… 240
- **080**　パルス幅を測りたい ……………………………………………………… 243
- **081**　周波数を測りたい ………………………………………………………… 246
- **082**　電流センサを使いたい/大電流を測りたい ……………………………… 248

10-2　自然界の計測 ……………………………………………………………………… 250
- **083**　アナログ式温度センサを使いたい ………………………………………… 250
- **084**　デジタル式温湿度センサを使いたい ……………………………………… 253
- **085**　大気圧が測れる複合センサを使いたい …………………………………… 259
- **086**　明るさを測りたい ………………………………………………………… 262
- **087**　色を測りたい ……………………………………………………………… 264
- **088**　GPSで緯度・経度・高度・時刻を測りたい ……………………………… 267
- **089**　傾きを測りたい …………………………………………………………… 271

- 090 方角を知りたい……274
- 091 磁力の強さを測りたい……277
- 092 超音波センサで距離を測りたい……280
- 093 赤外線測距センサで距離を測りたい……283
- 094 人の接近を知りたい……285
- 095 圧力を測りたい……288
- 096 においを測りたい……289
- 097 人や物の通過や白黒の検出をしたい……292
- 098 音の大きさを測りたい……293

第11章 音を扱いたい……295

11-1 簡単に音を出す……296
- 099 ブザーを鳴らしたい……296
- 100 音階を出力したい……299
- 101 正弦波を出力したい……302
- 102 スピーカで音を鳴らしたい/音を大きくしたい……305

11-2 音を入出力する……307
- 103 WAVファイルの音楽を再生したい……307
- 104 WAVファイルをフラッシュメモリに書き込みたい……309
- 105 テキストを音声で出力したい（音声合成）……311

第12章 インターネットにつなぎたい……313

12-1 ネットワーク接続する……314
- 106 IFTTTを使って計測値をブラウザで見たい……314
- 107 NTPから時刻を取得したい……321
- 108 Twitterに自動でつぶやきたい……326

索　引……330
参考文献……334
ダウンロードについて……335

第1章
PICマイコンの選び方

　本章では、PICマイコンのファミリ全体を説明し、その中から使うPICマイコンを選択する場合に、どういう条件で選んだらよいかを説明します。
　2016年にAtmel社を買収してさらにマイコンのファミリが増えたため、非常に多くの選択肢となってしまいました。本書ではPICマイコンに限定して解説していきます。

第1章　PICマイコンの選び方

1-1　PICマイコンの選び方

001　PICマイコンの種類

AVR
8ビットマイコン。
Arduinoに使用。

SAM
32ビットマイコン。

現状のPICマイコンは2000種類に及ぶ勢いで増加していますが、全体は図1のように分かれています。最近Atmel社を買収したためAVR[*]とSAM[*]というファミリが追加されています。

●図1　PICマイコンファミリの構成

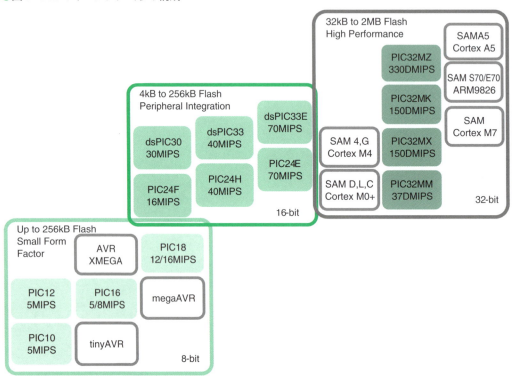

1　8ビットファミリ

この8ビットファミリはさらに下記の4種類に分かれています。

●ベースラインファミリ

PIC10/12が該当し、6ピンから18ピンの最小のPICマイコンです。

10

1-1 PICマイコンの選び方

❷ミッドレンジファミリ

PIC16が該当し、最近PIC16F1xxx*という型番の強化版がリリースされ周辺モジュールも豊富で最もよく使われています。本書ではこの中のPIC16F1ファミリを中心にして解説していきます。

❸ハイエンドファミリ

PIC18が該当し、8ビットの中では高機能なファミリです。USBやイーサネット、DMA*に対応する周辺も内蔵しています。

❹AVRファミリ

旧Atmel社製品で、tiny、megaAVR、XMEGAの3ファミリがあります。

2 16ビットファミリ

この16ビットファミリもさらに下記2種類に大別されます。

❶PIC24ファミリ

汎用の16ビットマイコンで、演算性能などが8ビットに比べ格段に高速となっています。周辺モジュールもUSBホストやモータ制御などに対応しています。

❷dsPICファミリ（DSCファミリ）

PIC24FにDSP*機能を追加したもので、高速な積和演算が可能です。高速モータ制御やデジタル電源、音声処理などに対応しています。

3 32ビットファミリ

32ビットファミリは多くの種類に分かれており、基本的には実行速度などの性能の差で分かれています。グラフィック表示や高機能なアプリケーションに対応できます。

上位SAMファミリは、外付けDRAM*を接続してLinux*を実行できるレベルのものもあります。

PIC16F1xxx
通称「F1ファミリ」。

DMA
Direct Memory Accessの略。
周辺モジュールとメモリ間の高速通信ができる。

DSP
Digital Signal Processingの略。
アナログ信号をデジタル処理すること。

DRAM
Dynamic Random Access Memoryの略。
パソコン等に使われているメモリ。

Linux
Windowsと並ぶOperating System。
オープンソースなので無料で使える。

1-1　PICマイコンの選び方

002　PICマイコンの選び方

　非常に多種類のPICマイコンから、自分の用途に合うものを選ぶときに参考となる基準について考えてみます。特別な用途でこれとは異なる結論になる場合もありますが、およそ次の手順で考えます。

■1 何をしたいのか

　まずは外部とのかかわりを考えます。まず**全体として何をしたいのか**を具体的に決めます。その次には、それを**実現するためには何が必要か**を調べます。つまり何を入力にするか、センサであったりオンオフ信号であったりします。そしてそのデータをもとに何を動かすかを調べます。モータやブザーやLED*が必要かもしれません。

> **LED**
> Light Emitting Diodeの略。発光ダイオードのこと。

■2 接続方法を調べる

　PICマイコンに**どういうデバイスを接続する必要があるのか**、PICマイコンの**ピンに何をどう接続すればよいか**、そして**どう動かせばよいか**ということです。
　接続するデバイスが決まったら、それを**PICマイコンでどう動かすか**を調べます。場合によっては直接接続が不可能で、間に別のハードウェアや電子回路が必要になるかもしれません。
　マイコンを使ってものづくりをする際には、多くは図1のような構成となります。マイコンに入力するには、すべて電気的な信号にする必要があります。しかもその電圧範囲は0Vから数Vという直流電圧です。したがって、外部デバイスを直接接続できない場合もあり得ます。この場合には外部に変換回路（入力接続部）*を追加します。同じように外部のデバイスに出力するときにも、同じレベルの電圧でしか出力できないので、直接接続できないかもしれません。この場合にも何らかの変換回路（出力接続部）*が必要となります。

> **入力接続部**
> これらを「入力インターフェース」と呼ぶ。
>
> **出力接続部**
> これらを「出力インターフェース」と呼ぶ。

●図1 マイコンを使った場合の基本構成

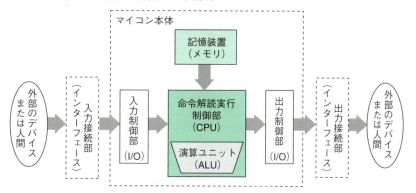

3 どういうプログラムが必要かを考える

動かし方が決まったら、それをPICマイコンでどうやって動かすかを考えます。場合によってはPICマイコンの**内蔵モジュール**[*]を使うと簡単にできるかもしれませんし、プログラムだけでできてしまうかもしれません。

> **内蔵モジュール**
> 周辺モジュールとも呼ばれる。タイマやA/Dコンバータなど。

4 PICマイコンファミリを決める

必要な内蔵モジュール、動かすプログラムの予想サイズ、速度などから8/16/32ビットのどのファミリが必要かを調べます。16ビットまたは32ビットが必要なのは次のような場合です。

- USBホストやイーサネットを使いたい
- カラーグラフィックLCD[*]を使いたい
- 高精度な演算をしたい
- 多数の制御を同時に実行したい

> **LCD**
> Liquid Crystal Display。
> 液晶表示器のこと。

上記以外の場合は、大部分8ビットファミリで実現可能です。

あとは**ピン数とメモリサイズで選択**しますが、メモリサイズは大きめのものを選択しておけば困ることはないでしょう。

5 内蔵モジュールの使い方を考える

具体的に動かす段階では、プログラムを作る前に、**内蔵モジュールをうまく使えないか**を考えます。内蔵モジュールが使えるのは次のような場合です。

- パルス出力が必要な場合
  連続パルス、単発パルスいずれも可能です。
- シリアル通信[*]が必要な場合
  最近は多くのセンサがシリアル通信に対応しています。

> **シリアル通信**
> 数本の配線で信号を送受信する方式のこと。

第1章　PICマイコンの選び方

> **ブリッジ回路**
> DCモータを可変速、可逆制御する場合の回路構成のこと。
>
> **A/D変換**
> Analog to Digital。アナログ信号の電圧をデジタル数値に変換すること。
>
> **タイマ**
> 一定時間間隔や、一定遅延時間を生成できる内蔵モジュールのこと。

- ブリッジ回路*制御
  モータを動かす場合には必須の回路です。
- 電圧入力が必要な場合
  A/D変換*により、電圧値をデジタル数値に変換できます。
- 一定間隔の時間や遅延が必要な場合
  タイマ*などにより生成できます。
- パルス幅の測定が必要な場合
  高速、低速いずれのパルス幅も測定できます。
- 時計が必要な場合
  年月日時分秒をカウントできます。
- USB接続が必要な場合
  USBコネクタだけで接続できるようになります。
- 音の出力をしたい場合
  広帯域の音が生成できます。

6 プログラムの構成を考える

　内蔵モジュールの使い方が決まったら、どういうプログラムで動かすかを考えます。この場合には、次のようなことを検討します。

- 割り込みを使う必要があるか
  特にシリアル通信の受信は、いつ送信されてくるかわからないので、割り込みを使うと簡単化できます。
- 処理時間の見積もり
  外部条件などで処理時間が制限される場合など、十分間に合うかを検討します。特に、複数のことを同時に実行しなければならないような場合、十分余裕を持たせる必要があります。このようなとき割り込みが必要になります。

第2章
PICマイコンのハードウェア設計のポイント

PICマイコンを使ってハードウェア回路を設計する際に必要となるポイントについて説明します。これだけを確認すれば回路設計は間違いなくできるというポイントです。
このポイントは電源とクロックの二つとなります。これらの設計の仕方について解説します。

2-1 PICマイコンの電源

003 PICマイコンの電源の条件を知りたい

クロック
デジタル回路を動かすために必要な一定周波数のパルス信号のこと。

PICマイコンを動かすために最低限必要なものは、電源とクロック*です。

電源にはPICマイコンの種類により表1のように5V系と3.3V系の2種類があります。**すべて直流電圧**となります。最大消費電流は最高速度で動作させた場合の電流値で、これ以上消費することはないという目安の値です。

使おうとしている電源の電圧や、消費電流の許容値に合わせて適当なPICマイコンを選択する必要があります。

▼表1 PICマイコンの電源

項　目	通常タイプ（5Vタイプ）	低電圧タイプ（3.3Vタイプ）
絶対最大定格	－0.3V ～ 6.5V	－0.3V ～ 4.0V
動作電圧	2.3V ～ 5.5V	1.8V ～ 3.6V
対象製品	PIC16F PIC18F Kファミリ PIC24FV KA/KMファミリ dsPIC30Fファミリ ―	PIC16LF PIC18F Jファミリ PIC24F KL/MC/Gx/DA PIC24H,PIC24Eファミリ dsPIC33F/33Eファミリ PIC32MM/MX/MZファミリ
最大消費電流 PIC16 PIC18 PIC24F PIC24H/24E dsPIC30 dsPIC33F/33E PIC32	5mA 12mA 20mA ― 150mA ― ―	3.6mA 7mA 18mA 90mA/60mA ― 70mA/80mA 90mA

電源の消費電流はクロック周波数と電源電圧にほぼ比例して増減します。例えばPIC16F1ファミリの例では図1のようなグラフとなっています。PIC16Fタイプでは上限があって3.3V以上はほぼ一定となっていますが、PIC16LFタイプでは電源電圧に比例して消費電流が増加しています。

●図1 PICマイコンの消費電流とクロックと電源電圧の関係（データシートより）

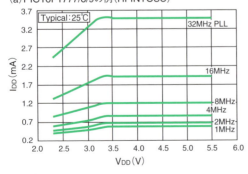

(a) PIC16F1777/8/9の例（HFINTOSC）

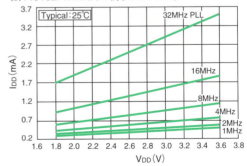

(b) PIC16LF1777/8/9の例（HFINTOSC）

2-1 PICマイコンの電源

004 電池と3端子レギュレータを使いたい

　電池からPICマイコンの電源を供給する場合、乾電池、ニッカド、ニッケル水素など多くの電池が使えます。いずれも1.25Vか1.5V出力の電池ですから、3.3V用には2本、5V用には3本を直列にして使います。

　リチウムイオン電池は通常3.7V出力ですので、3.3V用電源としては直接接続できません。5V用電源として使うことはできます。

　電池から直接供給する場合には、電池の消耗により電圧が降下するため電圧が緩やかに変動することになります。アナログ信号の計測をするような場合には、変換のための基準が変動するので正確な計測ができなくなります。このような場合には**電源電圧を一定の電圧にして動作させる必要**があります。

　電源電圧を下げたり一定にしたりするには「**レギュレータ**」を使います。レギュレータとしては、図1のような**3端子レギュレータ**とか**リニアレギュレータ**とか呼ばれるICを使います。安定化電源に必要なすべての機能が3ピンのパッケージ内に集積されていて、まず間違いなく動作するのでよく使われています。

●図1　3端子レギュレータの例

 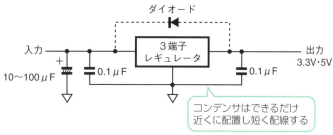

コンデンサはできるだけ近くに配置し短く配線する

降圧タイプ
入力より低電圧の出力を出すタイプ。

LDO
Low Drop Outの略。入出力間の電圧差が小さいレギュレータのこと。

　基本的に降圧タイプ*ですので、出力電圧より入力電圧を高くします。最近は「**低ドロップタイプ（LDO***）」といわれるものが一般的になっていて、入力電圧が出力電圧より0.2Vから0.5V程度以上高ければ定電圧出力が出るようになっています。この**電圧差が小さいほど入力電圧を低くできます**から、レギュレータ自身で発生する熱が少なくなりますし、バッテリのときはより低い電圧まで使えますから、より長時間使えます。図のように電源オフ時の逆電圧でレギュレータが壊れるのを防止するため、ダイオードを付加することもあります。

2-1　PICマイコンの電源

005　電池1個から3.3Vや5Vを生成したい

昇圧型DC/DC コンバータ
直流入力から電圧のより高い電圧の直流出力を生成する素子のこと。

　単3電池1本や2本からPICマイコンなどに必要な3.3Vや5Vの電圧を生成するためには、**昇圧型DC/DCコンバータ**＊を使います。最近では図1のように動作する回路が一体化されて市販されているものも多く便利に使えます。いずれも電池1本から昇圧でき、数百mA程度の出力電流容量となっているので、用途によって選択します。

●図1　市販の昇圧型DC/DCコンバータの例

XCL102D333CR-G 搭載
入力電圧：0.9V 〜 3.3V
出力電圧：3.3V
出力電流：Max310mA
非絶縁タイプ
（秋月電子通商製）

XCL102D503CR-G 搭載
入力電圧：0.9V 〜 5.0V
出力電圧：5V
出力電流：Max210mA
非絶縁タイプ
（秋月電子通商製）

　昇圧型のDC/DCコンバータを自作する場合には、専用ICを使えば比較的容易にできます。ちょっと特別な部品としてコイルがありますが、最近はこれらも市販されているので入手は可能です。
　実際の専用ICの例が図2となります。入力電圧が0.65V以上あれば動作し、出力電圧を2.0Vから5.5Vの範囲で設定できて、非常に小型ですので小さな面積に組み込むことができます。

●図2　昇圧型DC/DCコンバータ用ICの例

MCP1640（マイクロチップ社）
入力電圧：0.65V 〜 5.5V
出力電圧：2.0V 〜 5.5V 設定可能
出力電流：Max150mA 〜 350mA
パッケージ：SOT23

2-1 PICマイコンの電源

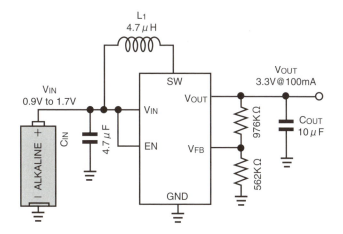

　これを使った図3のような市販品もあります。出力電圧が5.5Vまで可変できるのですが、入力電圧以上にはできないので注意が必要です。

● 図3　MCP1640を使った製品例

ストロベリー・リナックス社製
入力電圧：0.65V～5.0V
出力電圧：2.0V～5.5V設定可能
出力電流：Max250mA
　　　　　（@ IN＝2.0V OUT＝3.3V）
サイズ　：14×11×3.5mm

19

2-1 PICマイコンの電源

006 高い電圧から3.3V/5Vを作りたい

降圧型DC/DC コンバータ
直流入力からより低い電圧の直流出力を生成できる素子のこと。

　12V以上の電圧の高い電源から3.3Vや5Vを生成する場合、供給すべき電流が100mAを超えると、3端子レギュレータでは発熱が多くて使いにくくなります。このような場合には**降圧型DC/DCコンバータ***を使います。図1のように3端子レギュレータと同じように使えるものも市販されています。変換効率が高く発熱も少ないので便利に使えます。

● 図1　市販降圧型DC/DCコンバータの例

型番：MPM82
（サンケン電気製）
入力電圧：DC8V～30V
出力電圧：5V　2A
変換効率：80％以上
SW周波数：630kHz

型番：M78AR033-0.5
（Minmax Technology製）
入力電圧：DC4.75V～32V
出力電圧：3.3V　0.5A
変換効率：81％以上
SW周波数：330kHz

　さらに図2のように出力電圧を可変できるようにした市販のDC/DCコンバータもあります。出力電流容量も大きいので、ちょっとした汎用の電源装置を製作するような場合に便利に使えます。

● 図2　市販DC/DCコンバータの例

型番：HRD12003
（新電元工業）
入力電圧：DC17V～40V
出力電圧：5V～24V
（入力電圧＞出力電圧+5V）
出力電流：最大3A
変換効率：82％以上

2-1 PICマイコンの電源

DC/DCコンバータを自作する場合には、降圧型DC/DCコンバータ用ICを使います。このICにもたくさん市販されているものがあります。

実際には図3のような回路となります。この例ではACアダプタからのDC24Vを入力源とし、出力は5Vで最大1Aまで供給可能な回路となります。出力電圧（Vout）はR3とR4の抵抗値の比により自由に決められるので、同じ回路を使いまわすことで多種類の電圧に対応させることができます。あるいは可変抵抗を使って任意の出力電圧に設定することもできます。

●図3　DC/DCコンバータの回路例

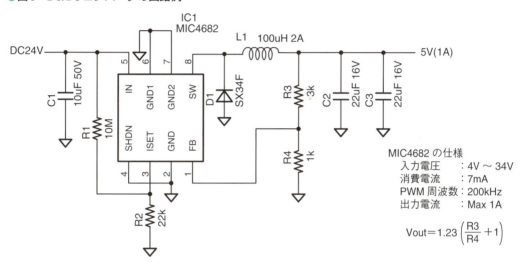

MIC4682の仕様
入力電圧　：4V〜34V
消費電流　：7mA
PWM周波数：200kHz
出力電流　：Max 1A

$$V_{out} = 1.23 \left(\frac{R3}{R4} + 1 \right)$$

図3の回路で使うコイルには、図4のような形状のものが市販されています。左側の2個は表面実装タイプで2A、3Aが流せるタイプです。右側の円筒型のものは電流容量により大きさが変わります。

●図4　市販のコイル例

2-1 PICマイコンの電源

007 できるだけ低消費電力で動かしたい

PICマイコンをコイン電池などで長時間動作させる場合のように、できるだけ低消費電力で動作させるときのノウハウは次のようになります。

❶ 低電圧版のPIC16LFタイプを選択する

PIC16LFタイプとPIC16Fタイプによる消費電流は表1のようになります。特に **PIC16LF** タイプはスリープ時の消費電流が少なくなります。

▼表1　消費電流の例（PIC16F1778、PIC16LF1778の場合）

動作モード	クロック	電源電圧	消費電流 （PIC16LF）	消費電流 （PIC16F）
LP	32kHz	3.0V	12μA	25μA
MFINTOSC	500kHz	3.0V	145μA	180μA
XT	4MHz	3.0V	390μA	430μA
HFINTOSC	16MHz	1.8V/2.3V	0.9mA@1.8V	1.2mA@2.3V
		3.0V	1.5mA	1.5mA
		5.0V	—	1.7mA
HFINTOSC	32MHz	3.0V	2.9mA	2.9mA
		3.6V/5.0V	3.5mA@3.6V	3.0mA@5.0V
HS+PLL	32MHz	3.0V	2.8mA	2.9mA
		3.6V/5.0V	3.4mA@3.6V	3.1mA@5.0V
スリープモード	基本部のみ	3.0V	0.05μA	0.4μA
	LFINTOSC+WDT	3.0V	0.8μA	0.9μA

❷ クロック周波数を低くする

周波数が高くなるほど消費電力が大きくなります。したがってできる限り低い周波数のクロックを使うようにします。

❸ 電源電圧を低くする

電源電圧が高いほど消費電流が大きくなります。したがって規格範囲内でできる限り電圧を低くします。

❹ 入力ピンはLowかHighに固定する

入力モードのピンで何も接続されていない状態は避け、抵抗でプルアップかプルダウンして固定するか[*]、出力モードにします。これは入力ピンの内部回路のCMOS構造により、無接続状態にするとトランジスタの貫通電流がわずかに流れる状態になり、余計な電流が流れてしまうためです。

抵抗を使って回路を電源に接続することをプルアップといい、無接続時に信号がHighになる。また、GNDに接続することをプルダウンといい、無接続時に信号がLowになる。

2-1 PICマイコンの電源

❺ スリープを使い間欠動作とする

最も効果的に消費電流を減らすにはスリープ状態にすることです。スリープモードにするには、単にアセンブラのsleep命令かC言語ではSLEEP()関数を実行するだけです。スリープ命令が実行されるとクロック発振が停止するため、大部分の内蔵モジュールは動作を停止します。しかし、表2のようなシステムクロックで動作していないものは、スリープ中でも動作を続けます。

▼表2 スリープ中も動作継続するもの

項　目	動作概要
ウォッチドッグタイマ	LFINTOSC*はスリープ中も動作するのでWDTも継続する
ADコンバータ	専用RCクロックを使うと動作を継続する
タイマ1	LFINTOSCかSOSC*クロックで非同期とする
SPIスレーブ	マスタからのクロックで動作する
外部割込み	INT割り込みはクロックを必要としない
状態変化割り込み	エッジの状態変化検出にはクロックを必要としない

LFINTOSC
PIC内蔵の低周波発振器。

SOSC
32.768kHzのクリスタルを接続する副発振器

WDT
Watch Dog Timerの略。プログラムの正常動作を監視するタイマ。

079項p.241参照

デバイスリセット
プログラム監視の場合、リセットしてプログラムを初期状態から再開させる機能。

通常は、スリープ中も動作する**ウォッチドッグタイマ（WDT）***か、専用発振回路で動作するタイマ1の割り込みでウェイクアップさせる間欠動作*で使います。

スリープ中にWDTがタイムアップすると、デバイスリセット*ではなく、スリープからのウェイクアップ動作となり、スリープ命令の次の命令から実行を再開します。これで、一定間隔でプログラムの実行とスリープを繰り返すことができますから、WDT周期の間欠動作となります。

間欠動作時には、図1のように間欠的に通常の動作電流が発生しますが、スリープ中の消費電流は数μA程度と非常に少ないですから、スリープ時間の割合が多ければ、平均の消費電流を大幅に削減できます。

❻ 入出力ピンに流れる電流を無くす

スリープ中でも入出力ピンは状態が保持されるので、スリープに入ったとき、入出力ピンに電流が流れるような状態のままだと、低消費電力ではなくなってしまいます。これを防ぐために、入出力ピンから電流を供給しなければならない回路を避けることと、スリープ命令を実行する前に、入出力ピンを入力モードにして、余分な電流が流れるのを防止します。

●図1　間欠動作時の消費電流

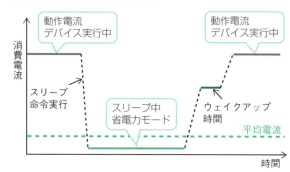

平均電流 = $\dfrac{(動作電流 \times 動作時間)+(待機電流 \times 待機時間)}{全時間}$

2-1 PICマイコンの電源

008 なにゆえパスコンが必要なのか

回路図でグランド記号により表現されているところは、全部電源のグランド端子に接続すれば良いことになっています。しかし、単純に接続しただけでは正常に動作せず、ときどき変な動きをする現象に悩まされることがあります。

例えば、次の図1のIC2でパルス状に電源電流が流れるとします。そしてIC2と電源の間にIC1が接続されているとします。IC2に流れる電流は電源からIC2を通ってグランドに流れていきます。

●図1　バイパスコンデンサ（パスコン）の働き

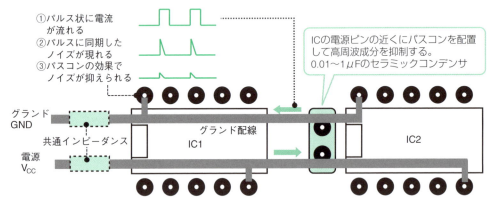

この場合、IC2のパルス電流が立ち上がる瞬間に、周波数の高い成分が含まれるため、グランドとIC1の間の配線がコイルの役割を果たしてしまい、IC1とIC2の「**共通インピーダンス**＊」となって電圧降下を引き起こします。これによりIC1のグランド端子の位置でインパルス＊状のノイズ電圧を発生させてしまいます。このノイズ成分の電圧が高くなると、IC1は入力信号が無いにもかかわらず誤作動してしまいます。

このような問題の解決には、図1のようにIC2の**電源ピンの近くで、電源とグランドとの間にコンデンサを挿入**します。すると、急にIC2に電気を流さなければならないとき、電源からすぐには届かない場合でも一時的にコンデンサから放電して急場をしのげます。これで電源から直接高い周波数のパルス電流を流さなくてもよくなるので、共通インピーダンスでのノイズ電圧が抑制され、IC1の誤動作要因を無くすことが可能になります。

このように電源回路の途中に挿入するコンデンサのことを「**パスコン**」とか「**バイパスコンデンサ**」と呼びます。

インピーダンス
交流に対する抵抗のこと。

インパルス
時間幅の短いパルスのこと。

2-1 PICマイコンの電源

009 リチウムイオンバッテリの充電器を作りたい

　リチウムイオンバッテリの充電は複雑で、注意しないとバッテリを損傷したり発火したりするので、**基本的には専用の充電制御ICを使います**。

　実際の例が図1で、マイクロチップ社の充電専用ICを使っています。このICは外付けの部品も少なく、小さなICなので便利に使えます。入力電圧は5Vで、充電電流は500mA以下で図中のR1により自由に設定できます。

　充電方法は、図1のグラフのようにバッテリが正常に充電可能と判定できたら、すぐに設定した最大充電電流の定電流充電モードになり、充電電圧が4.2Vになるまで継続します。そのあとは定電圧充電モードとなって徐々に充電電流が減っていき、最小の充電電流になった時点で終了となります。

　このデバイスは最大500mAまで流せますが、発熱が大きくなるため、実際には300mA程度までで使うのが実用的かと思います。

　標準入力が5Vとなっているので、USBからの充電用にも使えます。

●図1　専用充電ICの回路例

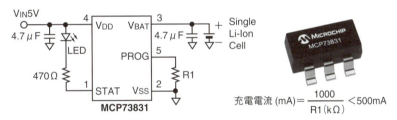

充電電流(mA) = $\dfrac{1000}{R1(k\Omega)}$ < 500mA

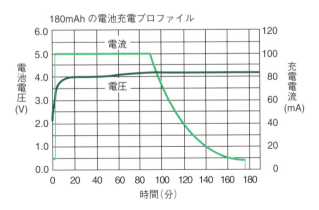

第2章 PICマイコンのハードウェア設計のポイント

FET
電界効果トランジスタ。

　さらに大電流で充電したい場合には、外付けのトランジスタを付加できる専用ICを使います。実際の例が図2のようになります。
　この場合には外付けの2SJタイプ（Pチャネル）のFET*に充電電流が流れますから大電流を流せます。定電流充電時の電流値はR1の抵抗で図2の右下の式のように決められます。ただし、この場合のFETはオンオフ制御ではなくリニア制御になり発熱が避けられないので、**流せる最大電流はFETの許容電力値と放熱容量に依存**することになります。

●図2　専用充電ICの回路例

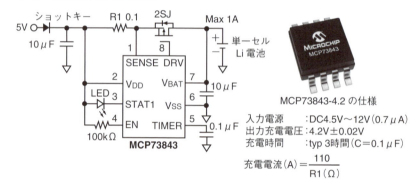

$$充電電流(A) = \frac{110}{R1(\Omega)}$$

　図3は同様の外付けFETのタイプの例ですが、このICは、図3の右下の式のようにR1の抵抗で定電流充電時の充電電流が決定されます。さらにIMONピンからR1の両端の電圧差を26倍した電圧が出力されるので、マイコンなどで充電電流値を計測する際には便利に使えます。流せる電流値がFETの許容電力値と放熱容量に依存するのは同じです。

●図3　専用充電ICの回路例

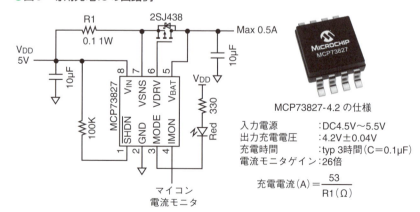

$$充電電流(A) = \frac{53}{R1(\Omega)}$$

2-1 PICマイコンの電源

010 電源停電時のバックアップをしたい

電源が停電したときのバックアップは、どれくらいの時間バックアップするかで方法が変わります。短時間（数分）の場合には**電気二重層コンデンサ***が使えます。それ以上の場合には電池を使うことになります。通常は充電電池が使われ、**ニッケル水素電池が簡単に扱えるのでよく使われます。**

電気二重層コンデンサ
非常に大容量が実現できるコンデンサの一種。

最も単純な回路例が図1のようになります。

(a)はリチウムイオンの一次電池を使った例で、逆流防止用のショットキーダイオード*だけで構成しています。常時はD3経由で3.3Vから供給され、3.3Vが無いときはD4経由でバッテリから供給されます。

ショットキーダイオード
順方向電圧が0.3V以下と低いダイオード。

(b)は電気二重層コンデンサを使った例で、耐圧が低いので2個を直列にして使い、逆流防止用のショットキーダイオードと、コンデンサへの突入電流を制限する抵抗で構成しています。電源があるときはD2経由で供給しながらコンデンサの充電も行います。電源が無くなったときはD1経由でコンデンサから供給します。

(c)はニッケル水素電池を使った例で、この場合の抵抗は微少電流で電池を充電するための電流制限用で、これで電池を**トリクル充電方式***で使います。この充電方式の場合には、特に過放電とか過充電を考慮する必要がないので簡単にできます。動作は(a)の場合と同じになります。

トリクル充電方式
微小な電流で充電する方式で、満充電で充電を継続しても電池に負荷を与えない。

●図1 電源の停電バックアップ回路例

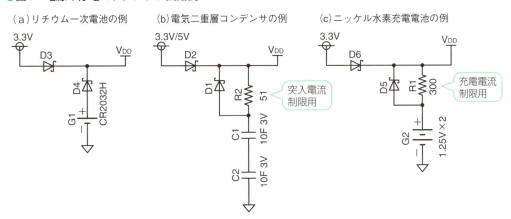

2-2 PICマイコンのクロック

011 PICマイコンのクロックの条件を知りたい

　PICマイコンを動かすために最低限必要なものは、電源とクロックです。
　クロックとは、マイコンを含めたデジタル論理回路を動かす場合に必ず必要となる**一定の周波数の連続パルス信号**のことで、これが動作のペースメーカとなります。PICマイコンでは最高動作周波数は表1となっていて、命令実行速度がこの周波数に比例し、性能の差となります。必要なプログラム実行速度を元に、この中から適当なPICマイコンを選択します。

▼表1　PICマイコンのクロック最高周波数

PIC種別	5Vタイプ（F）	3.3Vタイプ（LF）
PIC16	20MHz	4MHz
PIC16F1	32MHz	16MHz/32MHz（電圧に依存）
PIC18	40MHz	4〜20MHz（電圧に依存）
PIC24F、24H、24E	—	32MHz、80MHz、120MHz/140MHz
PIC24FV	32MHz	—
dsPIC30F	120MHz	—
dsPIC33F、33E	—	80MHz、120MHz/140MHz
PIC32MM、MX、MZ	—	25MHz、50MHz/80MHz、250MHz

　クロックで注意が必要なことは、クロックの**最高周波数が電源電圧により制限を受ける**ことです。例えばPIC16F1ファミリやPIC18FJファミリの場合には、図1のように電源電圧でクロック最高周波数が制限されます。

●図1　電源電圧によるクロックの制限（PIC16F1ファミリの場合）

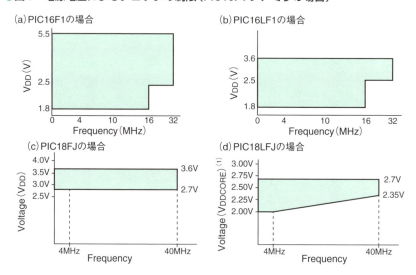

2-2 PICマイコンのクロック

012 PICマイコンのクロックの生成方法を知りたい

　PICマイコンは、外部に発振子を接続する発振回路と、内蔵の発振回路とを持っており多くの種類から選択して使うことができます。例えばPIC16F1778の発振回路のブロック構成は図1のようになっています。

●図1　クロック発振回路ブロック　（PIC16F1778の場合）

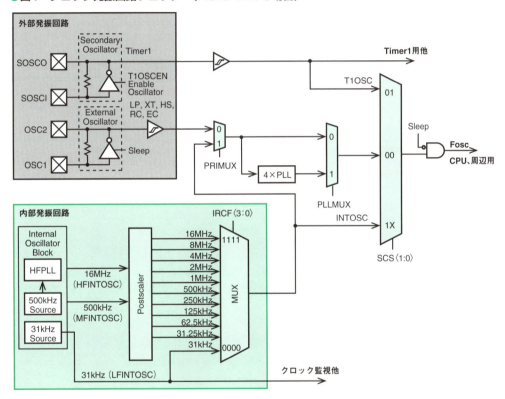

　図の左上側の部分が、外部発振回路部（EXTOSC）で、OSC1/OSC2ピン間にクリスタル発振子やセラミック発振子を接続して使います。OSC2ピンに外部の発振器の出力を接続して使うこともできます。Secondary（SOSC）側は32.768kHzのクリスタルを接続して発振させる副クロックです。

　左下側が内蔵発振回路部で、通常はHFPLLを使いPostscaler*で分周して適当な周波数にして使います。外部、内部いずれの場合も中央にあるPLL*回路で8MHzを4倍して32MHzとして使うことができます。

Postscaler
クロック周波数を下げるための分周器。

PLL
Phase Lock Loop。周波数を逓倍することができる回路。

第2章 PICマイコンのハードウェア設計のポイント

コンフィギュレーション
PICマイコンのハードウェアの動作設定をするためのもの。設定値をメモリの特定の場所に書き込む。

これらの中からいずれかの発振回路の一つがコンフィギュレーション＊（SCS<1:0>）で選択されてシステムクロックとして供給されます。

このブロック構成で選択可能なクロック生成方法には表1のような選択肢があります。大別すると3種類となりますが、どれを使うかの選択は**必要なクロック周波数、周波数精度、消費電流に依存**します。

▼表1 PICマイコンのクロックの生成方法

モード		概　　要	周波数範囲
外部発振器	ECL	外部発振器を使用	DC〜0.5MHz
	ECM		DC〜4MHz
	ECH		DC〜32MHz
		外部発振器で4倍PLL使用	8MHz×4＝32MHz
外部発振	LP	外部発振子を接続し内蔵発振回路で発振	32.768kHz
	XT		0.1MHz〜4MHz
	HS		1MHz〜20MHz
	HSPLL	外部発振で4倍PLLを使用	8MHz×4＝32MHz
	EXTRC	外付けRC発振	DC〜4MHz
内蔵発振	INTOSC	内蔵発振器（16MHzと500kHzと31kHz）	31,31.25,62.5,125,250,500kHz 1,2,4,8,16MHzが選択可 OSCCONレジスタで指定
		内蔵発振器でPLL使用	8MHz×4＝32MHz

外部発振を使う場合、**クリスタル（水晶）発振子**は、周波数精度が高く（数10ppm以下）安定な発振をします。図2左側がクリスタル振動子の代表的なもので、右側がHC-49U、真ん中がHC-49USと呼ばれるタイプです。一番左側はSecondary（SOSC）に使う32kHzのタイプで、通常は周波数が32.768kHzとなっていて2の15乗の値となっています。これで**1秒パルスを生成するのに便利**なようになっています。

セラミック発振子は、周波数変動誤差が±0.5％程度なのですが、クリスタル発振子より安価なことがメリットです。図2右側が代表的なセラミック発振子で、ほとんど3本足のコンデンサ内蔵タイプが使われています。真ん中の足をグランドに接続します。

クリスタル発振、セラミック発振いずれも推奨回路は図2下側のようになっています。クリスタル発振の場合、C1、C2に使用するコンデンサは、発振周波数によって図の表のように適した値を選ぶ必要があります。コンデンサの種類は一般的なセラミックコンデンサを使います。

● 図2 外部発振回路でクロックを生成する場合

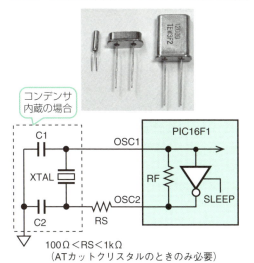
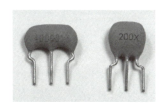

発振モード	発振周波数	C1の値	C2の値
LP	32kHz 200kHz	33pF 15pF	33pF 15pF
XT	200kHz 1MHz 4MHz	47〜68pF 15pF 15pF	47〜68pF 15pF 15pF
HS	4MHz 8MHz 20MHz	15pF 15〜33pF 15〜33pF	15pF 15〜33pF 15〜33pF

　実際の高精度発振器としては、図3のようなものが市販されています。非常に高精度なのですが、出力電圧が1Vp-pですので、PICマイコンのクロックピン信号としては電圧が不足するので直接接続できません。トランジスタ等で電圧を変換する必要があります。

● 図3 市販の高精度発振器の例

VCTCXO
発振周波数：12.8MHz
温度特性　：3ppm（010〜60℃）
エージング：±1ppm/年
電源　　　：DC5V（1.5mA）
出力波形　：クリップ正弦波
出力レベル：1Vp-p
（秋月電子通商製）

2-2　PICマイコンのクロック

013　正確な時計を作りたい

PICマイコンで時計を作る場合、2つの方法があります。

■1 タイマなどで一定時間間隔を生成して作成する方法

この場合にはクロックの精度がそのまま時計の精度になります。どの程度の精度が必要かというと、次のようになります。

- 月差3分　180秒÷(30日×24時間×3600秒) = 180÷2592000 ≒ 70ppm*
- 月差30秒　30÷2592000 ≒ 12ppm

ここで通常のクリスタル発振子の精度はだいたい50ppmですから、月差2、3分程度なら可能ですが、月差30秒とするには無理があります。

このような場合は、精度が数ppm程度の高精度発振器を使って作ります。しかし、これらの発振器は数mA程度の消費電流のものが多く、全体の消費電流が課題となります。

ppm
part per million。百万分率。

■2 リアルタイムクロックICを使う方法

最近では図1のような時計用として専用に作られた**リアルタイムクロック**（**RTC**）と呼ばれるICが多種類発売されています。

精度が数ppm相当と高精度のものもあり、特に1μA以下という低消費電流となっているので、PICマイコンで時計を製作する場合はこちらを外付け部品として使う方が便利です。

年月日時分秒をIC内部でカウントし、I²C接続*で時刻を設定したり読み出したりできます。またアラーム時刻を設定して、時刻が一致したら割り込み信号を生成することもできます。

さらに1Hzのパルス出力もできますから、これを外部割込みとすれば、スリープを使った秒ごとの間欠処理ができます。バッテリバックアップ電源も接続できますから、停電対策も問題なく可能です。

073項p.223参照

●図1　市販の高精度なリアルタイムクロックIC

RX8900CE UA　DIP化　秋月電子通商製
電源　　　：DC2.5V～5V (0.7μA)
　　　　　　バッテリバックアップ可能
外部接続IF：I²C
周波数精度：月差9秒相当
パルス出力：32KHz/1024Hz/1Hz選択
年月日時分秒：BCD形式
アラーム機能：割り込み出力あり

第3章
PICマイコンのプログラムを作るには

　PICマイコンのプログラム作成に必要な開発環境とツールについて解説します。PICマイコンのプログラム開発環境は、MPLAB X IDEという統合開発環境の1種類だけで統一されているので、どのPICマイコンを使う場合でも同じです。
　また最近MPLAB Code Configurator（MCC）と呼ばれるコード自動生成ツールも提供されて非常に便利になっているので、こちらの使い方も一緒に解説します。本書では開発言語としてはC言語のみとしています。

第3章　PICマイコンのプログラムを作るには

3-1　PICマイコンのプログラム開発

014　PICマイコンのプログラムを開発したい

　PICマイコンは電源とクロックがあれば動作しますが、実際に機能させるにはプログラムが必要です。このPICマイコンのプログラム開発を行うのに必要な開発環境は、図1のように2種類あります。

●図1　PICマイコンの二つの開発環境

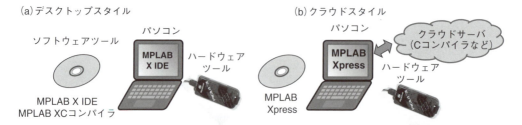

　一つ目はパソコンを使ったデスクトップ環境で、パソコンに**MPLAB X IDE**と**MPLAB XC**コンパイラなど必要なソフトウェアツールをインストールしてスタンドアロンの環境で使います。

　もう一つは、ネットワーク上のサーバを使ったクラウド環境をベースにしたもので、こちらには**MPLAB Xpress**というソフトウェアツールをインストールしてネットワーク環境で使います。

　どちらの場合も**プログラムの書き込みや実機デバッグにはハードウェアツールが必要です**。(「プログラマ・デバッガの種類を知りたい*」を参照)

015項p.37参照

　開発に必要なソフトウェアツールは図2のようになっていて、すべてマイクロチップ社のウェブサイトから無料でダウンロードできます。

　本書では、この表中の「8-Bit PIC MCU」の範囲が対象で、Windowsベースとします。この図からソフトウェアツールとして必須なのは、MPLAB X IDEとMPLAB XCコンパイラで、本書では、さらにコードの自動生成ツールであるMPLAB Code Configurator (**MCC**) を使います。

　MPLAB X IDEは**IDE** (Integrated Development Environment　**統合開発環境**) と呼ばれているソフトウェア開発環境で、どなたでも自由にダウンロードして使うことができます。8ビットから32ビットまですべて共通で使える環境になっているので便利です。

3-1　PICマイコンのプログラム開発

●図2　開発用ソフトウェアツール群

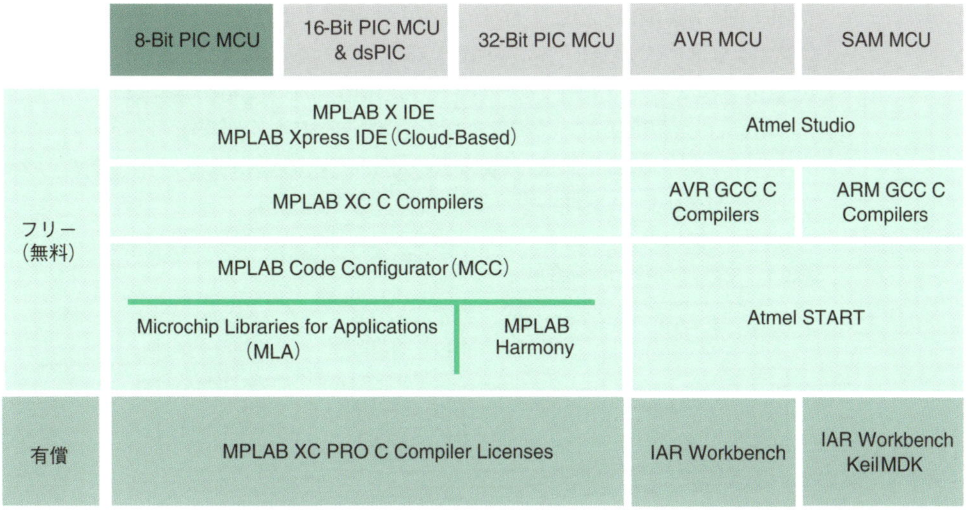

	8-Bit PIC MCU	16-Bit PIC MCU & dsPIC	32-Bit PIC MCU	AVR MCU	SAM MCU
フリー（無料）		MPLAB X IDE / MPLAB Xpress IDE（Cloud-Based）		Atmel Studio	
		MPLAB XC C Compilers		AVR GCC C Compilers	ARM GCC C Compilers
		MPLAB Code Configurator（MCC）		Atmel START	
	Microchip Libraries for Applications（MLA）		MPLAB Harmony		
有償		MPLAB XC PRO C Compiler Licenses		IAR Workbench	IAR Workbench KeilMDK

　このMPLAB X IDEの内部構成は図3のように多くのプログラム群の集合体となっています。全体を統合管理するプロジェクトマネージャがあり、これにソースファイルを編集するためのエディタと、できたプログラムをデバッグするためのソースレベルデバッガが用意されています。そのほかにPlug-inとして数多くのオプションが用意されています。

●図3　MPLAB X IDEの構成

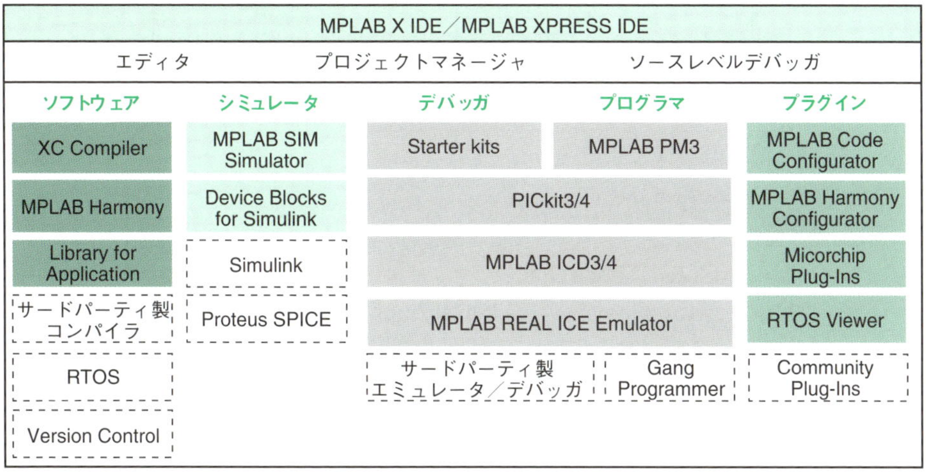

MPLAB X IDE／MPLAB XPRESS IDE					
エディタ		プロジェクトマネージャ		ソースレベルデバッガ	
ソフトウェア	シミュレータ	デバッガ		プログラマ	プラグイン
XC Compiler	MPLAB SIM Simulator	Starter kits	MPLAB PM3		MPLAB Code Configurator
MPLAB Harmony	Device Blocks for Simulink	PICkit3/4			MPLAB Harmony Configurator
Library for Application	Simulink	MPLAB ICD3/4			Microchip Plug-Ins
サードパーティ製コンパイラ	Proteus SPICE	MPLAB REAL ICE Emulator			RTOS Viewer
RTOS		サードパーティ製エミュレータ／デバッガ		Gang Programmer	Community Plug-Ins
Version Control					

第3章　PICマイコンのプログラムを作るには

　マイクロチップ社から提供されている、PICマイコン用のCコンパイラは **MPLAB XC Suite** として図4の種類が提供されています。8ビット用のMPLAB XC8と、16ビット用のMPLAB XC16、さらに32ビット用のMPLAB XC32とファミリごとにそれぞれ独立したものとなっています。また、32ビット用だけはC++用のコンパイラも用意されています。無償版のFreeバージョンと有償版のPRO版とがありますが、この両者の違いは最適化機能だけで、コンパイラ機能はいずれもすべて使うことができます。

●図4　XCコンパイラの種類

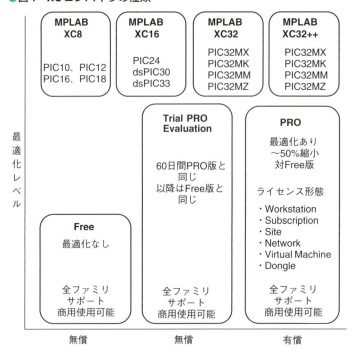

【参考文書と所在】

1. MPLAB X IDE User's Guide
   https://www.microchip.com/mplab/mplab-x-ide
2. MPLAB XC8 C Compiler User Guide for PIC
   https://www.microchip.com/mplab/compilers
3. MPLAB Code Configurator v3.xx User's Guide
   https://www.microchip.com/mplab/mplab-code-configurator

3-1 PICマイコンのプログラム開発

015 プログラマ・デバッガの種類を知りたい

実機デバッグ
実際にPICマイコンのプログラムを動作させながらプログラムのチェックをする機能。途中で停止させたり、変数の内容を見たり変更することができる。

MPLAB X IDEででき上がったプログラムを書き込んだり、実機デバッグ*をしたりするためには、プログラマ/デバッガというハードウェアツールが必要です。本書執筆時点でマイクロチップ社が用意しているツールには表1のような5種類があります。

▼表1 マイクロチップ社のハードウェアツール

機能項目	PICkit 3	PICkit 4	MPLAB ICD3	MPLAB ICD4	MPLAB Real ICE
USB通信速度	フルスピード（12Mbps）	フルスピードまたはハイスピード（480Mbps）			
USBドライバ	HID	マイクロチップ専用ドライバ			
シリアライズUSB	可能（複数ツールの同時接続が可能）				
ターゲットボードへの電源供給	可能（Max 30mA）	可能（Max 50mA）	可能（Max 100mA）	可能（Max 1A）[*1]	不可
ターゲットサポート電源電圧	1.8〜5V	1.2〜5.5V	1.65〜5V		
外部接続コネクタ	6ピンヘッダ	8ピンヘッダ	RJ-11	RJ-11/RJ-45	RJ-45
JTAG対応（SAMファミリ対応）	×	○	×	○	×
過電圧、過電流保護	ソフトウェア処理	ハードウェア処理			
ブレークポイント	単純ブレーク	複合ブレーク設定可能			
ブレークポイント個数	1から3	最大1000（ソフトウェアブレーク含む）			
トレース機能	不可				可能[*2]
データキャプチャ	不可				可能[*2]
ロジックプローブトリガ	不可				可能[*2]

*1 ACアダプタが必要
*2 トレースなどは、16/32ビットファミリのみ可能で、8ビットファミリは不可

JTAG
Joint Test Action Groupの略。
本来はICの検査用に考案されたしくみであるが、これをマイコンの書き込みやデバッグに使っている。

PICkit 4とMPLAB ICD4が最新製品で、JTAG*による書き込みにも対応していて、旧Atmel社製品の書き込みもできます。

PICkit 3/4が個人用に適しています。**PICkit 4のほうがパソコンとの接続がUSBのハイスピードで高速動作**なので、実機デバッグがストレスなくでき、お勧めです。ICD 3/4はソフトウェア開発業務に適していて、ICD 3とICD 4の差は電源供給能力と旧Atmel社の製品対応の有無になります。

いずれの製品も書き込みの他に実機デバッグにも対応しているので、実機を動かしながら途中で停止させて、変数の内容を確認しながらデバッグできます。このデバッグの際にパソコンとのUSBの速度差でメモリ内容などの表示速度が変わります。

第3章　PICマイコンのプログラムを作るには

3-2　MPLAB X IDEの使い方

016 コンフィギュレーションを設定したい

プロジェクト
PICでプログラム開発をするときの管理単位。メインメニューの［Files］→［New Project］でウィザードに従って作成する。

　MPLAB X IDEにはハードウェアの基本を設定する**コンフィギュレーション**を設定する専用機能が用意されています。**プロジェクト**＊を作成後、メインメニューから［Window］→［Target Memory View］→［Configuration Bits］とすると図1のような［Configuration Bits］という設定用の画面が開きます。

●**図1　Configuration Bits画面の例**

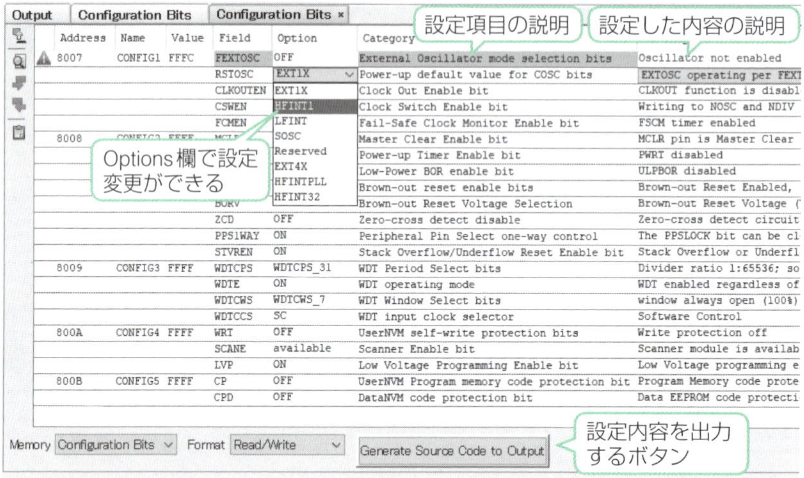

［設定項目の説明］　［設定した内容の説明］

［Options欄で設定変更ができる］

［設定内容を出力するボタン］

　この窓の各項目の［Option］欄で設定変更をしてから、［Generate Source Code to Output］のボタンをクリックすれば、設定するための記述がOutputの窓に出力されるのでそれをそのままコピーしてプログラムソースとして貼り付けます。このコンフィギュレーション設定は、通常はデフォルト値でよいようになっていて、**設定変更が必要な項目は通常次の三つだけです**。

❶ **クロック発振方法の選択**
　多くの場合内蔵クロックで動作させますから、FEXTOSCをOFFにし、RSTOSCでHFINT1を選択します。

❷ **Watch Dog Timer（WDTE）のONをOFFにする**
　通常ではWDTはオフで構いません。製品で高信頼な動作が必要な場合にのみオンとします。

❸ **書き込みのLVPをOFFにする**
　ONのままでもよいですが、この場合MCLRピンを汎用入出力ピンに変更できなくなります。

3-2 MPLAB X IDEの使い方

017 エディタの文字サイズを変えたい

エディタの文字サイズを変更する最も簡単な方法は、エディタの画面上でマウスのホイールを押したまま回転させることで、文字サイズを自由に変更できます。さらに、設定して変更する場合には、次のようにします。

MPLAB X IDEのメインメニューから、[Tools]→[Options]とすると図1のようなエディタの各種設定をする画面が開きます。

文字フォント関連の設定をするためには、上側にある[Font & Colors]のアイコンをクリックします。これで切り替わった設定画面で、②で示した右端にある小さなボタンをクリックすると、図1の下側のフォント選択画面が表示されます。

ここで文字フォントの種類とサイズが選択できます。**通常はフォントの種類はそのままにしておき、文字サイズだけを好みのサイズ**にします。

文字の色もシンタックス*ごとに変更ができますが、Commentの色を変える程度にしておくほうがよいでしょう。

> **シンタックス**
> プログラミング言語の文法で決められている構文規則。

●図1　フォント設定画面

3-2 MPLAB X IDEの使い方

018 実機デバッグをしたい

実機デバッグ
実際にPICマイコンのプログラムを動作させながらプログラムのチェックをする機能。途中で停止させたり、変数の内容を見たり変更することができる。

パワーアップタイマ
電源オン時にクロック発振を待ち確認するための遅延タイマ。

実機デバッグ*をする際には、プログラム書き込みの場合と同じようにツールを接続した状態とし、MPLAB X IDEでプロジェクトを開いた状態とします。

1 デバッグの開始

図1のようにメインメニューの[Debug Main Project]というアイコンをクリックします。途中でパワーアップタイマ*に関する注意画面が表示されることがありますが、そのまま[Yes]とします。これで、プログラムをデバッグ用に再コンパイルして書き込みを行います。

書き込みが完了すると図1の下側のようにデバッグ用のアイコンが新規追加され、Running状態つまり実際に実行中の状態となります。

● 図1　実機デバッグの開始

このあと、[Pause]アイコンをクリックしていったん実行停止させると図2のように各アイコンが使える状態となり、デバッグの準備が整います。

● 図2　デバッグ用アイコン

Clean and Build Main Project 既存を全クリアしてから実行モードで部分コンパイルする	**Pause** 実行を一時中断する	**Step Over** サブ関数内に入らないで1行ずつ実行する
Debug Main Project デバッグモードでコンパイルし実行制御アイコンを表示する	**Reset** リセットし初期化する	**Step Into** サブ関数内も含めて1行ずつ実行する
Finish Debugger Session デバッグモードを終了し実行制御アイコンを消去する	**Continue** 現在位置から実行を再開する	**Step Out** Step Intoで入ったサブ関数の残りを高速実行して関数を出る

それぞれのアイコンは次のような機能を持っていて、これらを使ってデバッグを進めます。

❶ Reset アイコン

ブレークポイントが無い状態でクリックすれば、内部が初期化され、最初の実行文で実行待ちとなります。

❷ Continue アイコン

クリックすると実行待ちの行から実行を再開します。停止させるには再度［Pause アイコン］をクリックします。

❸ Step Over アイコン

実行する行でサブ関数を呼んでいる場合でも、サブ関数にはステップでは入らず、サブ関数を高速で実行してすぐ次の行に進みます。

❹ Step Into アイコン

クリックすると実行待ちの行を1行だけ実行します。この場合サブ関数内部も含めて1行ずつ実行します。したがって何らかの関数を呼ぶとそこにジャンプして順番に実行します。

❺ Step Out アイコン

Step Into でサブ関数の中に入ってしまった場合で、サブ関数の中はステップ実行する必要がない場合、この Step Out をクリックすればサブ関数の残りの部分を高速に実行してサブ関数を呼び出した文の次の実行文に進みます。

2 ブレークポイント

デバッグをする場合には、希望する位置でいったん停止させることが必要です。このための機能が**ブレークポイント**です。ブレークポイントを設定するためには、［Pause］アイコンでいったん停止させてから、任意の実行文の行の行番号をクリックすると、行の背景が赤くなりブレークポイントを設定したことになります。設定したブレークポイントはもう一度同じ行番号をクリックすれば設定が解除されます。

ブレークポイントを設定したあと、［Continue］アイコンをクリックすれば実行を再開し、赤色の背景色のブレークポイントの行で実行をいったん停止します。続いてブレークポイントを削除してから、［Step Into］か［Step Over］で1行ずつ進めて実行の流れを確認すれば、if 文などの条件文の判定や流れの確認ができることになります。

3 Watches

ブレークポイントで停止したとき、変数やレジスタの値を見ることができる窓が［Watches］で、メインメニューから［Window］→［Debugging］→［Watches］で開くことができます。ここに変数名を入力すれば現在値が見られますし、Value 欄で入力すれば値を変更した状態でプログラムを再開することもできます。

3-2 MPLAB X IDEの使い方

019 MCCを使いたい

MCC（MPLAB Code Configurator）はコード自動生成ツールで、GUI画面で設定するだけで制御関数を自動的に生成してくれます。データシートで内蔵モジュールのレジスタ*を調べなくても、機能が分かっていれば簡単に設定できます。

レジスタ
内蔵モジュールの動作モードを設定するためのメモリ。

Plug-in
追加機能のこと。

1 MCCのインストール

MPLAB X IDEのPlug-in*となっているので、次の手順でインストールします。インストールにはインターネットに接続されていることが必要です。

MPLAB X IDEのメインメニューから、［Tools］→［Plugins］を選択して開く図1の画面で、［Available Plugins］タグを選択して表示されるPlug-inの一覧表から、［MPLAB Code Configurator］の前の四角にチェックを入れます。次に左下の方にある［Install］ボタンをクリックすればインストール開始です。あとは［Next］ボタンを押して進め、途中でライセンス確認になるので［I accept …］にチェックを入れて進み、最後に［Finish］ボタンを押せばMPLAB X IDEが再起動してインストールが完了します。

●図1　MCCプラグインのインストール

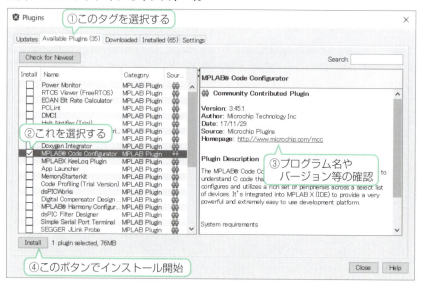

3-2 MPLAB X IDEの使い方

2 起動

MCCを使うにはまずプロジェクトを作成します。中身は空の状態で構いません。このあとMCCのアイコンをクリックしてしばらく待つ*と、保存のダイアログが表示されるので、そのまま[保存]ボタンをクリックします。

*この起動には時間がかかるので気長に待つこと。

3 クロックとコンフィギュレーションの設定

最初に表示される画面は、図2のクロックとコンフィギュレーションの設定をする[System Module]となります。この例はPIC16F1778の場合で、ここでの設定はクロックとウォッチドッグタイマ(WDT)*と低電圧書き込み(LVP)*の設定だけです。

クロックは②で内蔵発振か外付け発振かを選択し、内蔵発振の場合は③で周波数を選択してから、④のPLLを設定します。これで最上段にこの設定で出力される実際のクロックの周波数が表示されますから、確認します。

⑤WDTはDisableにし、⑥LVPもOFFとしておきます。LVPはONにすると下の欄の[Notification]にWarningが出ます。LVPがONの場合MCLR*ピンを汎用入出力ピンには変更できませんというメッセージです。

以上で通常の設定は完了しますが、さらに特別なコンフィギュレーションを設定する場合は、[Register]タグをクリックすれば、すべてのコンフィギュレーションの設定ができます。

WDT
Watch Dog Timerの略。プログラムの暴走などの異常を監視し再起動する機能のこと。

LVP
Low Voltage Programmingの略。V_{DD}電圧だけでフラッシュメモリに書き込む方式のこと。

MCLR
Master Clearの略。マイコンをリセットすることができるピン。

● 図2 System Moduleの設定方法(PIC16F1778の場合)

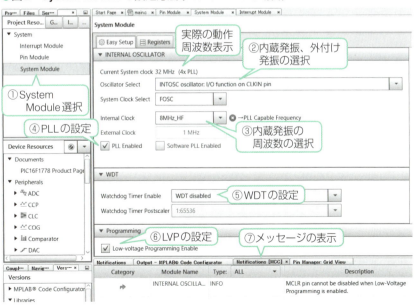

4 入出力ピンの設定

基本的な入出力ピンの入出力の設定には、図3の[Pin Manager]の画面を使います。①[Pin Manager]のタグをクリックして表示させ、②、③のように入出力に使うピンを[GPIO]の[Input]、[Output]欄をクリックして設定します。続いて④で[Pin Module]をクリックして表示される右側の画面で、⑤不要な[Analog]欄のチェックをはずします。続いて⑥の[Custom Name]欄にわかりやすい名称を入力します。ここで入力した名称がプログラムで使えるようになります。

●図3　入出力ピンの設定方法　（PIC16F1778の場合）

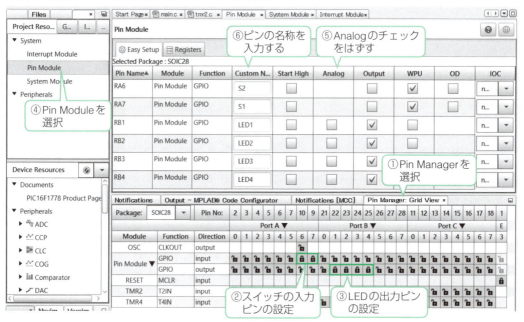

3-2 MPLAB X IDEの使い方

5 内蔵モジュールの設定をする

次に使う内蔵モジュールの設定をします。図4の画面では例としてTMR2の設定例となっています。①[Device Resources]で内蔵モジュールをダブルクリックで選択し、③表示される設定画面で設定をします。④、⑤で割り込みを使う場合の設定をしています。⑤は割り込みが何回発生したらCallback関数*を呼び出すかという設定です。さらに⑥の[Pin Manager]で使うピンを指定します。これでピン割り付け(PPS)*を行ったことになります。

Callback関数
割り込み処理の中でユーザが実行する割り込み処理関数のこと。

PPS
Peripheral Pin Selectの略。内蔵モジュールが使う入出力ピンを自由に選択できる機能のこと。

● 図4 内蔵モジュールの設定方法(PIC16F1778の場合)

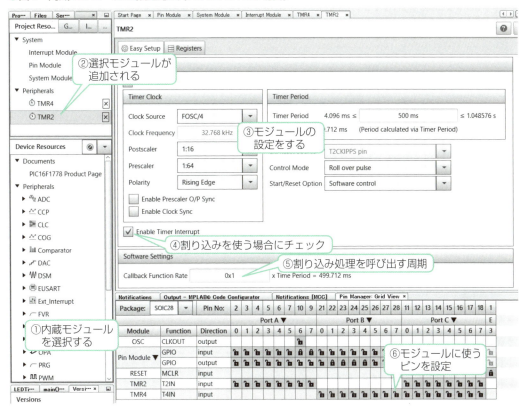

第4章
何かを表示したい

　PICマイコンを使って何らかの情報を表示する方法について説明します。
　表示方法にはいろいろありますが、ここでは発光ダイオード（LED）と液晶表示機（LCD）について解説します。

4-1 LEDを光らせたい

020 一定間隔でLEDを点滅させたい

LED
Light Emitting Diode の略。電流を流すと発光するダイオードで、明るさは流す電流に比例する。

発光ダイオード（LED*）などをPICマイコンにより一定間隔で光らせる方法にはいくつかあります。実際に図1の回路でLEDの点滅を試してみます。この回路ではPICマイコンのポートBに4個のLEDが接続されています。さらにスイッチが2個と可変抵抗が1個接続されています。この回路でポートBの4個のLEDをいくつかの方法で点滅させてみます。

●図1 LED点滅のテスト回路

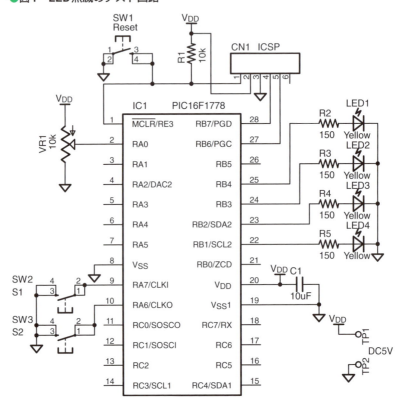

1 delay関数を使う方法

マイクロチップのCコンパイラには組み込み関数として表1のようなdelay関数が用意されています。これを使えば自由に間隔を制御できます。

注意すべきは、delay関数を使う場合は、あらかじめクロックの周波数を

「_XTAL_FREQ」という定数として定義しておく必要があることです。これが無いとコンパイラは指定された時間にするために必要な命令の個数が計算できないのでdelay関数も生成できないことになります。さらに、delay関数を実行中は他のことは何もできません。ただ待つだけになります。

▼表1　delay関数の使い方

関数	機能の詳細
_delay(x)	命令サイクル時間単位の遅延 xは最大50463240サイクルまで
__delay_us(x)	マイクロ秒単位の遅延 クロックが32MHzの場合xは6307905以下（最大6.3秒）
__delay_ms(x)	ミリ秒単位の遅延 クロックが32MHzの場合xは6307以下（最大6.3秒）

実際のプログラム例はリスト1のようになります。0.5秒間隔でLEDが点滅します。時間はmsec単位で自由に変えられます。この例題ではMCCは使わずレジスタを直接制御しています。コンフィギュレーション設定部は省略しています。

▼リスト1　LED点滅のプログラム例（LEDFlash）

```
/****************************************
 *  LED点滅プログラム　delay関数
 *     LEDFlash
 ****************************************/
#include <xc.h>
/**** コンフィギュレーション設定 ****/
(コンフィギュレーション部省略)
/** クロック周波数 ***/
#define _XTAL_FREQ 32000000    // クロック周波数定義
/***** メイン関数 ******/
int main(void) {
    /* クロック周波数の設定 */
    OSCCONbits.IRCF = 14;      // 8MHz PLL(8MHz×4=32MHz)
    /* 入出力ポートの設定 */
    ANSELB = 0;                // ポートBをすべてデジタル
    LATB = 0;                  // LEDすべて消灯
    TRISB = 0;                 // すべて出力に設定
    /***** メインループ ******/
    while(1)                   // 永久ループ
    {
        LATB = 0xFF;           // 全LED点灯
        __delay_ms(500);       // 0.5秒待ち
        LATB = 0;              // 全LED消灯
        __delay_ms(500);       // 0.5秒待ち
    }
}
```

第4章　何かを表示したい

2 タイマモジュールを使う方法

すべてのPICマイコンには複数の**タイマモジュール**が実装されています。このタイマを使えば一定間隔の時間を生成できます。

delay関数を使うと遅延時間を生成している間は他に何も実行できませんが、タイマを使えば割り込みが使えますから、**待ち時間の間にほかの処理を実行できます**。

これで例えば図2の例題では、タイマ2の割り込み待ち時間の間にスイッチS1が押されたことをチェックできますから、任意の時点からタイマ4をスタートさせることができます。また、リセットで始まるメインの処理と割り込み処理とをまったく独立に考えられますから、プログラム設計が単純化されてわかり易くなります。

●図2　タイマの割り込み処理の流れ

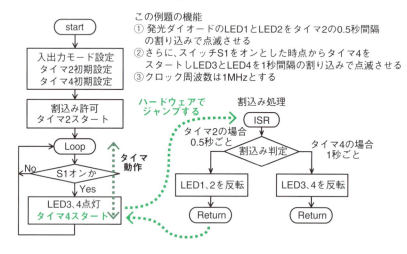

この例題プログラムをMCCで作成してみます。クロック設定とタイマ2と4の設定、入出力ピンの設定となります。

まずクロックとコンフィギュレーションの設定は図3のようにします。内蔵発振で1MHzとしPLLは無し、WDTはDisableでLVPはOffとしています。これで1MHzのシステムクロックということになります。

●図3　MCCのクロックの設定方法

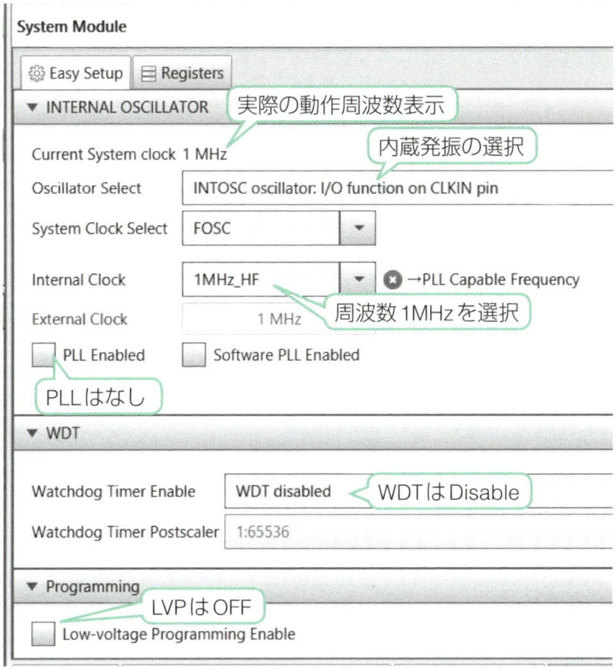

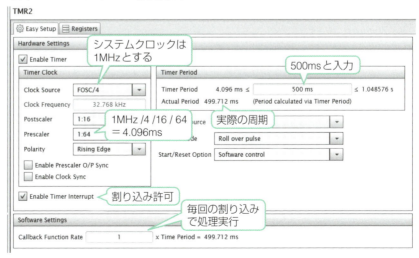

次にタイマ2の設定は図4のようにします。この設定により0.5秒間隔で割り込みを生成し、毎回Callback関数、つまりユーザの割り込み処理関数を呼び出します。

●図4　MCCのタイマ2の設定方法

第4章 何かを表示したい

次に入出力ピンの設定は図5のように設定します。2個のスイッチ（RA6、7）をInputとし、4個のLED（RB1、2、3、4）をOutputとしています。さらに［Pin Module］の中で各ピンに名称を入力しています。プログラムではこの名前が使えます。さらにスイッチのWPU欄をチェックして内蔵プルアップを有効化します。これで［Generate］ボタンをクリックしてコードを生成します。

●図5　MCCの入出力ピンの設定方法

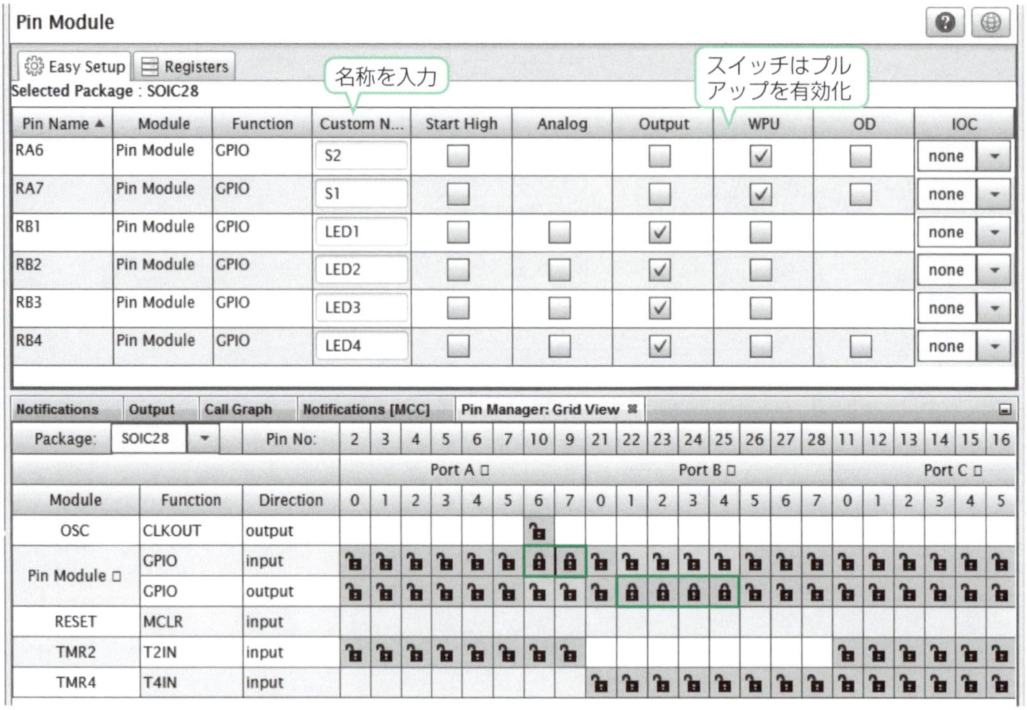

自動生成されたコードで追加が必要なのはmain関数だけで、修正後がリスト2となります。上側はタイマ2とタイマ4のユーザ割り込み処理関数で、MCCで自動生成された各タイマの割り込みから呼び出されるCallback関数となります。それぞれの割り込み処理内で2個のLEDの表示を反転しています。

下側がメイン関数で、最初にシステム初期化後、ユーザ割り込み処理関数を定義してから割り込みを許可しています。この定義により各割り込み処理関数がCallback関数として認識されます。その後メインループではスイッチS1が押されるのをチェックし、押されたらLED3とLED4を点灯させてからタイマ4をスタートさせています。

4-1 LEDを光らせたい

▼リスト2　タイマ割り込みによるLEDの点滅（LED Timer）

```c
/************************************
 *  タイマ割り込みによるLED点滅
 *      LEDTimer
 ************************************/
#include "mcc_generated_files/mcc.h"
/******************************
 *  タイマ2割り込み処理
 ******************************/
void TMR2_Process(void){
    LED1_Toggle();              // LED1反転
    LED2_Toggle();              // LED2反転
}
/******************************
 *  タイマ4割り込み処理
 ******************************/
void TMR4_Process(void){
    LED3_Toggle();              // LED3反転
    LED4_Toggle();              // LED4反転
}

/****** メイン関数 ********/
void main(void)
{
    SYSTEM_Initialize();
    TMR2_SetInterruptHandler(TMR2_Process);
    TMR4_SetInterruptHandler(TMR4_Process);
    INTERRUPT_GlobalInterruptEnable();
    INTERRUPT_PeripheralInterruptEnable();
    TMR4_Stop();                // タイマ4停止
    while (1)
    {
        if(S1_GetValue() == 0){ // S1オン
            LED3_SetHigh();     // D4点灯
            LED4_SetHigh();     // D5点灯
            TMR4_Start();       // タイマ4開始
        }
    }
}
```

第4章 何かを表示したい

4-1 LEDを光らせたい

021 たくさんのLEDの点滅制御をしたい

たくさんのLEDを点灯させたい場合はどのようにすればよいでしょうか。そのためには図1のような2通りの方法があります。図1(1)の方法は、複数のLEDを並列にして制御する方法です。この場合電流制限抵抗は個々のLEDごとに直列に挿入する必要があります。これはLEDの順方向電圧[*]にばらつきがあるためです。抵抗の代わりに図1(1)(b)のように定電流ダイオードを使う方法もあります。この並列接続方法では駆動電圧は5V程度でよいのですが、流れる電流はLEDの個数倍になります。たくさんのLEDを点灯させる場合には大電流が必要になってしまいます。

もう一つの接続方法は図1(2)のように直列に接続する方法です。この場合には抵抗または定電流ダイオードが1個で済むので、部品点数は少なくなります。さらにどのLEDにも同じ電流が流れるので、明るさのばらつきも少なくなります。その代わり、駆動電圧が順方向電圧のLEDの個数倍となるため、高い電圧を必要とすることになります。

> **順方向電圧**
> ダイオードの順方向に電流を流したとき端子間に発生する電圧のこと。

●図1 たくさんのLEDの接続方法

(1) LEDの並列接続による多数個の制御

(a) 基本の並列接続方法

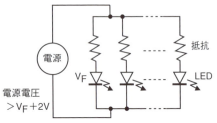

(b) 定電流ダイオードによる並列接続方法

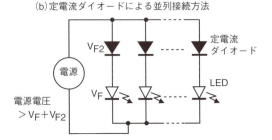

(2) LEDの直列接続による多数個の制御

(a) 基本の直列接続方法　　(b) 直並列接続方法

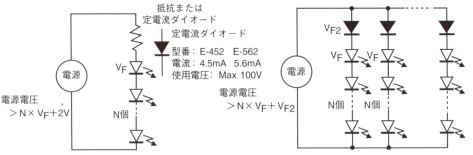

4-1 LEDを光らせたい

並列と直列いずれも一長一短があります。LEDの個数が多い場合には、図1(2)(b)のように**直列と並列両方を組み合わせて、供給可能な電圧と電流に合わせて使います**。

たくさんのLEDをPICマイコンから制御する場合、直列、並列いずれの場合も直接駆動することはできません。PICマイコンの入出力ピンは最大でも5V 25mAまでしか駆動できないからです。

このような場合には、図2のように**MOSFETトランジスタ***を追加して駆動します。MOSFETトランジスタは数十V 数Aという高電圧大電流をオンオフ制御できますから、たくさんのLEDでも問題なく制御できます。

MOSFETトランジスタの選択では、ドレイン-ソース間の耐電圧と最大電流が、使用する電圧、電流の2倍から3倍の定格のものを選びます。

図2でMOSFETトランジスタのゲートに接続されている10kΩの抵抗は、電源がオンとなった瞬間や、PICマイコンがリセットされた瞬間にMOSFETトランジスタがオンになってLEDが一瞬光るのを避けるためのものです。

ここで、図2(b)のように直列接続した場合、電源は高い電圧になります。しかし、PICマイコンには3.3Vか5Vが必要となります。これを3端子レギュレータで生成すると発熱するので放熱板などが必要になってしまいます。このような場合には、「高い電圧から3.3Vや5Vを生成したい*」で説明する**DC/DCコンバータを使って生成**します。

> **MOSFET**
> 電界効果トランジスタのこと。大電流を制御することができるものがある。ゲートの電圧でドレインとソース間に流れる電流を制御できる。

> 006項p.20参照

●図2　たくさんのLEDのPICマイコンによる制御方法

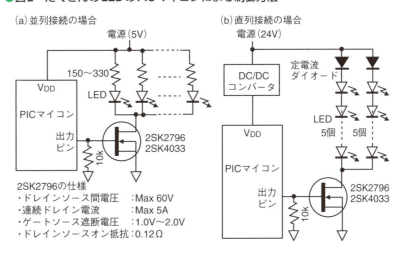

なお、明るさを連続的に変化させるためには、LEDの明るさが流す電流に比例することを使います。つまり電流が少なければ暗く、多ければ明るく光ります。これをPICマイコンで実現するためには、電流のオンオフだけで電流を制御できる**PWM制御***による調光制御を行いますが、詳細は「LEDの明るさを連続的に変えたい*」の方法で説明しています。

> **PWM**
> Pulse Width Modulationの略。一定周期のパルスのオンとオフの比で平均電流を制御する方法。

> 023項p.59参照

第4章　何かを表示したい

4-1　LEDを光らせたい

022　明るいLED（パワーLED）を使いたい

　発光ダイオード（LED）には、**パワーLED**と呼ばれる非常に明るく光るものがあります。およそ消費電力が1W以上のものをパワーLEDと呼んでいて、例えば3WクラスのパワーLEDの外観と仕様、特性は図1のようになっています。大電流を流すため発熱するので、放熱しやすいようにアルミ基板に実装されています。流せる電流は最大700mAと大電流ですが、図のグラフのように外部放熱器の特性により電流が制限されますから、放熱器は必須となります。実際に使ってみた感じでは、放熱板なしでは200mA程度までが限界です。この電流値でも強烈な明るさで光るため、**直接見ると目によくありません**。紙などを上に置いて見るようにしてください。

●図1　市販のパワーLEDの外観と仕様例

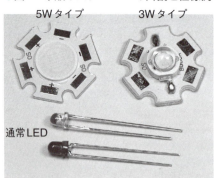

型番　　　：OSM5XNE3C1S
逆耐圧　　：Max 5V
最大許容電流：800mA
最大許容電力：3.2W
Vf　　　　：3.3V　@350mA
Vf　　　　：3.8V　@700mA
発光色　　：ウォームホワイト
Flux　　　：210lm　@700mA
CCT　　　：3000K
50％視野角：120度

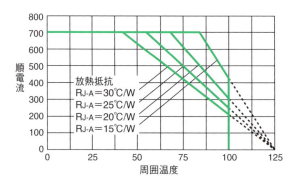

　このパワーLEDを使う場合には、一般的な抵抗による電流制限の方法では抵抗の発熱が大きく非現実的です。次のように定電流電源で駆動するか、PICマイコンでPWM制御して定電流駆動で調光制御するようにして使います。

4-1 LEDを光らせたい

■ 定電流電源を使う方法

パワーLED用の**定電流電源**として図2のようなものが市販されています。1個用と複数直列制御用とがあります。これらを使えばLEDを1個または、2、3個直列にして点灯させられます。この場合は**オンオフ制御だけ**となります。この場合にもパワーLEDには放熱板を追加する必要があります。

●図2 パワーLED用電流電源の外観

型番　　：OSMR16-P1211
入力電圧：AC/DC8V〜15V
出力電流：300mA
負荷LED：1Wタイプ1個
寸法　　：18×13×9mm

型番　　：OSMR16-P1213
入力電圧：AC/DC11V〜15V
出力電流：650mA
負荷LED：3Wタイプ1個
寸法　　：18×13×9mm

■ PICマイコンを使った定電流電源で調光制御する

パワーLED用の定電流電源をPICマイコンで製作するには、PIC16F1ファミリの**CIP***を有効活用します。

図3が実際に製作した定電流電源の全体構成で、**電流値を可変抵抗により最大700mAの範囲で自由に設定**できます。**COG***モジュールを内蔵していて一番ピン数の少ないPIC16F1769を使っています。

CIP
Core Independent Peripheralの略。内蔵モジュールのことで、設定だけで自立動作しプログラムでの制御が不要。

COG
Complementary Output Generatorの略。PWMだけでなくコンパレータなどのタイマと非同期の入力からも相補構成のパルスを生成できるモジュール。

●図3 LED用電源の全体構成

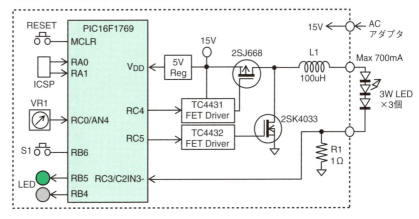

第4章　何かを表示したい

　さらに図4がPIC内部のCIPを含めた構成で、基本的にCIPだけでフィードバック制御をすべて行うので、初期設定後にプログラムで実行することは、可変抵抗で電流設定値を可変することだけです。

　PWM5モジュールのPWMパルスを元にしてCOGモジュールで相補信号を生成し、これで外部MOSFETを制御することでスイッチング電源を構成しています。コンパレータCMP1[*]でR1の負荷電流値と設定電流値を比較し、設定を超えたらPWMをオフにする制御を常時実行して定電流としています。さらにコンパレータCMP2で過電流を検出して出力をシャットダウンしています。この回路構成では出力電圧が12V程度になるので、3AクラスのパワーLEDを3個まで直列接続して制御できます。

CMP1
Comparator 1の略。アナログ電圧値を比較することができる。

● 図4　LED用電源の構成詳細

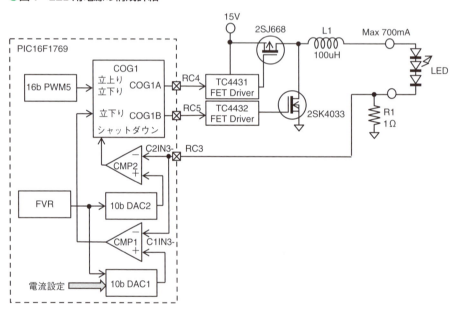

4-1 LEDを光らせたい

023 LEDの明るさを連続的に変えたい

LEDの明るさは図1のグラフのように流す電流に比例します。そこで明るさを連続的に制御するには電流を可変できるようにすればよいことになります。流す電流の大きさをPICマイコンなどで連続的に可変する方法としてPWM制御という方法があります。

図1のように、周期が一定でオンとオフのパルス幅の比（これを**デューティ比**と呼ぶ）を可変することで平均の値を連続的に可変する制御方式をパルス幅変調方式とか**PWM**＊方式と呼んでいます。

LEDをPWM制御する場合、周期を短くすれば、人間は点滅していることを感じることなく**連続点灯しているように見えます**。しかし、デューティ比により平均の電流は変わるので、図1のグラフのように**連続的に明るさが可変できる**ことになります。

PWM
Pulse Width Modulationの略。パルス幅変調一定周期のパルスのオンとオフの比を可変することで平均オン時間を制御する方法。

●図1　PWMによるLEDの明るさ制御

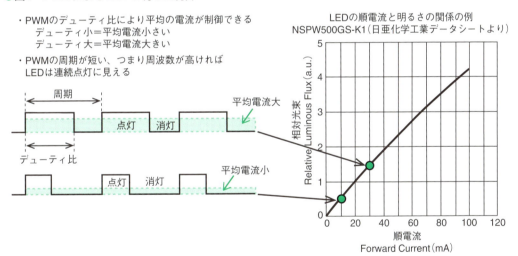

CCP
Capture/Compare/PWMの略。PWMパルスを生成することができる。

PICマイコンでPWM制御する場合は、**CCP**＊モジュールか**PWM**モジュールを使います。10ビットPWMモジュールの内部構成は図2のようになります。動作の中心になるのはタイマy（TMRy）で、このときのタイマyは10ビットカウンタとなり、選択されたクロックで常時カウントアップしています。これが周期レジスタPRyと値が一致すると0に戻るとともに出力ピンをHighにします。さらにデューティ設定値を内部ラッチにコピーします。

第4章 何かを表示したい

タイマyはデューティレジスタの内部ラッチとも比較されていて、一致すると出力ピンをLowにします。これを繰り返すことでPWMパルスが出力ピンに生成されることになります。

●図2　10bit PWMxモジュールの構成　　（xは3,4,9のいずれか）

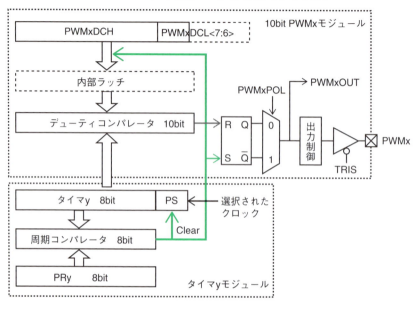

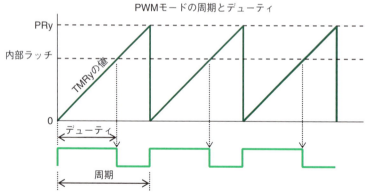

PWMモードの周期とデューティ

実際に動作させた例が図3となります。PIC16F1778のA/DコンバータとPWM3モジュールを使ってLEDを調光制御した例です。

これでプログラムを作成しますが、内蔵モジュールの設定はすべてMCCで行います。タイマ2の設定は「MCCを使いたい*」を参照してください。

A/DコンバータのMCCによる設定方法は「MCCでADコンバータを設定して使いたい*」を参照してください。

019項p.42参照

072項p.221参照

4-1 LEDを光らせたい

● 図3　PWMモジュールによるPWM制御

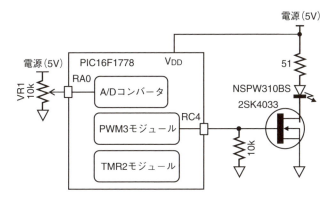

10ビットPWMのMCCの設定はつぎのようにします。まずMCCで10ビットPWMを使うためには、図4のようにします。

[Device resources]欄で①のようにモジュールを選択します。これで②のように[Project Resources]に追加されます。さらに設定画面が表示されますから、③でPWMとして連動させるタイマを選択します。あとは④でDutyの初期値と⑤でパルスの正論理/負論理を設定します。これだけで設定は完了します。PWMパルスの出力ピンの指定は[Pin Manager]*の窓で行います。これで[Generate]すると表1のような関数が自動生成されます。

019項p.44参照

● 図4　10bit PWMxモジュールの設定

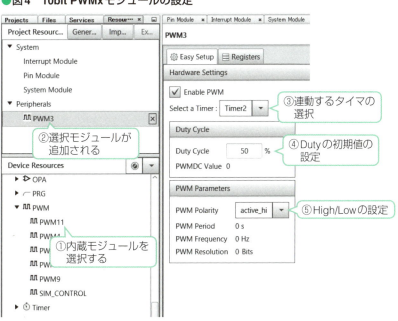

第4章 何かを表示したい

▼表1　10ビットPWMの制御関数

関数名	書式と使い方
PWM3_Initialize	《機能》PWM3の初期化を行う。mainから自動的に呼び出される
PWM3_LoadDutyValue	《機能》PWM3のデューティを設定する 《書式》void PWM3_LoadDutyValue(uint16_t dutyValue); 　　　　dutyValue：デューティ値　0〜1023の範囲 《使用例》PWM3_LoadDutyValue(Duty1);

　こうしてMCCを使って作成したプログラム例がリスト1のようになります。
　ここでは可変抵抗の電圧をA/D変換した結果を変数resultに代入しますが両方とも10ビットデータなので、そのままPWM3のデューティとして代入しています。これにより可変抵抗を回すとデューティが0%から100%まで連続的に変化することになります。MCCが自動生成する関数を使うことで、非常に簡単な記述でプログラムが完成できます。

▼リスト1　PWMによるLEDの明るさ制御のプログラム例（LEDPWM）

```
/**********************************
 *　PWMでLEDの明るさを連続可変
 *　　　LEDPWM
 **********************************/
#include "mcc_generated_files/mcc.h"
uint16_t result;
/******* メイン関数 *********/
void main(void)
{
    SYSTEM_Initialize();
    while (1)
    {
        result = ADC_GetConversion(POT);    // POTのA/D変換
        PWM3_LoadDutyValue(result);         //デューティ設定
    }
}
```

4-1 LEDを光らせたい

024 フルカラーLEDを使いたい

> ダイオードには極性がある。アノードが＋側、カソードが－側。

フルカラーLEDには、図1のように小型のものからパワーLEDと呼ばれる大型のものまで多くの種類があります。カソードかアノード*がコモンになっているタイプと、3色が独立になっているものがあります。

● 図1　フルカラーLEDの例

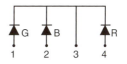

型番　　　：OSTA5131A
逆耐圧　　：Max 5V
最大許容電力：R：130mW
　　　　　　GB：108mW
Vf　　　　：R：2.0V
　　　　　　GB：3.6V

型番　　　：OSTCWBTHC1S
逆耐圧　　：Max 5V
最大許容電力：R：600mW
　　　　　　GB：800mW
Vf　　　　：R：2.5V
　　　　　　GB：3.3V

　実際にPICマイコンに接続した例が図2となります。小型のフルカラーLEDは10mAから20mA程度の電流で駆動すればよいので、PICマイコンの出力ピンに抵抗経由で直接接続が可能です。しかしパワーLEDの場合は、間にMOSFETを追加する必要があります。「パワーLEDを使いたい*」を参照ください。

> 022項p.56参照

第4章 何かを表示したい

●図2　フルカラーLEDの接続例

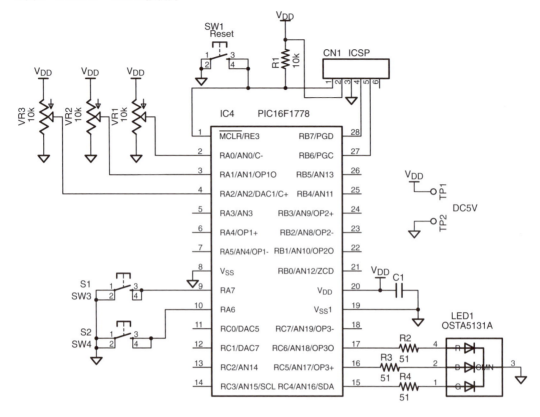

この回路で単純にポートのRC4、RC5、RC6ピンに0か1を出力すればLEDの色を7色に制御できます。

このLEDをフルカラーで表示させるためには、RGB各色をPWMで可変する必要があります。そこで図3のように3組のPWMモジュール*とA/Dコンバータを使って3個の可変抵抗でR、G、Bの3色を独立に明るさを可変できるようにします。これで色を自由に可変できるようになります。A/Dコンバータの入力ピンや、PWMモジュールの出力ピンはピン割り付け機能（PPS*）により自由に設定できますから、便利に使えます。

PWMモジュール
内蔵モジュールの一つで10ビット分解能のPWMパルスを生成できる。

PPS
Peripheral Pin Selectの略。内蔵モジュールが使う入出力ピンを自由に選択できる機能のこと。

64

4-1 LEDを光らせたい

●図3　フルカラーLEDのPWM制御例

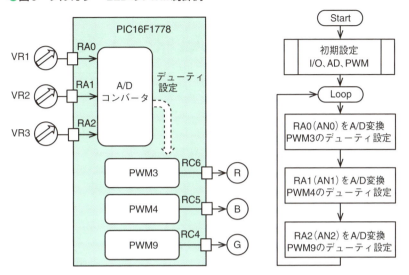

MCCを使って作成したプログラムがリスト1のようになります。

初期設定部はすべてMCC*で完了します。メインループもMCCが自動生成した関数を使えば簡単に記述できます。PWMモジュールのMCCの設定の仕方は「LEDの明るさを連続的に変えたい*」を参照ください。

3個の可変抵抗の入力ピンAN0、AN1、AN2を1チャネルずつA/D変換をしては、結果の10ビットのデータ(result)を対応するPWMのデューティ値として代入するということを繰り返しているだけです。

019項p.42参照

023項p.61参照

▼リスト1　フルカラーLEDのプログラム例(FullColor)

```
/***********************************************
 * フルカラーLEDの制御　POTで3色の調光制御
 * FullColor
 ***********************************************/
#include "mcc_generated_files/mcc.h"
unsigned int result;
/****** メイン関数 *********/
void main(void)
{
    SYSTEM_Initialize();                  // システム初期化
    while (1)
    {
        result = ADC_GetConversion(AN0);  // POT1 A/D変換
        PWM3_LoadDutyValue(result);       // 赤デューティ設定
        result = ADC_GetConversion(AN1);  // POT2 A/D変換
        PWM4_LoadDutyValue(result);       // 青デューティ設定
        result = ADC_GetConversion(AN2);  // POT3 A/D変換
        PWM9_LoadDutyValue(result);       // 緑デューティ設定
    }
}
```

4-1 LEDを光らせたい

025 7セグメントLEDを使いたい

　数値を表示する素子として、図1のような1桁から4桁まで種々のサイズの**7セグメント発光ダイオード**があります。この素子は発光ダイオードを図のようにaからgまでの7個のセグメントの光らせ方で数字を表示するようにしたものです。各LEDの片側はまとめられていて、カソード*側をまとめたカソードコモンと、アノード側をまとめたアノードコモンがあります。7セグメント以外に、小数点やコロンが余分にあるものがあります。

> ダイオードには極性がある。アノードが＋側、カソードが－側。

●図1　7セグメントLEDの例（カソードコモン）

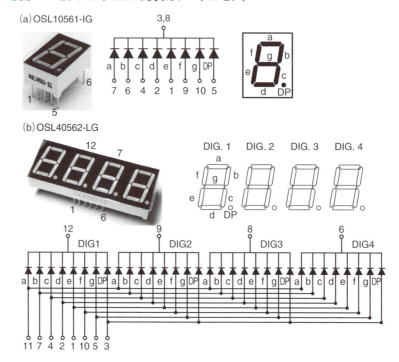

　これを実際に点灯させるためには、1桁の数字だけの表示であれば、7個の各セグメントをPICマイコンの出力ピンに抵抗を経由して接続し、カソードコモンの場合にはコモン端子をグランドに、アノードコモンの場合には電源に接続します。これで7ピンの出力にHighかLowを出力すればセグメントごとに点灯か消灯が制御できます。

4-1 LEDを光らせたい

ダイナミック点灯制御
多桁の表示を1桁ずつ表示することを高速で繰り返すことで、連続的にすべての桁が表示できるようにする方式。

多桁の場合には、「**ダイナミック点灯制御***」で行います。実際に4桁のLEDの場合には図2のようにPICマイコンと接続します。各桁のセグメントは全桁並列接続されていますから、これをPICマイコンに20mA程度流れるような抵抗を経由して接続します。そして、コモンには合計の電流が流れますからトランジスタを追加します。このトランジスタがオンになった桁が点灯することになります。そこで、この桁を1msecから2msec程度の間隔で順番にオンにすることを繰り返します。そして桁をオンにする直前にその桁に表示する数値データをセグメントのピンに出力します。

●図 4-1-6-2　4桁セグメントLEDの回路例

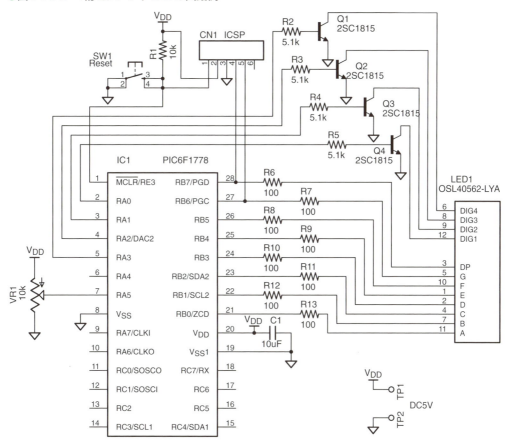

実際に可変抵抗の電圧を図1の4桁のカソードコモンの7セグメントLEDに表示するプログラムがリスト1のようになります。
2msec周期のタイマ2の割り込み処理で表示出力しています。各桁に表示する値は電圧の最大値を5000として4桁で表示し、小数点を常に1桁目に表示

第4章　何かを表示したい

させて最大値を5.000という表示にしています。数値からセグメント表示データへの変換が必要になりますが、配列（Seg[11]）で簡単に変換しています。

▼リスト1　ダイナミック点灯制御プログラム例（7_seg）

```
/************************************************
 * 4桁7セグメントLEDのダイナミック点灯制御
 * 7_seg
 ************************************************/
#include "mcc_generated_files/mcc.h"
/* 数字とセグメント表示データの変換テーブル */
uint16_t result;
uint32_t Volt;
uint8_t digit, Seg[11] =
    {0x3F,0x06,0x5B,0x4F,0x66,0x6D,0x7D,0x07,0x7F,0x67,0x40};
/****** タイマ2割り込み処理関数 ******/
void TMR2_Process(void){
    LATA = 0;                                       // 全桁いったん消灯
    switch(digit){
        case 0x08: LATB = Seg[Volt%10]; break;      // 1桁目
        case 0x04: LATB = Seg[(Volt/10)%10]; break;;// 2桁目
        case 0x02: LATB = Seg[(Volt/100)%10]; break;// 3桁目
        case 0x01: LATB = Seg[Volt/1000]|0x80; break;// 4桁目
        default: break;
    }
    LATA = digit;                                   // 桁点灯
    digit = digit >> 1;                             // 次の桁へ
    if(digit == 0)                                  // 最後の桁完了
        digit = 0x08;                               // 1桁目にリセット
}
/******* メイン関数 *********/
void main(void)
{
    SYSTEM_Initialize();
    TMR2_SetInterruptHandler(TMR2_Process);         // 割込関数定義
    INTERRUPT_GlobalInterruptEnable();              // 割り込み許可
    INTERRUPT_PeripheralInterruptEnable();
    digit = 0x08;                                   // 最下位桁指定
    while (1)
    {
        result = ADC_GetConversion(POT);            // A/D変換
        Volt = (5000*(uint32_t)result)/1023;        // 電圧に変換
    }
}
```

4-1 LEDを光らせたい

026 ドットマトリックスLEDを使いたい

ドットマトリックスのLEDとしては図1のように、単色のものもフルカラーのものもあり、5×7ドットから16×16ドットなど種類もたくさんあります。これらの内部構成は、図1のようにいずれも行と列で制御するようになっています。行に＋電圧を加え、列のいずれかをGNDに接続すれば、両方に接続されているLEDに電流が流れて点灯します。行をまとめて出力すれば、1列だけ特定のパターンで表示されることになります。

●図1　市販のドットマトリックスLEDの例

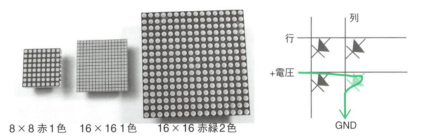

8×8 赤1色　　16×16 1色　　16×16 赤緑2色

　実際の8×8ドットの単色ドットマトリックスのPICマイコンの制御回路が図2となります。**列の制御は大電流ですから、ドライバICを使います。**

　この回路構成で文字や図形を表示させるためには、まずポートCの1ビットだけを1にして、縦の1列をGNDに接続することを上位側から順番に高速で繰り返します。そしてその列をGNDに接続する直前に、その列に表示させたい表示パターンの8ビットのデータをポートBに出力します。この繰り返しを数msec間隔で繰り返せば、**人の目には静止したパターンの表示として見える**ことになります。

第4章 何かを表示したい

● 図2 マトリクスLEDの制御例

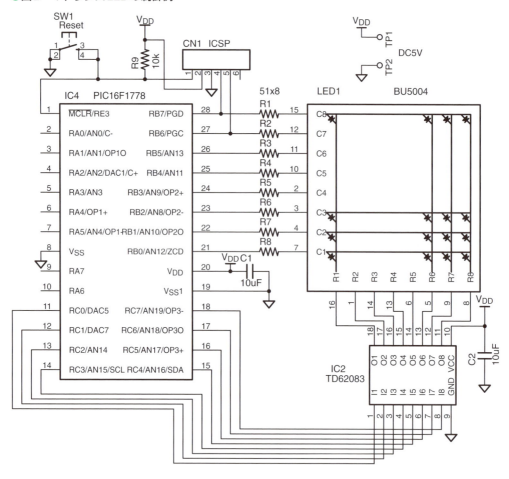

　実際にMCCを使って作成したプログラムがリスト1となります。MCCの設定でタイマ2を3秒周期の割り込みを生成するようにしています。

　表示するパターンのデータを8バイトごとの4組の2次元配列で用意しています。メインループの中で指定された表示パターンのダイナミック点灯制御を1msec間隔で常時実行しています。タイマ2の3秒ごとの割り込みで割り込み処理関数が実行され、4種類の表示パターン（data）を順次切り替えます。これで3秒ごとに4種類のパターンが切り替わって表示されることになります。

4-1 LEDを光らせたい

▼リスト1　マトリクスLEDの制御プログラム例（MatrixLED）

```c
/****************************************
* マトリクスLEDのダイナミック点灯制御
*    MatrixLED
****************************************/
#include "mcc_generated_files/mcc.h"
unsigned char data[4][8] ={
    {0x01,0x03,0x07,0x0F,0x1F,0x3F,0x7F,0xFF},
    {0xFF,0x7F,0x3F,0x1F,0x0F,0x07,0x03,0x01},
    {0xFF,0xFF,0xFF,0xFF,0xFF,0xFF,0xFF,0xFF},
    {0x00,0x00,0x00,0x00,0x00,0x00,0x00,0x00}};
int colum, row, ptn;
void TMRISR(void){                          // タイマ2割り込み処理関数
    ptn++;                                  // 次のパタン指定
    if(ptn > 3)                             // パタン最後の場合
        ptn = 0;                            // 最初に戻す
}
void main(void)
{
    SYSTEM_Initialize();                    // 初期化
    TMR2_SetInterruptHandler(TMRISR);       // 割り込み処理関数の定義
    INTERRUPT_GlobalInterruptEnable();      // 割り込み許可
    INTERRUPT_PeripheralInterruptEnable();
    while (1)
    {
        colum = 0x80;                       // 列の最初を指定
        for(row=0; row<8; row++){           // スキャン
            LATC = 0;                       // いったん列消去
            LATB = data[ptn][row];          // 次の列パターン出力
            LATC = colum;                   // 列点灯
            colum = colum >> 1;             // 次の列へ
            __delay_us(1000);               // 1msec待ち
        }
    }
}
```

このダイナミック点灯制御のポイントは、図3のように、列の制御を切り替える際に、いったん全消去期間を設け、その間に次の列データを出力してから、その列のデータを点灯させるようにすることです。こうすることで、前の列のデータが次の列に混ざって表示されてしまうのを防止することができます。

●図3　ダイナミック点灯制御のポイント

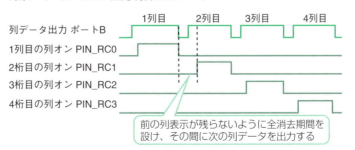

第4章 何かを表示したい

4-1 LEDを光らせたい
027 LEDテープを使いたい

LEDを使った電飾用に図1のようなLEDをテープ上に並べたものが市販されています。

● 図1　市販されているLEDテープ

LEDテープの仕様
制御IC　：WS2811
　　　　　（IC1個で3個のLEDを制御）
長さ　　：5m
電圧　　：DC12V
消費電力：Max 36W
LED　　：フルカラー
　　　　　3×50個
複数テープ延長可能

WS28xxシリーズ
中国Worldsemi社製。

このLEDテープにはWS28xxシリーズ*というICが一緒に組み込まれており、図2と図3のように1個で3個のフルカラーLEDを制御しています。この組み合わせを数珠繋ぎにして接続することができ、最初のICに信号を入力すると、そこで必要な分だけ抜き取って残りの分は次に送ってくれます。

● 図2　LEDテープの回路構成と実装

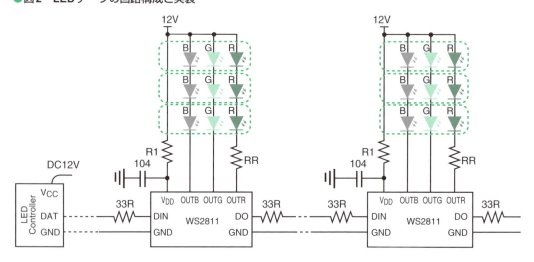

4-1 LEDを光らせたい

● 図3　WS2811で3個のLEDを制御

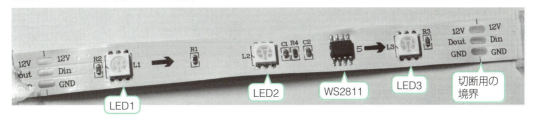

このWS2811への制御信号は図4のようになっていて、1ビットは高速モードの場合1.25μsec幅でデューティにより0と1を区別しています。IC1個当たりRGB3色それぞれ8ビットで明るさを制御しているので、合計24ビットとなります。今回のLEDは50個のICが繋がって実装されているので24×50＝1200ビット（150バイト）連続で送る必要があります。

● 図4　WS281xの信号仕様

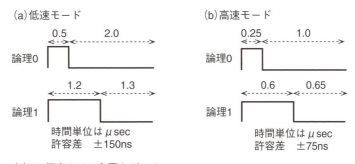

(c) IC1個当たりに必要なデータ

R7	R6	R5	R4	R3	R2	R1	R0	G7	G6	G5	G4	G3	G2	G1	G0	B7	B6	B5	B4	B3	B2	B1	B0

(d) データの転送例（3個の場合）

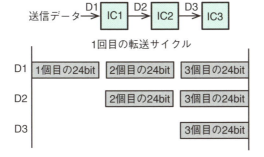

73

第4章 何かを表示したい

CIP
Core Independent Peripheralの略。内蔵モジュールのことで、設定だけで自立動作しプログラムでの制御が不要。

CLC
Configurable Logic Cellの略。ハードウェアロジック回路を構成できる内蔵モジュール。
072項p.220参照

SPI
Serial Peripheral Interfaceの略。4線式高速シリアル通信でICなどと接続するために使われる。

　このLEDテープをPICマイコンで制御するときは、1ビットのパルス幅が250nsecと高速なので、PICマイコン内蔵のCIP*モジュールを活用して図5(a)のように構成します。システムクロックを32MHzとしてタイマ2を625nsec周期とします。さらにPWM5をタイマ2で動作させデューティを40%とすれば250nsec幅のパルスが生成できます。あとは図6(b)のタイムチャートとなる論理回路をCLCモジュール*で組めば、SPI*に1バイトのデータを送信するだけで必要なパルス列にして8ビット出力してくれます。

●図5　CIPによる信号生成回路

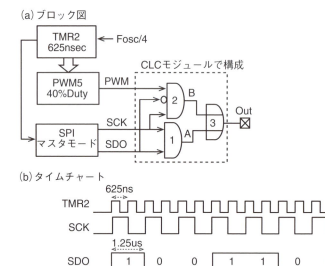

4-1 LEDを光らせたい

●図6　LEDテープの制御回路

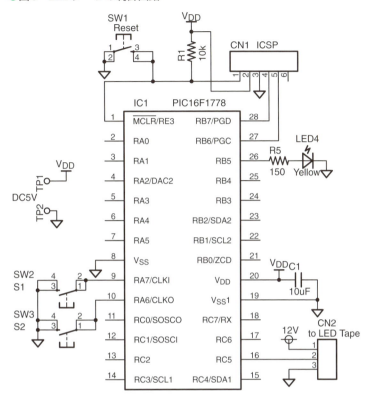

　この回路構成でLEDテープを駆動するプログラムがリスト1となります。表示データパターンを配列で7パターン用意しますが、3バイト×6＝18バイト、つまり6個のIC分を一つの表示パターンとして、それを7パターン用意しています。あとはこの配列データをSPIで順次出力するだけでパターンの表示をさせることができます。PWMやCLCモジュールの設定はすべてMCCで行っています。特にCLCは初期設定だけで動作しプログラムは必要ないので、プログラムリストには何も現れません。
　メインループでは一つのパターン18バイトを150バイトになるまで繰り返し出力して一巡としています。この150バイトの繰り返しごとに少し間を置き、次に出力するパターンの先頭の位置を3バイトずつずらすことで流れる表示としています。さらにその繰り返しの合間毎にスイッチS1が押されたかをチェックし、押されていたら7パターンを順次変更しています。

第4章 何かを表示したい

▼リスト1　表示用データと送信プログラム（LEDTape）

```c
/******************************************
 * LEDテープの制御プログラム
 *    LEDTape
 ******************************************/
#include "mcc_generated_files/mcc.h"
uint8_t *ptr, Ptn, block, Index;
/***** パターンデータ定義 **********/
uint8_t data[8][18] = {
    {0xFF,0x00,0x00,0x00,0xFF,0x00,0x00,0x00,0xFF,0x55,0x55,0x00,0x00,0x55,0x55,0x55,0x00,0x55},
    {0x00,0x00,0x00,0x00,0x00,0x00,0x00,0x00,0x00,0x00,0x00,0x00,0x00,0x00,0x00,0x00,0x00,0x00},
    {0x80,0x00,0x00,0x00,0x80,0x00,0x00,0x00,0x80,0x80,0x00,0x00,0x00,0x80,0x00,0x00,0x00,0x80},
    {0x80,0x00,0x00,0x00,0x80,0x00,0x00,0x00,0x80,0x80,0x00,0x00,0x00,0x80,0x00,0x00,0x00,0x80},
    {0x40,0x00,0x00,0x00,0x10,0x00,0x00,0x00,0x80,0x80,0x00,0x00,0x00,0x03,0x00,0x40,0x00,0x80,0x00},
    {0x80,0x00,0x40,0x00,0x10,0x00,0x00,0x00,0x40,0x40,0x00,0x00,0x40,0x00,0x03,0x00,0x00,0x00,0x80},
    {0xFF,0x00,0x00,0x00,0xFF,0x00,0x00,0x00,0xFF,0xFF,0x00,0x00,0x00,0xFF,0x00,0x00,0x00,0xFF},
    {0x00,0xFF,0x00,0x00,0xFF,0x00,0x00,0x00,0xFF,0xFF,0x00,0x00,0xFF,0x00,0xFF,0x00,0xFF,0x00,0xFF}};
/****** メイン関数 ********/
void main(void)
{
    SYSTEM_Initialize();
    Ptn = 0;                        // 初期パターン
    ptr = &data[Ptn][0];            // ポインタセット
    block = 0;
    while (1)
    {
        /*** データ出力 ***/
        SPI_Exchange8bit(*ptr++);   // パターンデータ出力
        if(ptr >= &data[Ptn][0] + 18)  // パタン終わりの場合
            ptr = &data[Ptn][0];    // 最初に戻す
        Index++;                    // 出力回数カウンタアップ
        /** 一順チェック/パターン変更 ***/
        if(Index > 150){            // 全LED出力終了の場合
            Index = 0;              // カウンタリセット
            block++;                // LEDパターン移動
            if(block > 5)           // 流す繰り返し
                block = 0;          // 最初に戻す
            ptr = &data[Ptn][15-(block*3)];  // 前に進む
            __delay_ms(200);        // 流れる速さ調節
            /**パターン変更 **/
            if(S1_GetValue() == 0){ // S1が押された場合
                Ptn++;              // 次のパターンへ
                if(Ptn > 7)         // 最後のパターン
                    Ptn = 0;        // 最初に戻す
                while(S1_GetValue() == 0);  // オンの間待つ
            }
        }
    }
}
```

4-2 文字やグラフを表示させたい

028 パラレル接続のキャラクタ液晶表示器を使いたい

キャラクタ液晶表示器
文字表示の液晶表示器のこと。ASCII文字以外に特殊文字も表示できる。

4ビットまたは8ビットパラレルの**キャラクタ液晶表示器***には図1のようなものがあります。多くが内蔵の制御ICに互換性があるものが使われているので、インターフェースや制御方法は同じとなっています。表示文字数も16文字×2行が大部分ですが、20文字×2行というものもあります。

● 図1 市販されているキャラクタ液晶表示器の例

(a) SC1602Bxxx　　(b) SD1602HULB

液晶表示器の仕様
電源　　　：3.3Vまたは5V
表示　　　：16文字×2行
バックライト：無または有
制御　　　：4/8ビットパラレル

実際にPICマイコンに接続した例が図2となります。

● 図2 キャラクタ液晶表示器の接続例

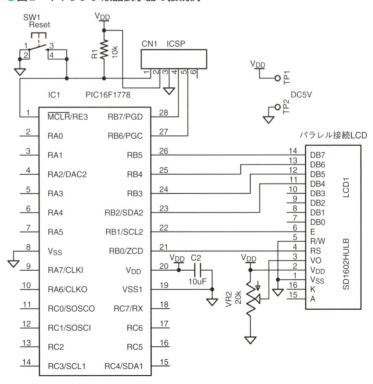

第4章　何かを表示したい

　データの接続が8ビットパラレルですが、上位4ビットだけで制御することもできます。マイコンからの出力だけで表示制御できるので、R/WピンはGNDに直接接続しています。VR2の可変抵抗はコントラスト調整用です。バックライト付きの場合にはKピンをGNDに、Aピンを抵抗経由でV_{DD}に接続して適切な電流を流します。
　この回路で実際に動作させたプログラムがリスト1となります。液晶表示器の制御の部分は汎用ライブラリとしています。
　1行目に固定メッセージを表示し、2行目には0.1秒ごとにカウントアップする変数であるCounterの値を表示しています。入出力ピンの初期設定はMCC[*]で行っています。すべて出力ピンにしているだけです。メインでは、数値を文字列に変換する処理をできるだけ少ないメモリサイズで行うため専用の関数(itostring)で処理しています。液晶表示器の制御ではlcd_out()関数の中で、Eピンの信号をパルス化する処理を命令で行っています。

MCC
MPLAB Code Configurator。使い方は019項p.42参照

▼リスト1　キャラクタ液晶表示器のプログラム例（LCD_Para）

```c
/******************************************
 *    パラレルバスのLCD表示制御
 *        LCD_Para
 ******************************************/
#include "mcc_generated_files/mcc.h"
#include "LCD_Lib.h"
#include <stdio.h>
int Counter;
uint8_t Buffer[] = "Counter = xxxxxx";
uint8_t StMsg[] = "Start LCD Test!!";
void itostring(int digit,int data,uint8_t *buffer);
/******* メイン関数 **********/
void main(void)
{
    SYSTEM_Initialize();            // システム初期化
    lcd_init();                     // LCD初期化
    lcd_clear();                    // LCD全消去
    lcd_str(StMsg);                 // 初期メッセージ
    while(1)                        // 永久ループ
    {
        lcd_cmd(0xC0);              // 2行目の先頭へ
        itostring(6, Counter++, Buffer+10);  // 文字
        lcd_str(Buffer);            // データ表示出力
        __delay_ms(100);            //100msec 間隔
    }
}
/******************************************
 *    数値から文字列に変換
 * ****************************************/
void itostring(int digit,int data,uint8_t *buffer)
{
    int i;
    buffer += digit;                // 文字列の最後
    for(i=digit; i>0; i--) {        // 最下位桁から
        buffer--;                   // ポインタ-1
        *buffer = (data % 10) + '0' ; // 文字で格納
        data = data / 10;           // 桁-1
    }
}
```

```c
/*******************************************
 *  液晶表示器制御ライブラリ
 *  内蔵関数は以下
 *     lcd_init()       ----- 初期化
 *     lcd_cmd(cmd)     ----- コマンド出力
 *     lcd_data(chr)    ----- 1文字表示出力
 *     lcd_clear()      ----- 全消去
 *     lcd_str(*buf)    ----- 文字列の表示出力
 *******************************************/
#include "LCD_Lib.h"
/********* データ出力関数 ***********/
void lcd_out(uint8_t code, uint8_t flag){
    LATB = (code & 0xF0) >> 2;      // RB2-RB5出力
    if (flag == 0)                  // 切り替え
        RS_SetHigh();               // 表示データ
    else
        RS_SetLow();                // コマンド
    E_SetHigh();                    // strobe out
    E_SetLow();                     // reset strobe
}
/******** 1文字表示関数 **********/
void lcd_data(uint8_t asci){
    lcd_out(asci, 0);               // 上位4ビット
    lcd_out(asci<<4, 0);            // 下位4ビット
    __delay_us(50);                 // 50μsec待ち
}
/******** コマンド出力関数 ********/
void lcd_cmd(uint8_t cmd){
    lcd_out(cmd, 1);                // 上位4ビット
    lcd_out(cmd<<4, 1);             // 下位4ビット
    __delay_ms(2);                  // 2msec待ち
}
/********** 全消去関数 *********/
void lcd_clear(){
    lcd_cmd(0x01);                  // 消去コマンド
    __delay_ms(15);                 // 15msec待ち
}
/******** 文字列出力関数 ******/
void lcd_str(uint8_t *buf){
    while(*buf != 0){               // 最後まで
        lcd_data(*buf++);           // 文字表示出力
    }
}
/******** 初期化関数 *********/
void lcd_init(){
    __delay_ms(150);                // 150msec
    lcd_out(0x30, 1);               // 8bit mode set
    __delay_ms(5);
    lcd_out(0x30, 1);               // 8bit mode set
    __delay_ms(1);
    lcd_out(0x30, 1);               // 8bit mode set
    __delay_ms(1);
    lcd_out(0x20, 1);               // 4bit mode set
    __delay_ms(1);
    lcd_cmd(0x2E);                  // DL=0 4bit mode
    lcd_cmd(0x08);                  // display off C=D=B=0
    lcd_cmd(0x0D);                  // display on C=D=1 B=0
    lcd_cmd(0x06);                  // entry I/D=1 S=0
    lcd_cmd(0x02);                  // cursor home
}
```

4-2 文字やグラフを表示させたい

029 I²C接続のキャラクタ液晶表示器を使いたい

I²C
Inter-Integrated Circuitの略。短距離のシリアル通信で2本の線で複数のスレーブを接続でき、アドレス指定して通信できる。

アイコン
イラスト記号のこと。

I²C*接続の液晶表示器としては図1のようなものが市販されています。この例は16文字×2行に、さらにアイコン*が表示できるようになっています。

●図1　市販されているキャラクタ液晶表示器の例

SB1602Bxxx
液晶表示器の仕様
電源　　　　：2.7V～3.6V
表示　　　　：16文字×2行
　　　　　　　アイコン表示
バックライト：無または有
制御　　　　：I²C　アドレス0x3E

　実際にPICマイコンに接続した例が図2となります。RC3とRC4ピンのI²Cのピンに接続しています。この2本にはプルアップ抵抗*が必要で、推奨値は10kΩ程度となっています。この他にリセット（RST）ピンがあり、抵抗でプルアップするだけで問題なく動作します。あとは電源とGNDで、電源は3.3Vが標準規格となっていますが、5Vでも内蔵の倍圧回路（Booster）を設定でオフにすることで使うことができます。

プルアップ抵抗
信号ラインを電源に接続する抵抗のこと。

　この回路で実際に動作させたプログラムがリスト1となります。I²C通信の部分はI²Cの汎用ライブラリを使っています（「MCCで設定してI²Cを使いたい*」を参照）。また、液晶表示器の制御の部分は汎用で使えるようにライブラリとしています。初期化、コマンド送信、データ送信、アイコン表示が主要な関数となっています。テスト機能は、1行目に固定メッセージを表示し、2行目には0.1秒ごとにカウントアップする変数である`Counter`の値を表示しています。入出力ピンとI²Cの初期設定はMCCで行っています。メインでは、I²Cの割り込みを許可しています。液晶表示器のライブラリでは`lcd_init()`関数の中で3.3V用と5V用の倍圧回路のオンオフの設定が必要ですので、**電圧に合わせて、いずれかをコメントアウト**する必要があります。`Counter`の数値を文字列に変換する専用の関数（`itostring`）を使っています。

073項p.224参照

4-2 文字やグラフを表示させたい

●図2 I²Cキャラクタ液晶表示器の接続例

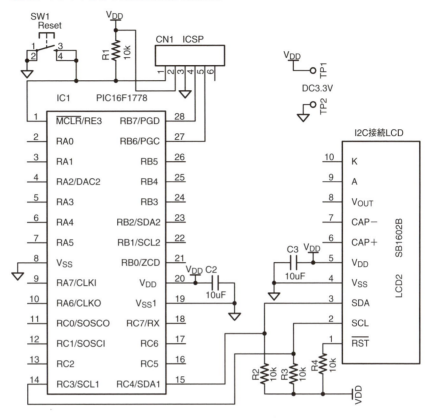

▼リスト1 I²Cキャラクタ液晶表示器のプログラム例（LCD_I2C）

```
/******************************************
 *   I2C接続の液晶表示器のテスト
 *     LCD_I2C
 * ****************************************/
#include "mcc_generated_files/mcc.h"
#include "i2c_lib2.h"
#include "lcd_lib2.h"
int Counter;
uint8_t Buffer[] = "Counter = xxxxxx";
uint8_t StMsg[] = "Start LCD Test!!";
void itostring(int digit,int data,uint8_t *buffer);
/**** メイン関数 ****/
void main(void)
{
    SYSTEM_Initialize();                    // 初期化
    INTERRUPT_GlobalInterruptEnable();      // 割込み
    INTERRUPT_PeripheralInterruptEnable();
    lcd_init();                             // LCD初期化
    lcd_clear();                            // LCD全消去
    lcd_str(StMsg);                         // 初期表示
```

第4章　何かを表示したい

```c
        while(1)                            // 永久ループ
        {
            lcd_cmd(0xC0);                  // 2行目の先頭へ
            itostring(6, Counter++, Buffer+10);
            lcd_str(Buffer);                // データ出力
            __delay_ms(100);                //100msec間隔
        }
}
/***********************************
 *  数値から文字列に変換
 ***********************************/
void itostring(int digit,int data,uint8_t *buffer)
{
    int i;
    buffer += digit;                        // 文字列の最後
    for(i=digit; i>0; i--) {                // 最下位桁から
        buffer--;                           // ポインター1
        *buffer = (data % 10)+ '0' ;        // 格納
        data = data / 10;                   // 桁-1
    }
}


/************************************************
 * 液晶表示器ライブラリ
 * I2Cインターフェース
 *   lcd_init()     ----- 初期化
 *   lcd_cmd(cmd)   ----- コマンド出力
 *   lcd_data(data) ----- 1文字表示出力
 *   lcd_str(ptr)   ----- 文字列表示出力
 *   lcd_clear()    ----- 全消去
 ************************************************/
#include "lcd_lib2.h"
#include "i2c_lib2.h"
#include "mcc_generated_files/mcc.h"

I2C_MESSAGE_STATUS    status;
/***********************************
 * 液晶へ1文字表示データ出力
 ***********************************/
void lcd_data(uint8_t data)
{
    uint8_t tbuf[2];
    tbuf[0] = 0x40;
    tbuf[1] = data;
    I2C_MasterWrite(tbuf, 2, 0x3E, &status);
    while(status == I2C_MESSAGE_PENDING);
    __delay_us(30);                         // 遅延
}
/*******************************
 * 液晶へ1コマンド出力
 *******************************/
void lcd_cmd(uint8_t cmd)
{
    uint8_t tbuf[2];
    tbuf[0] = 0x00;
    tbuf[1] = cmd;
```

4-2 文字やグラフを表示させたい

```c
    I2C_MasterWrite(tbuf,2,0x3E,&status);
    while(status == I2C_MESSAGE_PENDING);
    /* Clear か Home か */
    if((cmd == 0x01)||(cmd == 0x02))
        __delay_ms(2);                  // 2msec待ち
    else
        __delay_us(30);                 // 30us待ち
}
/*****************************
* 初期化関数
*****************************/
void lcd_init(void)
{
    __delay_ms(150);                    // 初期化待ち
    lcd_cmd(0x38);                      // 8bit 2line mode
    lcd_cmd(0x39);                      // 8bit 2line mode
    lcd_cmd(0x14);                      // OSC183Hz BIAS1/5
    lcd_cmd(0x7F);                      // Contrast Set
    /*** 倍圧回路 3.3V/5Vで切替必要 */
    lcd_cmd(0x5E);                      // Booster on 3.3V
//  lcd_cmd(0x5B);                      // Booster Off 5V
    /******************/
    lcd_cmd(0x6B);    // Follower
    __delay_ms(300);
    lcd_cmd(0x38);                      // Set Normal mode
    lcd_cmd(0x0C);                      // Display On
    lcd_cmd(0x01);                      // Clear Display
}
/*****************************
* 全消去関数
*****************************/
void lcd_clear(void)
{
    lcd_cmd(0x01);                      //初期化コマンド
}
/*****************************
* 文字列表示関数
*****************************/
void lcd_str(const uint8_t* ptr)
{
    while(*ptr != 0)//文字取り出し
        lcd_data(*ptr++);               //文字表示
}
/*****************************
* アイコン表示制御関数
*****************************/
void lcd_icon(uint16_t num,uint8_t onoff)
{
    lcd_cmd(0x39);                      // Extend mode
    lcd_cmd(0x40+ICON[num][0]);         //アドレス
    if(onoff)
        lcd_data(ICON[num][1]);         // オン
    else
        lcd_data(0x00);                 // オフ
    lcd_cmd(0x38);                      // Normal
}
```

4-2 文字やグラフを表示させたい

030 小型グラフィック液晶表示器を使いたい

グラフィック
図形表示のこと。

SPI
Serial Peripheral Interfaceの略。
4線式のシリアル通信で高速で外部ICなどと通信できる。

グラフィック*が表示できる小型の液晶表示器として、図1のようなものが市販されています。表示面は小さいですが、128×32ドットから128×64ドット程度が表示できます。ここでは図1(a)のSPI*接続の超小型のAQM1248Aの使い方を説明します。

●図1 市販のグラフィック液晶表示器の例

(a) AQM1248A

液晶表示器の仕様
電源　　　：2.4V～3.6V
表示　　　：128×48ドット
　　　　　　モノクロ
バックライト：無または有
制御　　　：SPI
（秋月電子通商製変換基板付）

(b) SG12864ASL

液晶表示器の仕様
電源　　　：4.5V～5.5V
表示　　　：128×64ドット
　　　　　　モノクロ
バックライト：有
制御　　　：8ビットパラレル
（秋月電子通商製変換基板付）

SCK：クロック信号
SDO：出力データ信号
CS：デバイス選択
RST：リセット
RS：データ区別

AQM1248Aの接続例が図2となります。SPIですが、PICマイコン側からの送信しかないので、SCKとSDO*だけとなっています。これにチップ選択のCSとデータとコマンド区別のRSの信号となっています。RSTピンは変換基板上でプルアップされているので接続不要です。

●図2 小型グラフィック液晶表示器の接続例

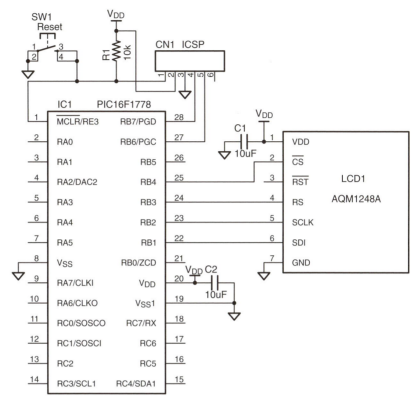

この回路構成で製作したプログラム例のメイン関数部がリスト1となります。機能は、波形表示と斜線表示、千鳥格子表示の3種類の画面を3秒ごとに切り替えて表示します。波形表示は1ページ分のイメージデータを配列で用意して一括で表示しています。

入出力ピンやSPIモジュールの初期設定はMCCで行っています。液晶表示器の制御関数は独立のライブラリとしています。

文字を表示させるには**フォントデータが必要**になります。フォントについては「グラフィック液晶表示器で文字を表示したい[*]」を参照してください。

・・・・・・・・・・・・・・・・・・・・
031項p.89参照

第4章 何かを表示したい

▼リスト1　超小型グラフィック液晶表示器のmain関数部（GraphicLCD）

```c
/****************************************
*   小型グラフィックLCD制御
*     GraphicLCD
****************************************/
#include "mcc_generated_files/mcc.h"
#include "GraphicLCD.h"
/*** 1ページ分の表示データ ****/
uint8_t page1[128] = {
    0x01,0x03,0x07,0x0F,0x1F,0x3F,0x7F,0xFF,0x7F,0x3F,0x1F,0x0F,0x07,0x03,0x01,0x00,
    0x01,0x03,0x07,0x0F,0x1F,0x3F,0x7F,0xFF,0x7F,0x3F,0x1F,0x0F,0x07,0x03,0x01,0x00,
    0x01,0x03,0x07,0x0F,0x1F,0x3F,0x7F,0xFF,0x7F,0x3F,0x1F,0x0F,0x07,0x03,0x01,0x00,
    0x01,0x03,0x07,0x0F,0x1F,0x3F,0x7F,0xFF,0x7F,0x3F,0x1F,0x0F,0x07,0x03,0x01,0x00,
    0x01,0x03,0x07,0x0F,0x1F,0x3F,0x7F,0xFF,0x7F,0x3F,0x1F,0x0F,0x07,0x03,0x01,0x00,
    0x01,0x03,0x07,0x0F,0x1F,0x3F,0x7F,0xFF,0x7F,0x3F,0x1F,0x0F,0x07,0x03,0x01,0x00,
    0x01,0x03,0x07,0x0F,0x1F,0x3F,0x7F,0xFF,0x7F,0x3F,0x1F,0x0F,0x07,0x03,0x01,0x00,
    0x01,0x03,0x07,0x0F,0x1F,0x3F,0x7F,0xFF,0x7F,0x3F,0x1F,0x0F,0x07,0x03,0x01,0x00};
/** 8x8の表示イメージ ***/
uint8_t Black[8] = {0xFF,0xFF,0xFF,0xFF,0xFF,0xFF,0xFF,0xFF};
uint8_t White[8] = {0,0,0,0,0,0,0,0};
uint8_t k, m;
/**** メイン関数 *****/
void main(void)
{
    SYSTEM_Initialize();            // システム初期化
    lcd_init();                     // LCD初期化
    lcd_clear();                    // 全消去
    while (1)
    {
        /**** 波型表示 ****/
        lcd_clear();                // 全消去
        for(k=0; k<6; k++)          // 6ページ繰り返し
            DisplayPage(k, page1);  // 配列データ表示
        __delay_ms(3000);           // 3秒待ち
        /*** 斜め線表示 ***/
        lcd_clear();                // 全消去
        for(k=0; k<128; k++){       // 全コラム繰り返し
            Pixel(k, m++);          // ドット表示
            if(m == 48)             // Y方向繰り返し
                m = 0;              // 最初へ
        }
        __delay_ms(3000);           // 3秒待ち
        /*** 千鳥格子模様表示 ****/
        lcd_clear();                // 全消去
        for(k=0; k<3; k++){         // 3回繰り返し
            for(m=0; m<8; m++){     // 8回繰り返し
                Image(m*2, k*2, Black);     // 黒表示
                Image(m*2+1, k*2, White);   // 白表示
            }
            for(m=0; m<8; m++){     // 8回繰り返し
                Image(m*2, k*2+1, White);   // 白表示
                Image(m*2+1, k*2+1, Black); // 黒表示
            }
        }
        __delay_ms(3000);           // 3秒待ち
    }
}
```

4-2 文字やグラフを表示させたい

この液晶表示器用のライブラリがリスト2となります。

ここでは、ドット表示をPixelとして扱って任意の場所に描画します。さらに8×8ドットの表示画素を表示単位として16画素×8行の単位で表示します。初期化関数が複雑ですが、ここはデータシートに依っています。SPIの出力関数ではコマンドとデータをRSピンで区別しています。

▼リスト2　超小型グラフィック液晶表示器用ライブラリ（GraphicLCD.c）

```c
/*************************************
 *   超小型グラフィックLCD用ライブラリ
 *   128×8ドット×6列の構成
 *************************************/
#include "GraphicLCD.h"
/*************************************
 * 全画面消去
 *************************************/
void lcd_clear(void){
    uint8_t i, j;

    for(i=0; i<8; i++){              // 全RAM消去
        SPICmd(0xB0 | i);            // Page指定
        SPICmd(0x10);                // Colum上位
        SPICmd(0);                   // Colum下位
        for(j=0; j<128; j++)         // 128B繰り返し
            SPIData(0);              // 0の書き込み
    }
    SPICmd(0x40);                    // RAM最初へ
}
/*************************************
 * Pixel表示
 * X<128  Y<48
 *************************************/
void Pixel(uint8_t xpos, uint8_t ypos){
    uint8_t pos;
    SPICmd(0xB0 | (ypos / 8));       // ypos page
    SPICmd(0x10 | (xpos >> 4));      // Xpos Upper
    SPICmd(0x00 | (xpos & 0x0F));    // Xpos lower
    pos = 0x01;                      // 1ビット
    SPIData(pos << (ypos % 8));      // yposシフト
     SPICmd(0x40);                   // RAM 最初へ
}
/*************************************
 * 8x8の表示画素を指定場所に表示する
 *   X<16  Y<6
 *************************************/
void Image(uint8_t xpos, uint8_t ypos, uint8_t* image)
{
    uint8_t i, j;
    SPICmd(0xB0 | ypos);             // page指定
    SPICmd(0x10 | ((xpos * 8) >> 4));
    SPICmd(0x00 | ((xpos * 8) & 0x0F));
    for(i=0; i<8; i++)               // 8B繰り返し
        SPIData(*image++);           // イメージ
    SPICmd(0x40);                    // RAM最初へ
```

```c
}
/***************************************
 * 1ページ連続表示
 ***************************************/
void DisplayPage(uint8_t page, uint8_t* buf){
    int i;

    SPICmd(0xB0 | page);            // Page指定
    SPICmd(0x10);                   // Colum 0
    SPICmd(0);                      // Coum下位
    for(i=0; i<128; i++)            // 128B繰り返し
        SPIData(*buf++);            // バッファから
    SPICmd(0x40);                   // RAM最初へ
}
/***************************************
 * 初期化関数
 ***************************************/
void lcd_init(void){
    __delay_ms(10);
    SPICmd(0xAE);                   // Display Off
    SPICmd(0xA0);                   // ADC Normal
    SPICmd(0xC8);                   // Output Reverse
    SPICmd(0xA3);                   // Bias 1/7
    SPICmd(0x2C);                   // Power Control1
    __delay_ms(2);
    SPICmd(0x2E);                   // Power Control2
    __delay_ms(2);
    SPICmd(0x2F);                   // Power Control3
    SPICmd(0x23);                   // Contrast Vo ratio
    SPICmd(0x81);                   // Electric Volume
    SPICmd(0x1C);                   // Electric Volume
    SPICmd(0xA4);                   // 全消灯
    SPICmd(0x40);                   // Start 0 line
    SPICmd(0xA6);                   // Diplay Normal
    SPICmd(0xAF);                   // Diplay On
}
/***************************
 * SPIでコマンド出力
 ***************************/
void SPICmd(uint8_t cmd){
    CS_SetLow();                    // CS Low
    RS_SetLow();                    // RS Lowコマンド
    SPI_Exchange8bit(cmd);          // 設定データ送信
    CS_SetHigh();                   // CS High
}
/***************************
 * SPIで表示データ出力
 ***************************/
void SPIData(uint8_t data){
    CS_SetLow();                    // CS Low
    RS_SetHigh();                   // RS High データ
    SPI_Exchange8bit(data);         // 表示データ送信
    CS_SetHigh();                   // CSHigh
}
```

031 グラフィック液晶表示器で文字を表示したい

4-2 文字やグラフを表示させたい

ASCII
American Standard Code for Informationn Interchangeの略。128種の文字を定義し、JISでこれにカナを追加して256文字を定義している。

グラフィック液晶表示器で文字を表示させるためには、フォントのデータが必要になります。ここでは最も基本となる5×7ドットのASCII*文字フォントを使って表示する方法を説明します。

まずフォントのデータは図1のように8×8ドットの配列データとして256個のASCIIコードをfont.hファイルで定義し、5×7ドットの文字としています。したがって配列データを修正すれば8×8ドットの任意のイメージも可能です。

●図1 文字フォントの配列構成

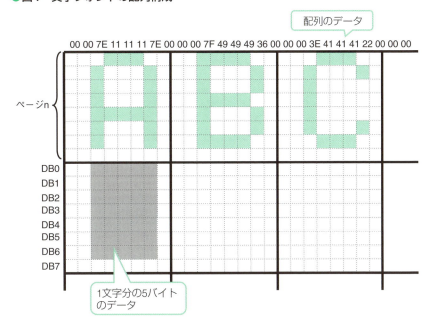

同じような考え方で、12×12ドットのASCII文字のフォントも構成できます。この場合には図2のように1ラインが12ビットになるので1.5バイトを使って表します。これで1文字当たり18バイト使うことになります。例えば図2右側のような18バイトでは「A」という文字を表示させることになります。

第4章 何かを表示したい

● 図2　12×12ドットのフォントデータの構成

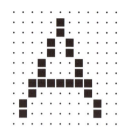

例えば下記の並びの場合は下図の文字となる
0x0,0x0,0x40,0x4,0x0,0xA0,0xA,0x1,0x10,
0x11,0x3,0xF8,0x20,0x84,0x4,0x40,0x40,0x0

032項p.93参照

074項p.226参照

030項p.87参照

　この12×12ドットのフォントを使った例は「フルカラーグラフィック液晶表示器を使いたい*」を参照してください。
　SPI*接続の小型グラフィック液晶表示器で、8×8ドットのフォントを使って作成したプログラムがリスト1となります。キャラクタ液晶表示器の例題と同じ機能となっています。液晶表示器の表示制御部は独立のライブラリとしています。初期化関数、SPI関数はグラフィックの場合*と同じです。フォントのデータは別ファイル（font.h）をプロジェクトに登録しています。

▼リスト1　グラフィック液晶表示器に文字を表示する例（Font）

```
/*****************************************
 *   小型グラフィックLCD制御  文字表示
 *      Font
 *****************************************/
#include "mcc_generated_files/mcc.h"
#include "GraphicLCD.h"
uint8_t StMsg[] = "Start LCD Test!!";
uint8_t Test[]  = "Counter = xxxxxx";
uint16_t Counter;
void itostring(int digit,int data,uint8_t *buffer);
/**** メイン関数 *****/
void main(void)
{
    SYSTEM_Initialize();        // システム初期化
    lcd_init();                 // LCD初期化
    lcd_clear();                // 全消去
    while (1)
    {
        lcd_str(0, StMsg);
        itostring(6, Counter++, Test+10);
        lcd_str(3, Test);
        __delay_ms(100);
    }
}
```

4-2 文字やグラフを表示させたい

```c
/*************************************
 *   数値から文字列に変換
 *************************************/
void itostring(int digit,int data,uint8_t *buffer)
{
    int i;
    buffer += digit;                    // 文字列の最後
    for(i=digit; i>0; i--) {            // 最下位桁から
        buffer--;                       // ポインター1
        *buffer=(data % 10)+ '0';       // 文字で格納
        data = data / 10;               // 桁-1
    }
}


/****************************************
 *   超小型グラフィックLCD用ライブラリ
 *   128×8ドット×6列の構成
 ****************************************/
#include "GraphicLCD.h"
/*************************************
 * 全画面消去
 *************************************/
void lcd_clear(void){
    uint8_t i, j;

    for(i=0; i<8; i++){                 // 全RAM消去
        SPICmd(0xB0 | i);               // Page指定
        SPICmd(0x10);                   // Colum 0指定上位
        SPICmd(0);                      // Colum下位
        for(j=0; j<128; j++)            // 128B繰り返し
            SPIData(0);                 // 0の書き込み
    }
    SPICmd(0x40);                       // RAM最初へ
    Xposition = 0;                      // 位置リセット
    Yposition = 0;
}


/*************************************
 * ASCII文字表示
 *************************************/
void lcd_data(uint8_t code){
    uint8_t i;
    SPICmd(0xB0 | Yposition);           // Y位置セット
    SPICmd(0x10 | (Xposition >> 4));//Xセット
    SPICmd(0x00 | (Xposition & 0x0F));
    for(i=0; i<8; i++)                  // 配列繰り返し
        SPIData(Font[code][i]);         // 文字選択
    Xposition += 8;                     // 次のColumへ
    if(Xposition >= 128){               // 1行終わり
        Xposition = 0;                  // 次行の最初
        Yposition++;                    // 行アップ
    }
}
```

```c
/**************************************
 *   文字配列表示
 **************************************/
void lcd_str(uint8_t page, uint8_t* buf){
    Yposition = page;               // 行指定
    Xposition = 0;                  // 先頭位置
    while(*buf != 0)                // 終わりまで
        lcd_data(*buf++);           // 文字表示
    SPICmd(0x40);                   // RAM最初へ
}
/**************************************
 *   初期化関数
 **************************************/
void lcd_init(void){
    __delay_ms(10);
    SPICmd(0xAE);                   // Display Off
    SPICmd(0xA0);                   // ADC Normal
    SPICmd(0xC8);                   // Out Reverse
    SPICmd(0xA3);                   // Bias 1/7
    SPICmd(0x2C);                   // Power Control1
    __delay_ms(2);
    SPICmd(0x2E);                   // Power Control2
    __delay_ms(2);
    SPICmd(0x2F);                   // Power Control3
    SPICmd(0x23);                   // Contrast Vo ratio
    SPICmd(0x81);                   // Volume set
    SPICmd(0x1C);                   // Volume value set
    SPICmd(0xA4);                   // 全消灯
    SPICmd(0x40);                   // Start 0 line
    SPICmd(0xA6);                   // Diplay Normal
    SPICmd(0xAF);                   // Diplay On
}
/****************************
 *   SPIでコマンド出力
 ****************************/
void SPICmd(uint8_t cmd){
    CS_SetLow();                    // CS Low
    RS_SetLow();                    // RS Low
    SPI_Exchange8bit(cmd);          // データ送信
    CS_SetHigh();                   // CS High
}
/****************************
 *   SPIで表示データ出力
 ****************************/
void SPIData(uint8_t data){
    CS_SetLow();                    // CS Low
    RS_SetHigh();                   // RS High データ
    SPI_Exchange8bit(data);         // データ送信
    CS_SetHigh();                   // CSHigh
}
```

4-2 文字やグラフを表示させたい

032 フルカラーグラフィック液晶表示器を使いたい

フルカラーのグラフィック表示器の中でも小型の1.4インチか1.8インチクラスのものは比較的簡単に使え、8ビットのPICマイコンでも十分扱うことができます。8ビットパラレルインターフェースのものとSPIインターフェースのものがありますが、液晶のコントローラが同じものであれば、パラレルとSPIの通信部だけ置き換えれば、**同じプログラムで使うことができます**。市販の例には図1のようなものがあり、同じST7735Sというコントローラが使われています。

● 図1 市販の小型フルカラーグラフィック液晶表示器の例

液晶表示器の仕様
　型番　　：Y1411A1
　サイズ　：TFT　1.44インチ
　制御IC　：ST7735S
　電源　　：3V～3.4V
　表示　　：128×128ドット
　　　　　　フルカラー
　バックライト：有　10～15mA
　制御　　：8ビットパラレル
　（販売　アイテンドー）
　別途変換基板あり

No	信号名	No	信号名
1	NC	13	D2
2	NC	14	D1
3	NC	15	D0
4	NC	16	RD
5	NC	17	WR
6	GND	18	RS
7	VCC	19	RESET
8	D7	20	CS
9	D6	21	LED-
10	D5	22	LED-
11	D4	23	LED+
12	D3	--	----

液晶表示器の仕様
　型番　　：Z180SN009
　サイズ　：TFT　1.8インチ
　制御IC　：ST7735S
　電源　　：3V～3.4V
　表示　　：128×160ドット
　　　　　　フルカラー
　バックライト：有　10～15mA
　制御　　：SPI
　（販売　アイテンドー）
　変換基板付

No	信号名
1	VLED
2	RST
3	RS
4	SDA
5	SCK
6	VCC
7	CS
8	GND

使用例として1.8インチのSPIインターフェースのものを使ってみます。PICマイコンとの接続回路は図2となります。この回路図の液晶表示器のピン配置は一緒に販売されている変換基板に実装したものです。SPIのSDIピン（RC4）は使いません。

●図2　フルカラーグラフィック液晶表示器の接続例（SPI）

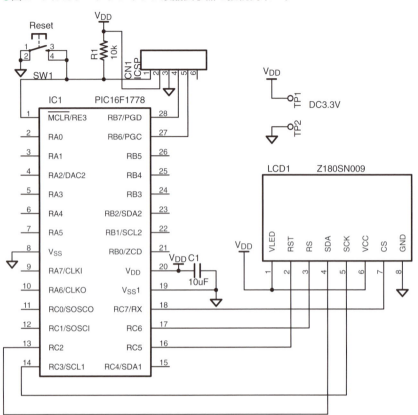

　この回路構成で液晶表示器のライブラリを作成しました。このライブラリはcolorlcd_lib.hとcolorlcd_lib.cの二つのファイルで構成していて、その機能は表1となります。文字は12×12ドットのフォントをASCII12dot.hファイルとして作成し、ASCIIコードで文字が定義されていない部分に漢字や特殊記号などを追加しています。液晶表示器の表示が128×160ドットですので、10文字×11行で表示するようにしています。

4-2 文字やグラフを表示させたい

▼表1 フルカラーグラフィック用ライブラリの関数一覧

関数名	機能内容
lcd_Init	液晶表示器の初期化処理を行う void lcd_Init(void)
lcd_Clear	液晶表示画面全体を指定色とする void lcd_Clear(uint16_t Color) 　　　Color：全体に書き込む色データ（16ビットカラー） 《例》lcd_Clear(BLACK);　//黒で全消去
lcd_Pixel	指定位置の1ドットを指定色で描画する void lcd_Pixel(int Xpos, int Ypos, uint16_t Color) 　　　Xpos：X座標（0-127）　Ypos：Y座標（0-127）　Color：ドットの色 《例》for(i=0; i<ENDPAGE; i++) 　　　　lcd_Pixel(i,i,RED);
lcd_Line	指定した始点（x0, y0）、終点（x1, y1）を結ぶ直線を描画する void lcd_Line(int x0, int y0, int x1, int y1, uint16_t Color) 　　　x0, y0：始点座標　　x1, y1：終点座標　　Color：ドットの色 《例》　 lcd_Line(j, j, 127-j, j, YELLOW);
lcd_Circle	指定した座標（x0、y0）を中心とする半径rの円を描画する void lcd_Circle(int x0, int y0, int r, uint16_t color) 　　　x0, y0：中心の座標　r　：半径の長さ　Color：ドットの色 《例》lcd_Circle(i*6, 32, i*3, RED);
lcd_Char	指定した位置に文字を描画する（10文字11行表示）12×12ドットフォント void lcd_Char(int colum, int line, uint8_t letter, uint16_t Color1, uint16_t Color2) 　　　colum：列位置（0-9）　line：行位置（0-10） 　　　letter：ASCII文字コード　Color1：文字の色　Color2：背景色 《例》lcd_Char(i, j, ASCII, WHITE, BLACK);
lcd_Str	指定した位置から文字列を描画する（10文字11行表示） void lcd_Str(int colum, int line, uint8_t *s, uint16_t Color1, uint16_t Color2) 　　　colum：列位置（0-9）　line：行位置（0-10）　*s：文字列へのポインタ 　　　Color1：文字の色　　Color2：背景色 《例》lcd_Str(0, 1, Msg2, GREEN, BLACK);
lcd_Image	イメージの表示を行う（図は128×160ドットのモノクロBMP） void lcd_Image(cont uint8_t *ptr, uint16_t Color1, uint16_t Color2) 　　　*ptr：イメージの先頭アドレス　Color1：図の色　Color2：背景色 《例》lcd_Image(IMAGE, BLUE, WHITE);

　このライブラリ関数を使ってテスト用に作成したプログラムがリスト1となります。システムの初期化はMCCで自動生成しています。

　まず液晶表示器の初期化をして全体を黒い背景としてから、全体にイメージ画像を表示させています。このイメージのデータは128×160÷8＝2560バイトとなり、別途ヘッダファイル（imagedata.h）として用意しています。

　次にメインループでは、ASCIIコードの256種を10文字×11行ずつ表示し、次に指定場所に漢字の文字列を表示し、次に直線描画、円の描画と続けてテストしています。それぞれのテストの間は3秒ずつの待ち時間を挿入しています。

第4章 何かを表示したい

この全体のプログラムで約10kWのサイズとなりましたが、使用したPIC16F1778は16kWの容量ですのでまだ十分空きがあります。

▼リスト1　カラーグラフィック液晶表示器の例（ColorGraphicSPI）

```c
/******************************************
 * カラーグラフィック液晶表示器制御
 *    ColorGraphicSPI
 ******************************************/
#include "mcc_generated_files/mcc.h"
#include "colorlcd_lib.h"
#include "imagedata.h"
/* メッセージデータ */
uint8_t TestMsg[] = {0xC3, 0xBD, 0xC4, 0x00};          // テスト
uint8_t IdleMsg[] = {0xF8, 0xF9, 0xEF, 0x00};          // 温湿度
uint8_t TempMsg[] = {0xF8, 0xEF, 0x00};                // 温度
uint8_t HumiMsg[] = {0xF9, 0xEF, 0x00};                // 湿度
uint8_t Tst1Msg[] = {0x7F, 0x80, 0x7F, 0x81, 0x00};    // 電圧電流
uint8_t Tst2Msg[] = {0x82, 0x83, 0x84, 0x85, 0x00};    // 年月日時
int j, k, l, c;
/********** メイン関数 ****************/
void main(void)
{
    SYSTEM_Initialize();                // システム初期化
        /** LCD 初期化 **/
    lcd_Init();                         // GLCD初期化
    lcd_Clear(BLACK);                   // 全画面黒
    __delay_ms(3000);
    lcd_Image(Header1, BLUE, WHITE);    // イメージ表示
    __delay_ms(3000);
    while (1)
    {
        /** 文字表示デモ 256種全表示 ***/
        j = 0;                          // 文字カウンタリセット
        while(j < 256){                 // 終わりまで繰り返し
            lcd_Clear(BLACK);           // 黒消去
            for(l=0; l<11; l++){        // 11行
                for(k=0; k<10; k++){    // 10文字/行
                    lcd_Char(k, l, j++, COLOR[l], BLACK);  //1文字表示
                }
            }
            __delay_ms(3000);
        }
        /**** 漢字文字列表示デモ ****/
        lcd_Clear(BLUE);
        lcd_Str(0, 0, TestMsg, WHITE, BLUE);
        lcd_Str(1, 2, IdleMsg, PINC, BLUE);
        lcd_Str(2, 4, TempMsg, RED, BLUE);
        lcd_Str(3, 6, HumiMsg, CYAN, BLUE);
        lcd_Str(4, 8, Tst1Msg, MAGENTA, BLUE);
        lcd_Str(5, 10, Tst2Msg, YELLOW, BLUE);
        __delay_ms(3000);
        /**** 直線表示デモ ****/
        lcd_Clear(BLACK);               // 黒消去
        for(j=0; j<128; j+=10){         // 10ドットおき
            lcd_Line(j, 0, 127, 159, COLOR[j/10]);  // 1ライン描画
        }
```

4-2 文字やグラフを表示させたい

```
        __delay_ms(3000);
        /**** 円描画デモ *****/
        lcd_Clear(BLACK);                       // 黒消去
        for(j=0; j<128; j+=10){                 // 10ドットおき
            lcd_Circle(j, j, j/2+3, COLOR[j/10]); // 円描画
        }
        __delay_ms(3000);
    }
}
```

　液晶表示器ライブラリでSPI用とパラレル用では通信部だけが異なるのみで、ライブラリ実行ファイル（colorlcd_lib.c）の最初にあるリスト2（a）の二つの関数をリスト2（b）のように取り替えれば、残りの部分は共通に使えます。

▼リスト2　液晶表示器用通信関数
(a) SPIインターフェースの場合（ColorGraphicSPI）

```
/*******************************
* コマンド、データ出力関数(SPI)
*******************************/
void lcd_cmd(uint8_t cmnd){
    RS_SetLow();            // RS Command
    CS_SetLow();            // CS Low
    SPI_Exchange8bit(cmnd);
    RS_SetHigh();           // CD High
    CS_SetHigh();           // CS High
}
void lcd_data(uint8_t data){
    RS_SetHigh();           // RS Data
    CS_SetLow();            // CS Low
    SPI_Exchange8bit(data);
    CS_SetHigh();           // CS High
}
```

(b) パラレルインターフェースの場合（ColorGraphicNew）

```
/***********************************
* コマンド、データ出力関数(パラレル)
***********************************/
void lcd_cmd(uint8_t cmnd){
    CD_SetLow();            // CD Command
    CS_SetLow();            // CS Low
    LATB = cmnd;            // Data Out
    WR_SetLow();            // WR out
    WR_SetHigh();           // WR High
    CD_SetHigh();           // CD High
    CS_SetHigh();           // CS High
}
void lcd_data(uint8_t data){
    CD_SetHigh();           // CD Data
    CS_SetLow();            // CS Low
    LATB = data;            // Data Out
    WR_SetLow();            // WR Pulse
    WR_SetHigh();           // WR High
    CS_SetHigh();           // CS High
}
```

第4章 何かを表示したい

また表示ドット数の指定は、ライブラリのヘッダファイル（colorlcd_lib.h）の最初の定義部をリスト3のように設定すれば全体が合わせられるようになっています。

▼リスト3　ドットサイズの設定（ColorGraphicSPIのcolorlcd_lib.h）

```
/*******************************************
 *    画面サイズ指定用定数の定義
 *******************************************/
#define ENDPAGE   160           // Y方向
#define ENDCOL    128           // X方向
#define XChar     (uint8_t)(ENDCOL/12)
#define YLine     (uint8_t)(ENDPAGE/14))
```

パラレルインターフェースの場合は、図3のような回路構成となっているものとしています。

●図3　フルカラーグラフィック液晶表示器の接続例（パラレル）

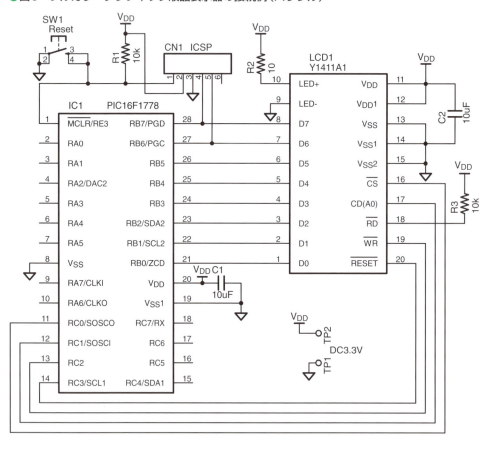

4-2 文字やグラフを表示させたい

033 数値や文字列の表現形式を変換したい

プログラム内部で使用している数値や数字の文字列を他の形式に変換する方法です。

1 バイト型の4バイトをlong型に変換する方法

ユニオン*を使って変換します。long型のメモリ配置は下位から上位となっているので、リスト1のように定義すれば変換できます。

> **ユニオン**
> C言語の構造体の一種で同じメモリ領域を型の異なる変数として扱うことができる。

▼リスト1 ユニオンを使った変換

```
union{
    long  ldata;
    char  cdata[4];
}Convert;


for(i=0; i<4; i++)
    Convert.cdata[i] = i;
temp = Convert.ldata;
(tempは0x03020100となる)
```

2 文字列と数値の相互変換関数

これには表1のような関数がC言語の標準関数として用意されているので簡単にできますが、使う際には「stdlib.h」をインクルードする必要があります。

▼表1 文字列と数値の変換関数

関数名	機能内容
UTOA ULTOA	符号なし整数(val)を文字列に変換 　　char *utoa (char *buf, unsigned val, int base); 　　　base：基数の指定　10=10進数　16=16進数
ITOA LTOA	整数(val)を文字列に変換 　　char *itoa (char *buf, int val, int base); 　　char *ltoa (char *buf, long val, int base);
FTOA	実数(f)を文字列に変換 　　buf = char *ftoa (float f, int *status); 　　　戻り値は変換後の文字列
STRTOL	文字列(s)の整数をlong型数値に変換 　　long strtol(const char *s, const char **res, int base); 　　　res：変換不可文字のアドレス(NULLなら無視)
STRTOD	文字列(s)の小数をdouble型数値に変換 　　double strtod (const char *s, char **res);

関数名	機能内容
ATOI ATOL XTOI	文字列(s)を整数に変換 　　int atoi (const char *s); 　　long atol (consy char *s); 　　unsigned xtoi (const char *s);
ATOF	小数の文字列(s)をdouble型数値に変換 　　double atof (const char *s);

3 printf、sprintf関数による変換出力

　標準出力関数を使う方法です。ただし、この関数を使うと多くのプログラムメモリを消費するので要注意です。実際の記述は図1のようにします。

　これらの関数を使う場合には、「stdio.h」をインクルードする必要があります。

●図1　標準入出力関数の使い方

```
printf
《機能》文字列や変数を指定フォーマットで標準出力デバイスに出力する
　　　　戻り値は出力した文字数
《書式》int printf(string);
　　　　int printf(const char *format,var1,…);
　　　　　　stringは文字列
　　　　　　formatは出力制御文字列、var1,‥は変数群
変数を出力するフォーマットは下記format指定に従う。この書式は%で始まる
%[flags][width][.precision][size]type
(1) flags　出力形式で下記がある
　　　-　　　左つめとする
　　　0　　　ゼロサプレスしないで0を出力する
　　　+　　　正のとき+記号を出力する
　　　space　正のとき空白とする
　　　#　　　16進数、8進数、10進で小数点が最初のとき0を先頭に付加する
(2) width　出力文字数指定で下記フォーマットのいずれか
　　　n　　　出力する文字数をn文字とする
　　　*n　　 最小n文字で左つめで自動調整する
(3) .precisiion　桁数指定
　　　.n　　 n桁で出力する(小数点以下の桁数)
(4) type　変数の型指定で下記のいずれか
　　　d：符号つき整数　　　　　　 o：符号なし8進数
　　　u：符号無し整数　　　　　　 x：符号なし16進数(小文字)
　　　X：符号なし16進数(大文字)　 e：doubleの指数形式
　　　f：浮動小数点の実数　　　　 g：double
　　　c：文字　　　　　　　　　　 s：文字列
　　　p：ポインタ値　　　　　　　 %：%文字そのもの
《使用例》
　　　printf("\r\nHello!\r\n");
　　　printf("\r\n%.4d  %#.4X  %#.6x\r\n", data1, data2, data3);
　　　printf("\r\n%.2f DegC  %.3fg\r\n", fData1, fData2);
sprintf
《機能》指定されたフォーマットに変換して指定バッファに格納する
《書式》int sprint(char *buf, const char *format,var1,…)
　　　　フォーマット指定方法はprintfと同じ
```

4-2 文字やグラフを表示させたい

034 数値を文字列に変換して出力したい

数値を文字列に変換して表示させたり、パソコン等に送信したりするときの方法を解説します。

033項p.99参照

071項p.216参照

C言語の標準入出力デバイスを使う場合には、`printf`文*が使えます。ただしこの場合には、**低レベル入出力関数を上書き定義する必要が**あります。(「MCCでEUSARTを設定して使いたい*」を参照)

ここで少し問題があります。特に**浮動小数（float か double）**を`printf`文で文字列に変換して出力すると、**非常に大きなプログラムサイズ**になってしまうことです。リスト1の例題で試してみます。この例題で、`printf`文を使った場合と、専用に文字列に変換する関数を使った場合のプログラムサイズを比較します。

- printf文の場合　：7,398ワード
- 専用関数の場合：3,343ワード

このようにprintf文に関する部分だけで4kワード以上ものサイズが増えることがわかります。

▼リスト1　数値から文字に変換する例（メイン部）(StringOut)

```c
/*********************************************
 *   数値から文字列への変換
 *      StringOut
 *********************************************/
#include "mcc_generated_files/mcc.h"
#include <stdio.h>
/** 低レベル入出力関数の上書き **/
void putch(char Data){
    EUSART_Write(Data);
}
uint8_t getch(void){
    return(EUSART_Read());
}
double Volt;
int result, i;
uint8_t Mesg[] = "\r\nADC = xxxx,  Volt = x.xx";
void itostring(int digit, int data, uint8_t *buffer);
void ltostring(uint8_t digit, unsigned long data, uint8_t *buffer);
void ftostring(int seisu, int shousu, float data, uint8_t *buffer);
/*** メイン関数 ****/
void main(void)
{
    SYSTEM_Initialize();
```

第4章 何かを表示したい

```
    while (1)
    {
        result = ADC_GetConversion(POT1);   // AD変換実行
        Volt = (result * 3.3) / 1023;       // 電圧に変換
//      printf("\r\nADC = %4u, Volt = %1.2f", result, Volt);
        /*** 専用関数を使う場合 ***/
        itostring(4, result, Mesg+8);       // 整数を文字列に
        ftostring(1, 2, Volt, Mesg+22);     // 小数を文字列に
        i = 0;                              // インデックスクリア
        while(Mesg[i] != 0)                 // 文字列の終わりまで
            EUSART_Write(Mesg[i++]);        // 1文字出力
        __delay_ms(1000);                   // 1秒間隔
    }
}
```

printf文を使わない場合の例

ここで使った専用の文字列変換関数は、リスト2のようになっています。液晶表示器のような標準入出力以外のデバイスに出力する際にも使えるので便利です。

使い方は、まず数値の文字列を格納するメッセージの配列を用意します。その中に数値を変換した文字列を上書きするので、その部分にはxxxなどの適当な文字を指定しておきます。そして各関数の最後のパラメータに、その数字を上書きする先頭の位置をポインタとして与えます。

あとは、変換する際の数字の桁数をパラメータとして与えます。これで指定したフォーマットで数値を文字列に変換します。

▼リスト2　数値から文字に変換する例（サブ関数部）

```
/***************************************
 * 数値から文字列に変換
 ***************************************/
void itostring(int digit, int data, uint8_t *buffer)
{
    int i;
    buffer += digit;                    // 文字列の最後
    for(i=digit; i>0; i--) {            // 最下位桁から上位へ
        buffer--;                       // ポインター1
        *buffer = (data % 10) + '0';    // 文字にして格納
        data = data / 10;               // 桁-1
    }
}
/***************************************
 * Long整数からASCII文字に変換
 ***************************************/
void ltostring(uint8_t digit, unsigned long data, uint8_t *buffer){
    uint8_t i;
    buffer += digit;                    // 最後の数字位置
    for(i=digit; i>0; i--) {            // 変換は下位から上位へ
        buffer--;                       // ポインター1
        *buffer = (data % 10) + '0';    // ASCIIへ
        data = data / 10;               // 次の桁へ
    }
```

```c
}
/*********************************
* Floatから文字列へ変換
* 合計有効桁は8桁以下とすること
*********************************/
void ftostring(int seisu, int shousu, float data, uint8_t *buffer)
{
    int i;
    long dumy;
    if(shousu != 0)                         //小数部桁ありか
        buffer += seisu+shousu+1;           //全体桁数＋小数点
    else                                    //小数部桁なしのとき
        buffer += seisu + shousu;           //全体桁数のみ
    buffer--;                               //配列ポインタ-1
    for(i=0; i<shousu; i++)                 //小数部を整数に変換
        data = data * 10;                   //10倍
    /// dumyがオーバーフローすると変換不可(8桁が限界)
    dumy = (long)(data + 0.5);              //四捨五入して整数に変換
    for(i=shousu; i>0; i--) {               //小数桁数分繰り返し
        *buffer =(uint8_t)(dumy % 10)+'0';  //数値を文字に変換格納
        buffer--;                           //格納場所下位から上位へ
        dumy /= 10;                         //次の桁へ
    }
    if(shousu != 0) {                       //小数桁0なら小数点なし
        *buffer = '.';                      //小数点を格納
        buffer--;                           //ポインタ-1
    }
    for(i=seisu; i>0; i--) {                //整数桁分繰り返し
        *buffer = (uint8_t)(dumy%10)+'0';   //数値を文字に変換格納
        buffer--;                           //ポインタ-1
        dumy /= 10;                         //次の桁へ
    }
}
```

第5章
スイッチを使いたい

　PICマイコンへの入出力素子としてスイッチがありますが、非常に多くの種類があります。
　本章では、よく使われるスイッチとしてつぎのようなスイッチの使い方を解説しています。

　　・押しボタンスイッチ
　　・トグルスイッチ
　　・DIPスイッチ
　　・テンキー
　　・ロータリーエンコーダ
　　・リレー
　　・フォトカプラ
　　・ソリッドステートリレー（SSR）

第5章　スイッチを使いたい

5-1　スイッチを使いたい
035　押しボタンスイッチを使いたい

押しボタンスイッチは非常に種類が多く、図1のように小型なものから、大型なものまでいろいろな形のものが市販されています。基本は機械式の接点の接触でスイッチ機能を果たしています。最近は導電ゴムなどの接点を使ったものもあります。**これらのスイッチの使い方は同じですので**、小型の基板実装タイプのタクトスイッチで説明します。

●図1　市販の押しボタンスイッチの例

回路記号

基板用タクトスイッチ
容量　DC12V 50mA

押しボタンスイッチ
定格　AC120V 3A
　　　AC250V 1A

ゲーム用スイッチ
1回路2接点モーメンタリ
定格　AC125V 3A
　　　AC250V 3A

　PICマイコンとの接続は図2(a)のようにスイッチにプルアップ抵抗を接続して入出力ピンに接続します。
　機械式の接点のスイッチでの問題は、**チャタリング**とか**バウンシング**とか呼ばれる現象と、経年変化による**接触不良**です。接触不良はオン時にある程度の電流が流れるようにすれば解決します。チャタリングは図2(b)のように接点が一度で接触せず何度か弾んでから静止する現象です。プログラムは高速ですので、この間で何度かオンオフを繰り返してしまいます。

●図2　押しボタンスイッチの接続とチャタリング

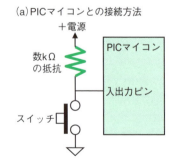
(a) PICマイコンとの接続方法

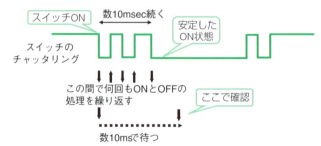
(b) チャタリングの動作

これを回避するには、次のようないくつかの方法があります。

① オンを検知したら一定時間待ち、再度オンを確認する（図2（b）参照）
　　待ち時間は数msecから数百msecで大きなスイッチほど長く、この待ち時間の間は他のことができなくなる
② 一定周期でスイッチのオンオフをチェックする
　　タイマ割り込みなどの数10msec周期ごとにスイッチの状態を確認する
③ ハードウェアでチャッタリングが出ないように回路を組み込む
　　部品点数が多くなるためほとんど使われない

5-1 スイッチを使いたい
036 トグルスイッチを使いたい

トグルスイッチとはレバー付きの切り替えスイッチのことで、サイズには多くの種類がありますが、基本的な機能には図1のように2位置と3位置の2種類があります。3位置タイプはON－OFF－ONのようにいずれにも接続しない中点の状態があります。回路数も1回路と2回路があります。

● 図1　市販トグルスイッチの例

2位置トグルスイッチ
（株式会社フジソク製）
型番：8A1011
構成：1回路2接点
容量：AC125V　6A
　　　AC250V　3A

回路記号

3位置トグルスイッチ
（台湾コスランド社製）
型番：1MD3-T1-B1-M1-Q-N
構成：2回路2接点
容量：AC120V　5A
　　　AC250V　2A

2位置の場合の使い方は図2（a）のように押しボタンスイッチと同じ使い方でオンかオフの2通りの状態が判定できますが、3位置の場合は両方の接点情報が必要なので、図2（b）のように接続する必要があります。これで二つの入出力ピンの状態で図のような3通りの状態判定が可能になります。

スイッチの状態をチェックするには、やはりチャタリングがあるので注意する必要があります。実際の方法には次のようにいくつかあります。

① 一定間隔でスイッチ状態を読み込む
　タイマ割り込みや、繰り返しのプログラムの中で間隔を空けて入力する
② 状態変化割り込みで変化を通知する
　割り込み処理内で一定時間待って、チャタリングが終了してから割り込みフラグをクリアする
③ ハードウェア回路を付加してチャタリングが無いようにする
　RSフリップフロップなどの回路を追加すれば可能だが、あまり使われていない

● 図2　市販トグルスイッチの例

(a) 2位置トグルスイッチの場合　(b) 3位置トグルスイッチの場合

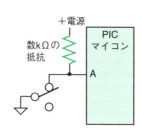
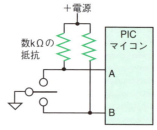

入出力ピン		状態
A	B	
0	1	状態1
1	1	状態2
1	0	状態3

5-1 スイッチを使いたい

037 DIPスイッチを使いたい

DIPスイッチと呼ばれる複数のスイッチをDIP型ICのサイズに収納したものがあります。市販されているものには、図1のように2連から15連までいくつかの種類があります。

● 図1　市販DIPスイッチの例

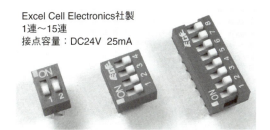

Excel Cell Electronics社製
1連〜15連
接点容量：DC24V　25mA

DIPスイッチで注意することは接点の容量で、**25mA前後というわずかな電流しか流せない**ので設計には注意が必要です。実際にPICマイコンと接続する場合には、図2のような回路で構成します。スイッチのプルアップ抵抗は、PICマイコン内蔵のプルアップ抵抗を使うことで省略できます。この回路図は「DIPロータリースイッチを使いたい*」と共用の図となっています。

この回路でスイッチを使ったプログラム例がリスト1となります。図2の回路のDIPスイッチのように、同じポートの連続したピンに接続すれば、プログラムで扱う際に1個のレジスタで一括して読み込めるので便利です。さらに1ビットずつ独立でも使えますが、4ビットをバイナリ数値として扱って16通りに扱うこともできます。

この例題プログラムでは、スイッチを変更したとき、スイッチ状態をバイナリ数値として16進数でEUSART*モジュールとUSBシリアル変換ケーブルを使ったシリアル通信でパソコンに送信します。ポートやEUSARTモジュールの設定はすべてMCCで行っています。

このプログラムも回路図と同様に「DIPロータリースイッチを使いたい*」と共用となっています。図3が実行結果です。

`printf`文の使い方や低レベル入出力関数については「MCCでEUSARTを設定して使いたい*」を参照してください。

038項p.112参照

EUSART
USARTは汎用の同期式と非同期式のシリアル送受信を行う機能のこと。UARTは非同期式のみ、EUSARTは強化版でブレークなどの機能が追加されている。

038項p.112参照

071項p.216参照

第5章 スイッチを使いたい

● 図2　DIPスイッチの接続法

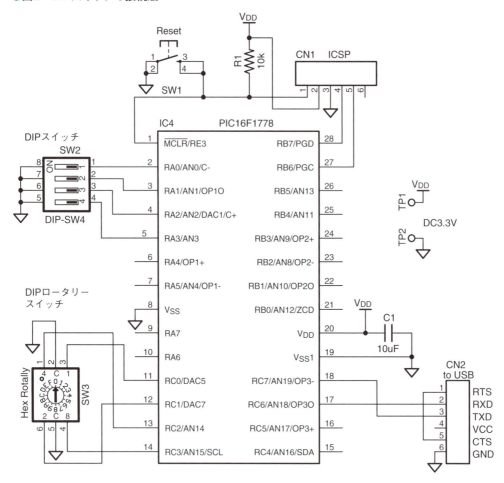

▼リスト1　DIPスイッチのプログラム例（DIPSW）

```
/****************************************
 *    DIPスイッチテストプログラム
 *          DIPSW
 ****************************************/
#include "mcc_generated_files/mcc.h"
#include <stdio.h>
uint8_t State, OldState, Rotally, OldRotally;
/** 低レベル入出力関数の上書き **/
void putch(char Data){
    EUSART_Write(Data);
}
/****** メイン関数 ********/
void main(void)
{
```

5-1 スイッチを使いたい

```
    SYSTEM_Initialize();
    while (1)
    {
        /** Test DIP Switch ***/
        State = ~PORTA & 0x0F;      // DIPスイッチ入力
        if(State != OldState)
            printf("\r\nDIP Switch = %X", State);
        OldState = State;
        /** Test DIP Rotally Switch **/
        Rotally = ~PORTC & 0x0F;
        if(Rotally != OldRotally)
            printf("\r\nDIP Rotally = %X", Rotally);
        OldRotally = Rotally;
        __delay_ms(1000);
    }
}
```

●図3 実行結果

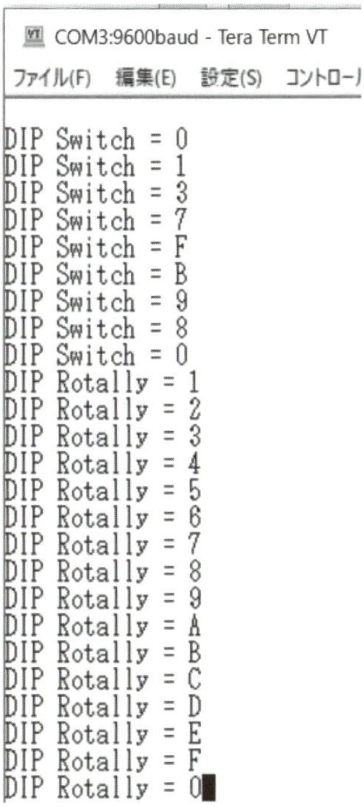

```
COM3:9600baud - Tera Term VT
ファイル(F)  編集(E)  設定(S)  コントロール

DIP Switch = 0
DIP Switch = 1
DIP Switch = 3
DIP Switch = 7
DIP Switch = F
DIP Switch = B
DIP Switch = 9
DIP Switch = 8
DIP Switch = 0
DIP Rotally = 1
DIP Rotally = 2
DIP Rotally = 3
DIP Rotally = 4
DIP Rotally = 5
DIP Rotally = 6
DIP Rotally = 7
DIP Rotally = 8
DIP Rotally = 9
DIP Rotally = A
DIP Rotally = B
DIP Rotally = C
DIP Rotally = D
DIP Rotally = E
DIP Rotally = F
DIP Rotally = 0
```

第5章 スイッチを使いたい

5-1 スイッチを使いたい

038 DIP式ロータリースイッチを使いたい

DIPタイプのスイッチで、**ロータリースイッチ**となっているものがあります。図1のように10ステップのものと16ステップのものが市販されています。いずれの場合も出力は4ピンとなっていて、バイナリ数値で出力されます。ドライバなどで回すタイプとつまみを手で回せるタイプがあります。

●図1　市販DIPロータリースイッチの例

日本航空電子製
1回路10ポジション
出力：BCD4ビット
接点容量：DC5V 100mA

Excel Cell Electronics製
1回路16ポジション
出力：バイナリ4ビット
接点容量：DC24V 25mA

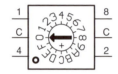

こちらも**接点容量は小さい**ので使う際には注意が必要です。PICマイコンとの接続例が図2の左下側となります。4ピンを同じポートの連続したピンに接続するようにします。ピン出力が1、2、4、8のバイナリとなっていますから、1の方をポートのRx0ピンに接続するようにします。これでPORTxレジスタによりバイナリ数値として直接読み込むことができます。PICマイコンの内蔵プルアップ抵抗を有効にして外付けの抵抗を省略しています。プログラム例と実行結果は「DIPスイッチを使いたい[*]」を参照してください。

037項p.110参照

5-1 スイッチを使いたい

● 図2　DIP式ロータリースイッチの接続方法

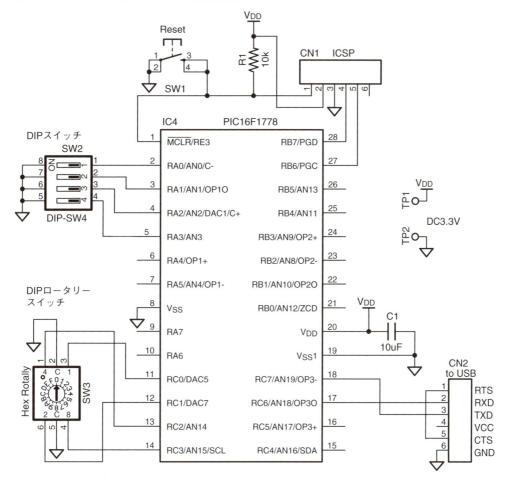

5-1 スイッチを使いたい

039 マトリクス方式のテンキーを使いたい

> 行と列のこと。

最近の**テンキー**はUSBやワイアレスでパソコンに接続するものが大部分ですが、マイコンに接続するには不便です。マイコンに接続できるテンキーの多くは、ROWとCOLUM*のマトリクスになっていてスキャンする方式となっています。ここでは図1のようなテンキーを使います。

● 図1　市販のテンキーの例

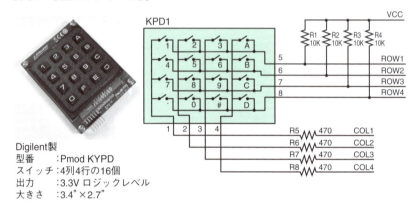

Digilent製
型番　　：Pmod KYPD
スイッチ：4列4行の16個
出力　　：3.3V ロジックレベル
大きさ　：3.4"×2.7"

このスイッチとPICマイコンの接続回路が図2となります。ポートAにROWとCOLUM両方を接続しスキャンすることにします。

このテンキーには各スイッチにダイオードが接続されていないので、この回路で同時に複数のスイッチを押した場合誤ったスイッチとして認識してしまいます。注意が必要です。

このスイッチの使い方はRA4からRA7のCOLUMのピンを1ピンずつ順番にLowにしながらROWを読み込み、RA0からRA3の4ビットのいずれかがLowになっていれば、その列のスイッチ入力があることになります。これでCOLUMとROWのクロスした位置のスイッチが特定できます。これを繰り返してスイッチ入力を区別します。

● 図2 テンキーテスト回路

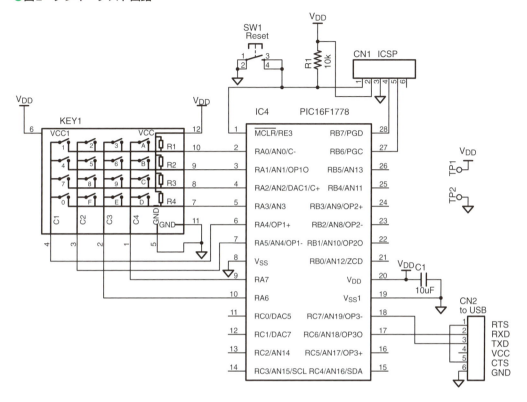

この回路でMCCを使って作成したプログラムがリスト1となります。
　スイッチが押されたら、その種別をシリアル通信でパソコンに送信します。EUSARTモジュール*や各入出力ピンの入出力モードなどはすべてMCCで初期設定しています。
　スイッチスキャン部は独立の関数とし、入力されるまで待ちます。スイッチ押下をいったん検出したらそれがオフにされるまで待つことで、同じキー入力が繰り返されないようにし、さらにオフになってから10msec待つことでチャッタリングを回避しています。

071項p.216参照

▼リスト1　テンキーテストプログラム例（Tenkey）

```
/*************************************
 *   テンキーテストプログラム
 *      Tenkey
 *************************************/
#include "mcc_generated_files/mcc.h"
#include <stdio.h>
uint8_t Data;
/** 低レベル入出力関数の上書き **/
```

第5章 スイッチを使いたい

```c
void putch(char Data){
    EUSART_Write(Data);
}
uint8_t TenKeyScan(void);
/*** メイン関数 *****/
void main(void)
{
    SYSTEM_Initialize();
    while (1)
    {
        Data = TenKeyScan();
        printf("\r\nKey = %c", Data);
    }


/*********************************
 *   テンキースキャン関数
 *********************************/
uint8_t KeyData[4][4] = {              // キーデータ定義
    {'1', '2', '3', 'A'}, {'4', '5', '6', 'B'},
    {'7', '8', '9', 'C'}, {'0', 'F', 'E', 'D'}};
uint8_t TenKeyScan(void){
    uint8_t Flag, Temp, Colum, Row, Mask;
    Flag = 0;                   // 入力フラグクリア
    Colum = 0;                  // Columクリア
    Mask = 0x10;                // Columビット位置
    while(Flag == 0){           // 入力検出まで
        LATA = ~Mask;           // Colum出力
        __delay_ms(1);
        Temp = ~PORTA & 0x0F;   // Row反転入力
        if(Temp != 0){          // 入力ありの場合
            Flag = 1;           // フラグセット
            Row = 0;            // Row初期化
            while(Temp != 0){   // 0まで繰り返し
                Temp >>= 1;     // 右シフト
                Row++;          // Row位置カウント
            }
        }
        else{                   // 入力なしの場合
            Colum++;            // Colum更新
            Mask <<= 1;         // Colum位置シフト
            if(Colum >= 4){     // Colum最大か？
                Mask = 0x10;    // 初期値に戻す
                Colum = 0;
            }
        }
        while((~PORTA & 0x0F) != 0);//離すまで待つ
        __delay_ms(10);         // チャッタ回避
    }
    return(KeyData[Row-1][Colum]);  // データ戻し
}
```

5-2 ロータリーエンコーダを使いたい

040 メカニカル式ロータリーエンコーダを使いたい

メカニカル方式のロータリーエンコーダとして市販されているものには図1のようなものがあり、安価に入手できます。いずれも1回転で24パルスが出力され、つまみにクリック感があるものと無いものとがあります。

●図1　メカニカル式ロータリーエンコーダの例

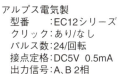

アルプス電気製
　型番　　：EC12シリーズ
　クリック：あり/なし
　パルス数：24/回転
　接点定格：DC5V 0.5mA
　出力信号：A、B 2相

台湾ALPHA ELECTRONIC製
　型番　　：RE160Fシリーズ
　クリック：あり/なし
　パルス数：24/回転
　接点定格：DC5V 0.5mA
　出力信号：A、B 2相

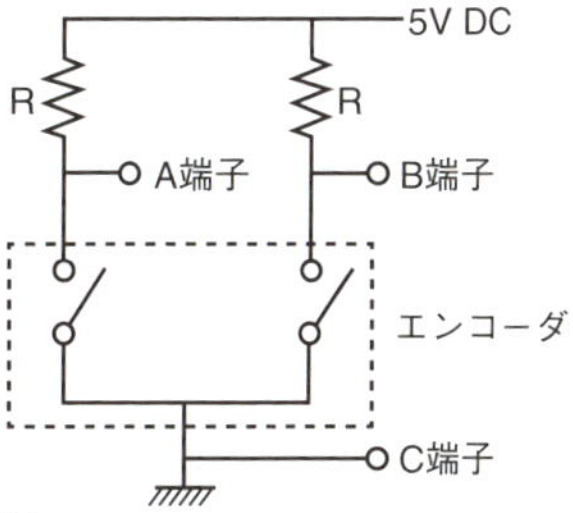

このエンコーダとPICマイコンとの接続例は図2のようにします。図のPORTA側が機械式のロータリーエンコーダの場合で、単純に2個のスイッチを接続するのと同じで、片側をGNDもう一方を抵抗でプルアップしてPICマイコンの入力ピンに接続します。チャタリングは数msec継続しますが、この時間はつまみの回転速度によって異なるので、実際に動かしながら調整する必要があります。

第5章 スイッチを使いたい

●図2 ロータリーエンコーダの接続例

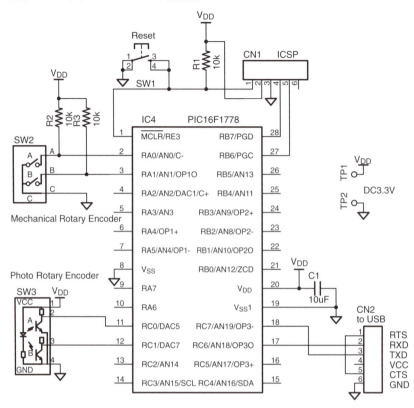

　この回路で作成したテストプログラムがリスト1となります。クリックごとにカウンタをカウントアップ/ダウンして、その都度カウント値をシリアル通信でパソコンに送信します。テスト結果が図3で、TeraTerm* で表示させた例です。

TeraTerm
フリーの通信ソフト。

▼リスト1　機械式ロータリーエンコーダのプログラム例（MechaRotary）

```
/***********************************************
 *   機械式ロータリーエンコーダテストプログラム
 *       MechaRotary
 ***********************************************/
#include "mcc_generated_files/mcc.h"
#include <stdio.h>
int Count;
/** 低レベル入出力関数の上書き **/
void putch(char Data){
    EUSART_Write(Data);
}
/***** メイン関数 ********/
void main(void)
```

5-2 ロータリーエンコーダを使いたい

```
{
    SYSTEM_Initialize();           // システム初期化
    while (1)
    {
        if(MA_GetValue() == 0){    // A出力検出
            __delay_ms(1);         // チャッタ回避
            if(MB_GetValue() == 0) // B出力チェック
                Count++;           // 正回転
            else
                Count--;           // 逆回転
            while(MA_GetValue() == 0);  // A出力オフ待ち
            __delay_ms(3);         // チャッタ回避
            printf("\r\nMechanical Rotary = %d", Count);
        }
    }
}
```

019項p.42参照

EUSARTモジュールや入出力ピンの設定はすべてMCC*で行っています。

図4のように出力AがLowでパルスありと検知し、そのときの出力B側のHigh/Lowで回転方向を検出しています。出力Aにチャッタリングがあるものとして、検出後には1msecの遅延を挿入し、出力AがHighに戻るのを待ち、戻ってからやはりチャッタリングを回避するため3msecの遅延を挿入しています。

これで通常の回し方であれば、図3の動作結果のようにほぼチャッタリングは回避できています。あまり早くつまみを回すとステップが飛ぶことがありますが、実用上は問題なく使えると思います。

●図3 動作結果

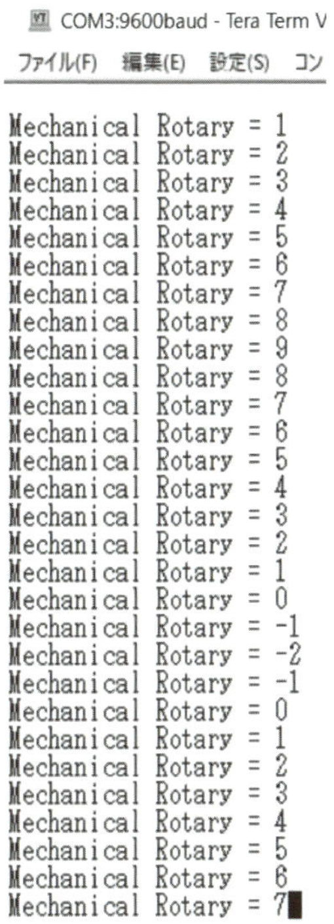

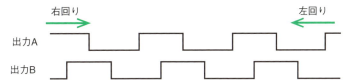

●図4 ロータリーエンコーダのパルス出力

5-2 ロータリーエンコーダを使いたい

041 光学式ロータリーエンコーダを使いたい

040項 p.117参照

光学式ロータリーエンコーダには、インクリメンタル型とアブソリュート型があります。**インクリメンタル型**は機械式ロータリーエンコーダ*と同じ、AとBの2相のパルス出力タイプです。**アブソリュート型**は回転位置をバイナリーコードで出力するタイプで、位置を数値で把握できるので便利ですが高価なため、ここではインクリメンタル型に限定します。

市販されている光学式ロータリーエンコーダには図1のようなものがあります。いずれも出力は半導体ですので**チャッタリングの心配はありません**。

●図1　光学式ロータリーエンコーダの例

日本電産コパル製
　型番　　　：REC16シリーズ
　クリック　：あり/なし
　パルス数　：25/回転
　応答周波数：Max 100Hz
　接点定格　：DC5V 30mA
　出力信号　：A、B 2相

日本電産コパル製
　型番　　　：REC20シリーズ
　クリック　：あり
　パルス数　：25/回転
　応答周波数：Max 200Hz
　接点定格　：DC5V 50mA
　出力信号　：A、B 2相

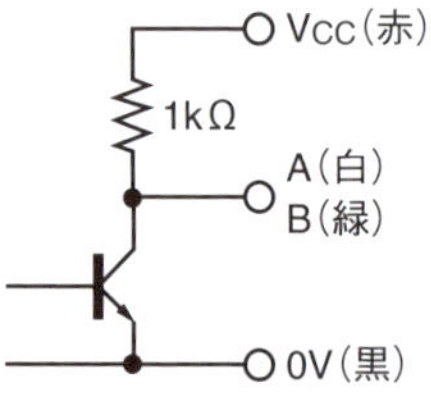

このロータリーエンコーダとPICマイコンとの接続は、図2のPORTC側のようにします。プルアップ抵抗はデバイス本体内蔵ですから、A、Bの出力を直接PICマイコンの入力ピンに接続するだけとなります。

●図2 ロータリーエンコーダの接続例

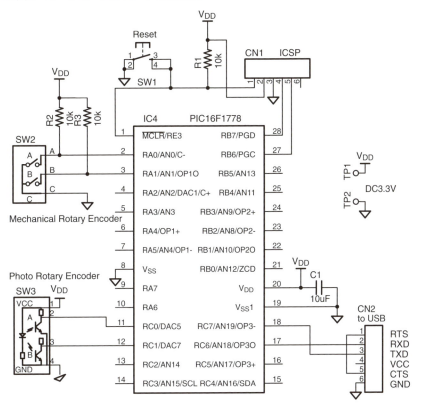

この回路で作成したテストプログラムがリスト1となります。機械式と同じ機能で、クリック検出ごとにカウンタをアップ/ダウンし、その時の値をシリアル通信でパソコンに送信します。

図3が実行結果でTeraTerm[*]の表示結果となっています。右回転と左回転できれいにカウントアップ/ダウンしていることがわかります。

フリーの通信ソフト。

▼リスト1 光学式ロータリーエンコーダのプログラム例（PhotoRotary）

```
/***************************************
 *  光学式ロータリーエンコーダテストプログラム
 *      PhotoRotary
 ***************************************/
#include "mcc_generated_files/mcc.h"
#include <stdio.h>
int Count;
/** 低レベル入出力関数の上書き **/
void putch(char Data){
    EUSART_Write(Data);
}
```

第5章　スイッチを使いたい

```
/***** メイン関数 ********/
void main(void)
{
    SYSTEM_Initialize();                // システム初期化
    while (1)
    {
        if(PA_GetValue() == 0){         // A出力検出
            if(PB_GetValue() == 0)      // B出力チェック
                Count++;                // 正回転の場合
            else
                Count--;                // 逆回転の場合
            while(PA_GetValue() == 0);  // A出力オフ待ち
            printf("\r\nPhoto Rotary = %d", Count);
        }
    }
}
```

● 図3　動作結果

```
 COM3:9600baud - Tera Ter
ファイル(F)  編集(E)  設定(S)
Photo Rotary = 1
Photo Rotary = 2
Photo Rotary = 3
Photo Rotary = 4
Photo Rotary = 5
Photo Rotary = 6
Photo Rotary = 7
Photo Rotary = 8
Photo Rotary = 7
Photo Rotary = 6
Photo Rotary = 5
Photo Rotary = 4
Photo Rotary = 3
Photo Rotary = 2
Photo Rotary = 1
Photo Rotary = 0
Photo Rotary = -1
Photo Rotary = -2
Photo Rotary = -3
Photo Rotary = -4
Photo Rotary = -5
Photo Rotary = -6
Photo Rotary = -7
Photo Rotary = -8
Photo Rotary = -9
Photo Rotary = -8
Photo Rotary = -7
Photo Rotary = -6
Photo Rotary = -5
Photo Rotary = -4
Photo Rotary = -3
Photo Rotary = -2
Photo Rotary = -1
Photo Rotary = 0
```

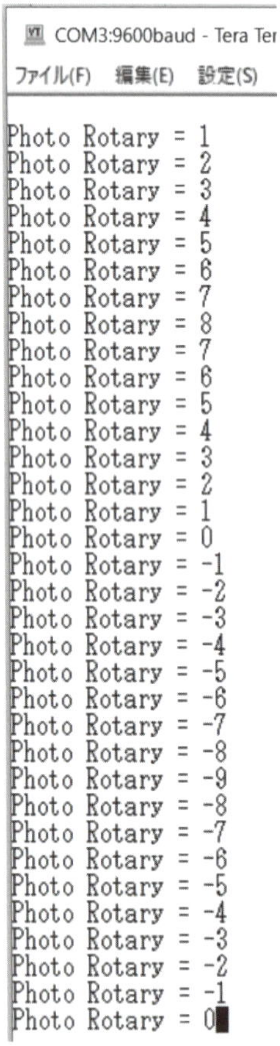

5-3 リレーを使いたい

042 メカニカルリレーを使いたい

リレー
継電器ともいう。電磁石と接点で構成され、電磁石に通電されると接点が引き寄せられオンオフできる。

メカニカルリレーには、低圧小電流用から高圧大電流用まで非常に多くの種類があります。マイコン基板等に実装して使う小型リレー*には図1のようなものが市販されています。リレーの選択をする際には、**コイル電圧と電流**、さらに**接点でオンオフできる電圧と電流に注意**が必要です。

● 図1　市販の小型メカニカルリレーの例

HSIN DA PRESITION製
型番　　：941H-2C-5D
コイル電圧：5V
接点　　：2C（2回路C接点）
定格容量：DC30V　2A
　　　　　AC125V　1A

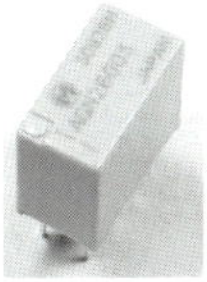

パナソニック製
型番　　：AGN26003
コイル電圧：3V 50mA
コイル抵抗：90Ω±10%
接点　　：2C（2回路C接点）
定格容量：DC30V 1A
　　　　　AC125V 0.3A

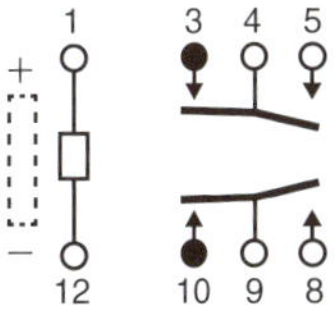

これらのメカニカルリレーとPICマイコンの接続例は図2となります。ここでは複数のリレー接点で発光ダイオードを点灯/消灯しています。リレーの接点容量の大きなものを使えば大電流の制御も可能です。機械式接点なので直流でも交流でも制御できますが、両者で最大電流に差があります。

リレーにはコイル電圧が5Vのものを使っています。流す電流が25mAを超えるのでPICマイコンから直接制御はできません。このためトランジスタを追加して制御しています。

回路図でリレーのコイルにダイオード（D1、D2）が付加されています。これはコイルのオフ時に高電圧の**逆起電圧***が発生し、トランジスタやPICマイコンにダメージを与えることがあるので、その**逆起電圧を吸収し影響が出ない**ようにするためのものです。取り付け方向に注意してください。

逆起電圧
コイルをオフする際に逆向きに発生する電圧で高圧になることがある。

同様に接点負荷にコイルなどが接続される場合には、コイルまたは接点に並列にダイオードを付加して、**接点を保護**するようにする必要があります。この場合もダイオードの向きに注意してください。

この回路で実際にリレーを動作させるテストプログラムがリスト1となります。スイッチS1とS2で2個のリレーをそれぞれオンオフさせています。リレーは動作時間に数msec以上を必要とするのと、接点に寿命があるので、高速の繰り返し動作には向いていません。このような場合には半導体リレー*を使う必要があります。

043項 p.125参照

第5章 スイッチを使いたい

●図2 メカニカルリレーテスト回路

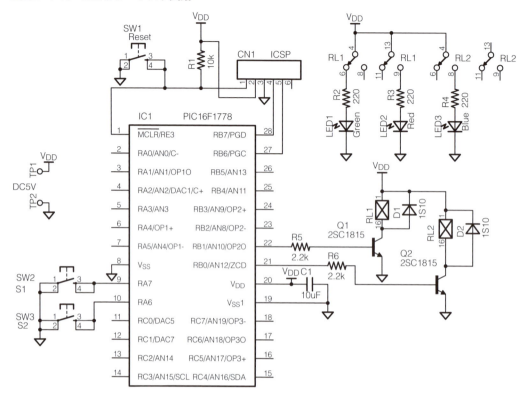

▼リスト1 機械式リレーのプログラム例（MRelay）

```
/****************************************
 * メカニカルリレーテストプログラム
 *   MRelay
 ****************************************/
#include "mcc_generated_files/mcc.h"
/**** メイン関数 *****/
void main(void)
{
    SYSTEM_Initialize();
    while (1)
    {
        if(S1_GetValue() == 0)    // S1オンの場合
            RL1_SetHigh();        // RL1オン
        else                      // S1オフの場合
            RL1_SetLow();         // RL1オフ
        if(S2_GetValue() == 0)    // S2オンの場合
            RL2_SetHigh();        // RL2オン
        else                      // S2オフの場合
            RL2_SetLow();         // RL2オフ
    }
}
```

5-3 リレーを使いたい

043 フォトカプラ/フォトリレー/フォトトライアックを使いたい

トライアック
ゲートとカソード間にいったん電流を流すと、アノードとカソード間が導通し、電位差が一定値以下にならないと導通がオフにならないことを利用し、交流信号のオンオフ制御に使われる。

フォトカプラはLEDとトランジスタまたはトライアック*などを一緒にICとして実装したもので、入力側と出力側は光で結合されているため、**電気的に絶縁されています**。リレーに代わってコンピュータと外部機器の接続や、スイッチングレギュレータのフィードバック回路の入力と出力の絶縁に使われます。市販されている代表的なものには図1のようなものがありますが、この他に内部素子の組み合わせにより異なる特性のものもあります。例えば、出力側が直流だけでなく交流が制御できるものや、高電圧が扱えるものまで多くの種類があります。

● 図1 市販のフォトカプラの例

東芝セミコンダクタ製
　型番　：TLP2630F
　LED電流：5〜10mA Vf：1.5V
　出力側　：TTL互換
　速度　　：10MBd
　絶縁　　：2.5kVrms

1：アノード1
2：カソード1
3：カソード2
4：アノード2
5：GND
6：V02（出力2）
7：V01（出力1）
8：VCC

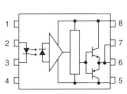

東芝セミコンダクタ製
　型番　：TLP250
　LED電流：5〜10mA Vf：1.5V
　出力側
　　電圧：10V〜35V 電流：Max 1.5A
　絶縁　　：2.5kVrms

1：N.C
2：アノード
3：カソード
4：N.C.
5：GND
6：V0（出力）
7：V0
8：VCC

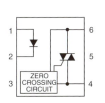

Lite-On Technology製
　型番　：MOC3063
　LED電流：Max 50mA Vf：1.2V
　出力側　：トライアック
　　電圧：600V 電流：Max 1A
　絶縁　　：5kVrms
　ゼロクロススイッチ制御

1：アノード
2：カソード
3：NC
4：メイン
5：ケース
6：メイン

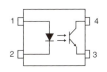

東芝セミコンダクタ製
　型番　：TLP621-1
　LED電流：16〜25mA Vf：1.15V
　出力側　：トランジスタ
　　電圧：Max 55V 電流：Max 50mA
　絶縁　　：5kVrms

1：アノード
2：カソード
3：エミッタ
4：コレクタ

第5章 スイッチを使いたい

ここでは比較的高電圧大電流を制御できる「TLP250」を使った例で説明します。PICマイコンとの基本的な接続は図2のようにします。PICマイコンの電源は3.3Vとします。PICマイコンから制御するのはLEDのオンオフだけで20mA以下の電流ですから、直接接続しても全く問題ありません。

出力側はDC12Vを電源とし、3WのパワーLEDを3個直列接続して200mAから300mA程度の電流をオンオフ制御することにします。入力側と出力側は絶縁されていますからグランドもそれぞれ独立とします。これで**大電流のオンオフによるPICマイコンへのノイズの影響も全くなくなります。**

出力側がトライアックの製品を使えば、AC電源のオンオフ制御ができますし、ゼロクロススイッチ機能を内蔵しているものを使えば、さらにノイズもなく安心して制御ができます。

●図2 フォトカプラテスト回路

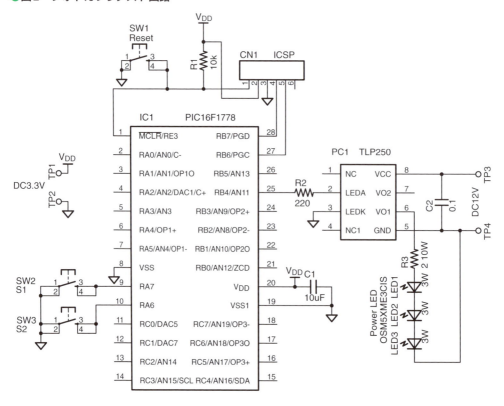

この回路をもとに作成したテストプログラムがリスト1となります。単純にスイッチS1でパワーLEDをオンオフしているだけです。

半導体のスイッチなのでメカニカルリレーのような寿命の問題もなく、高速のオンオフの繰り返しが可能です。

5-3 リレーを使いたい

▼リスト1　フォトカプラのプログラム例（Coupler）

```
/****************************************
 *    フォトカプラのテストプログラム
 *       Coupler
 ****************************************/
#include "mcc_generated_files/mcc.h"

/******* メイン関数 ********/
void main(void)
{
    SYSTEM_Initialize();
    while (1)
    {
        if(S1_GetValue() == 0)    // S1オンの場合
            LED_SetHigh();        // LEDオン
        else                      // S1オフの場合
            LED_SetLow();         // LEDオフ
    }
}
```

　AC100Vなどの高電圧の交流の制御はゼロクロススイッチ機能を内蔵したトライアック出力タイプが使えますが、耐圧などの考慮が必要ですので、これらを一体で組み込んだ「ソリッドステートリレー（SSR）」を使う方が安全です。SSRについては「AC100Vをオンオフ制御したい[*]」を参照してください。

044項p.128参照

　ゼロクロスタイプのSSRは、内蔵のゼロクロス回路により、交流のゼロボルト付近でない地点で入力信号が入った場合でもゼロボルト付近でON動作を行います。低い電圧の時点でONすることによってスイッチングノイズの発生や突入電流の発生を抑えることができます。またOFFする場合、入力信号がOFFになっても、SSRの動作はすぐにはOFFにはならず、負荷電流がほぼゼロ電流になった時点でOFFになります。

　これに対し、非ゼロクロスタイプは、入力信号をONすると、即時にON動作を行います。OFFする場合は、ゼロクロスタイプ同様、負荷電流がほぼゼロになる時点でOFFします。このことより、非ゼロクロスタイプは、入力信号をパルスにしてある位相タイミングでONさせることにより、ヒーターの発熱量やモータの回転数を変化させるといった制御方法（位相制御）に使用されます。

5-3 リレーを使いたい

044 AC100Vをオンオフ制御したい

商用のAC100Vをオンオフ制御する場合には、通常のリレーでは接点に火花が出てノイズが出ますし、寿命も短くなってしまいます。このような場合には、半導体を使ったリレーで、**交流のゼロクロス、つまり電圧が0Vを横切るタイミングでオンオフするようにしたソリッドステートリレー（SSR）**を使います。市販されているSSRには、図1のように制御電圧や最大電流によって数種類あり、基板に実装済のものもあります。

●図1　市販のSSRの例

シャープ製
型番　　：S108T02
制御電圧：AC80V～120V
オン電流：Max 8A
　　　　　ゼロクロス回路内蔵
ピーク電圧：400V
絶縁耐圧：3.0kV
LED 電流：16mA～24mA
Vf　　　：1.2V ＠20mA
（秋月電子通商で基板化したもの）

シャープ製
型番　　：S112S01
制御電圧：AC80V～120V
オン電流：Max 12A
　　　　　ゼロクロス回路内蔵
ピーク電圧：400V
絶縁耐圧：4.0kV
LED 電流：Max 50mA
Vf　　　：1.2V ＠20mA

SSRとPICマイコンとの接続は図2のようにします。SSRの入力側はLEDですから、PICマイコンとの直接接続も可能です。LEDの電流を多めに流したいときには図の下側SSRのようにトランジスタを追加します。LED側には安全対策としてダイオード（D1、D2）を並列に接続します。SSRの出力回路にはノイズ対策として**スナバ回路**＊と呼ばれる**RCのフィルタを接続**します。このコンデンサには耐圧が250V以上のものを使う必要があります。

> **スナバ回路**
> 過渡的な高電圧を吸収する回路のこと。ノイズを低減するとともにデバイスを保護する。

● 図2　SSRテスト回路

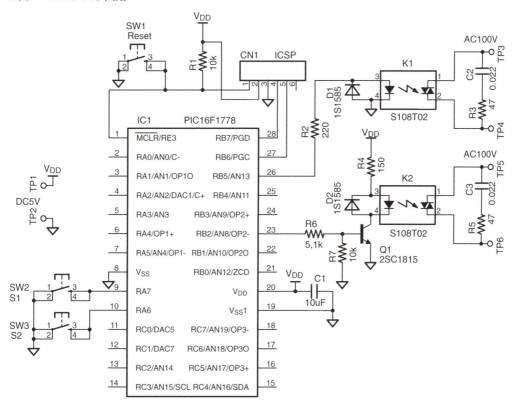

　ここで、実際にSSRの出力にAC動作機器を接続する場合には、図3のように接続します。AC100V側には必ずヒューズを追加して安全対策をする必要があります。

● 図3　AC機器の接続方法

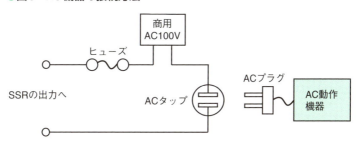

第6章
データをメモリに保存したい

比較的たくさんのデータをメモリに保存する方法を説明します。メモリとして次の種類のメモリを説明します。

・内蔵EEPROM
・内蔵フラッシュメモリ
・外部シリアルEEPROM　（I^2CとSPI）
・シリアルフラッシュメモリ
・シリアルSRAM
・シリアルEERAM、シリアルNVSRAM

6-1 内蔵メモリを使いたい

045 PICの内蔵メモリの種類を知りたい

PICマイコン内蔵のデータ保存用メモリとしては、次のような2種類があります。いずれも**電気的に書き込み可能**で、**電源オフ中も内容は保持**されます。

EEPROM
Electrically Erasable and Programmable Read Only Memory
電気的に消去、書き込みが可能な不揮発性メモリ。

❶ EEPROM*メモリ
- **バイト単位**で読み書きが可能
- 書き込み中も**プログラム実行が可能**で、割り込みで動作終了を確認できる
- 消去/書き込み回数は10万回以上、保持は40年以上

❷ フラッシュメモリ

PIC16F1ファミリの特定デバイスには、「High Endurance Flash (**HEF**) Block」として特別に書き込み回数を多くした領域がフラッシュメモリ（プログラムメモリ）の最後の方に128バイトだけ用意されています。通常の領域は消去/書き込み回数が1万回ですが、HEF領域はEEPROM領域と同じ10万回となっています。

EEPROMと異なるのは次の2点です。
- 書き込む前にフラッシュの**ブロック単位での消去**が必要
- 書き込み中はストール状態となり**命令実行が不可**となる
- バイト単位での書き込みはできず常に**ブロック単位**となる

6-1 内蔵メモリを使いたい

046 内蔵EEPROMメモリを使いたい

EEPROM
Electrically Erasable and Programmable Read Only Memory
電気的に消去、書き込みが可能な不揮発性メモリ。

NVMREG
Nonvolatile Memory Register

内蔵データEEPROM*メモリは8ビット幅のメモリで、PIC16F1ファミリでの実装容量は256バイトとなっています。すべてのデバイスに実装されているわけではないため、データシートでの確認が必要です。内部構成は図1のようになっていて、4個のNVMREG*レジスタを使って図中の手順で間接的にアクセスします。

●図1　データEEPROMメモリの構成と読み書き手順

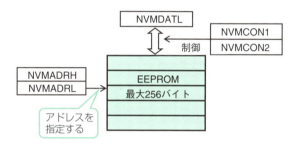

Read手順
・NVMCON1bits.NVMREGS＝1
・NVMADRH＝0xF0
・NVMADRL＝アドレス
・NVMCON1bits.RD＝1
・データ＝NVMDATL

Write手順
・NVMCON1bits.NVMREGS＝1
・NVMDATL＝データ
・NVMADRH＝0xF0
・NVMADRL＝アドレス
・NVMCON2＝0x55
・NVMCON2＝0xAA
・NVMCON1bits.WR＝1
・1msec待ち

PIC16F18857
最新のPIC16F1ファミリのデバイス。

TeraTerm
フリーの通信ソフト。

EEPROMをテストするための回路構成は図2としました。EEPROMを内蔵しているPIC16F18857*を使い、シリアル通信でTeraTerm*を使ってキーボードからコマンドを入力するとそれに従った動作をして結果を表示するようにします。通信速度は9600bpsとし、コマンドは下記の三つとします。いずれも256バイト全体に対して行います。

　r：読み出しテスト
　w：書き込テスト
　e：すべて0でクリア

第6章　データをメモリに保存したい

●図2　EEPROMテスト回路

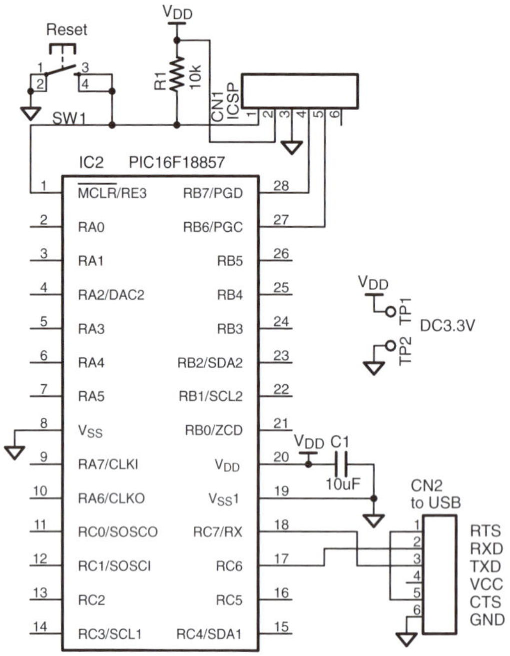

プログラムはMCCを使って作成します．MCCでMEMORYを選択すると自動的にEEPROMの読み書きの関数を生成してくれますから簡単です．

自動生成される関数は表1のようになっています．アドレスの上位は0xF0に固定で，これでEEPROMを指定しています．

▼表1　EEPROM用関数

関数名	書式と使い方	
DATAEE_WriteByte	《機能》	EEPROMの指定アドレスに1バイトのデータを書き込む
	《書式》	void DATAEE_WriteByte(uint16_t bAdd, uint8_t bData); bAdd ：メモリアドレス （0xF000 〜 0xF0FF） bData：書き込むデータ
	《使用例》	DATAEE_WriteByte(0xF010, 0xAA);
DATAEE_ReadByte	《機能》	EEPROMの指定アドレスから1バイト読み出す
	《書式》	uint8_t DATAEE_RedaByte(uint16_t bAdd); bAdd ：メモリアドレス（0xF000 〜 0xF0FF）
	《使用例》	data = EEDATA_ReadByte(0xF010);

これらの関数を使って作成したテストプログラムがリスト1となります．読み出しテストは256バイトを読み出して16バイト／行ごとに16進数で表示します．書き込みは00からFFまでを順次書き込みます．クリアではすべて00を書き込みます．

6-1 内蔵メモリを使いたい

▼リスト1　EEPROMのプログラム例（EEPROM）

```
/*********************************************
*   EEPROMテストプログラム
*     EEPROM
*********************************************/
#include "mcc_generated_files/mcc.h"
#include <stdio.h>
unsigned int adrs, rdata;
char cmnd;
/** 低レベル入出力関数上書き ***/
char getch(void){
    return EUSART_Read();
}
void putch(char txData){
    EUSART_Write(txData);
}
/***** メイン関数 *****/
void main(void)
{
    SYSTEM_Initialize();
    while (1)
    {
        printf("\r\nCommand= ");                   // メッセージ
        cmnd = getch();                             // コマンド入力
        putch(cmnd);                                // エコー出力
        switch(cmnd){                               // コマンドで分岐
            case 'w':                               // 書き込みの場合
                for(adrs=0; adrs<256; adrs++)       // 256B繰り返し
                    DATAEE_WriteByte(adrs+0xF000,adrs); // 実行
                break;
            case 'r':                               // 読み出しの場合
                for(adrs=0; adrs<256; adrs++){// 256B繰り返し
                    if(adrs % 16 == 0)              // 16バイトごと
                        printf("\r\n");             // 改行挿入
                    rdata=DATAEE_ReadByte(adrs+0xF000);
                    printf("%2X ", rdata);          // データ出力
                }
                break;
            case 'e':                               // 消去の場合
                for(adrs=0; adrs<256; adrs++)       // 256B繰り返し
                    DATAEE_WriteByte(adrs+0xF000, 0); //書き込み
                break;
            default:
                break;
        }
    }
}
```

　このテストプログラムの実行結果が図3となります．最初に読み出した結果はすべて0xFFで，プログラム書き込み時にイレーズされたことが確認できます．

次に書き込みを実行したあと、読み出した結果で0x00から0xFFまでを順番に書き込んでいることが確認できます。最後が消去コマンドを実行後に読み出した結果で、すべて0x00で消去されていることが確認できます。

●図3　例題の実行結果

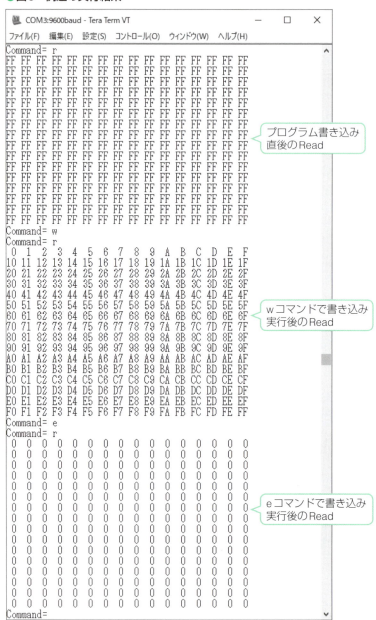

6-1 内蔵メモリを使いたい

047 内蔵フラッシュメモリにデータを保存したい

PICマイコンのフラッシュメモリは、不揮発性ですが命令で読み書きできます。データEEPROMとは異なり、バイト単位ではなく32ワードごとのブロック単位でしか扱うことができませんし、1のビットに0の書き込みしかできません*。

フラッシュメモリの内部構成は図1となっています。1ワードは14ビットで、32ワードずつのブロック(Row)にまとめられています。読み書きと消去はこの32ワードが単位となります。ワード位置は図1のようにNVMADRHとNVMADRLの二つのレジスタを使って10ビットのRow Addressと5ビットのWord Addressで指定します。これで1k×32＝32kWの全範囲が指定できることになります。

> 初期値は0x3FFFで、何か書き込んで0になったビットを再度1にするには、いったん消去して0x3FFFに戻すことが必要。

●図1 フラッシュメモリの内部構成

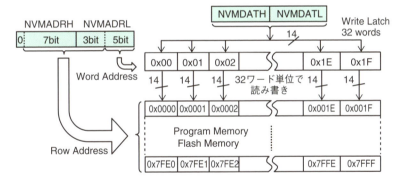

読み書きの手順は図2のようにします。特に**消去と書き込み時には特別な手順を必要**とします。この手順により不用意に書きこんだり消去したりしてしまうことが無いようにしています。

●図2 フラッシュメモリの読み書き手順

(a) Erase手順
・NVMCON1bits.NVMREGS＝0
・NVMADRH/L＝アドレス
・NVMCON1bits.FREE＝1
・NVMCON2＝0x55
・NVMCON2＝0xAA
・命令実行停止

(b) Read手順
・NVMCON1bits.NVMREGS＝0
・NVMADRH/L＝アドレス
・NVMCON1bits.RD＝1
・データ＝NVMDATH/L

(c) Write手順
・NVMCON1bits.NVMREGS＝0
・NVMCON1bits.LWLO＝1
・NVMADRH/L＝アドレス
・NVMDATH/L＝データ
・NVMCON2＝0x55
・NVMCON2＝0xAA
・NVMCON1bits.LWLO＝0
・NVMCON2＝0x55
・NVMCON2＝0xAA
・1msec待ち

第6章 データをメモリに保存したい

HEF
High Endurance Flashの略。特別に多くの書き換え回数が可能なフラッシュメモリ。

046項 p.133参照

　これでフラッシュメモリの全領域が書き込み可能ですが、ここではHEF*ブロックだけの読み書きテストをMCCで作成します。接続回路はEEPROMと同じ*で、USB-シリアル変換ケーブルでPCと接続します。

　MCCでフラッシュメモリを指定すると表1の関数が自動生成されますから、これを使ってプログラムを作成します。

▼表1　フラッシュメモリ用関数

関数名	書式と使い方
FLASH_ReadWord	《機能》　フラッシュメモリの指定アドレスから1ワード読み出す 《書式》　uint16_t FLASH_ReadWord(uint16_t flashAdd); 　　　　　flashAdd：メモリアドレス　(0x0000 〜 0x7FFF) 《使用例》data = FLASH_ReadWord(0x0C00);
FLSAH_WriteWord	《機能》　1ワードを指定アドレスに書き込む、いったんブロックを読み出し修正後、ブロックを消去してから書き込む 《書式》　void FLASH_WriteWord(uint16_t flashAddr, uint16_t *ramBuf, uint16_t word); 　　　　　flashAddr：メモリアドレス(0x0000 〜 0x7FFF) 　　　　　*ramBuf　：ブロックを格納するRAMバッファポインタ 　　　　　word　　　：書き込むデータ 《使用例》FLASH_WriteWord(0x0C00, *buf, 0x11AA);
FLASH_WriteBlock	《機能》　指定アドレスのRowブロック全体に書き込む 　　　　　指定ブロックを消去してから書き込む 《書式》　int8_t FLASH_WriteBlock(uint16_t writeAddr, uint16_t flashWordArray); 　　　　　writeAddr　　：ブロックの先頭アドレス 　　　　　*flashWordArray：書き込むブロックデータのポインタ 　　　　　戻り値　-1：エラー　0：正常終了 《使用例》FLASH_WriteBlock(0x9500, *buf);
FLASH_EraseBlock	《機能》　指定ブロックを消去する 《書式》　void FLASH_EraseBlock(uint16_t startAddr); 　　　　　startAddr：ブロックの開始アドレス

　これらの関数を使って作成したプログラムがリスト1となります。実行結果例が図2となります。テスト内容は下記の三つとなっています。各ワードは14ビットなので、上位2ビットは常時0として読み出されます。

14ビット幅なので0x3F7Fとなる。

　　rコマンド　：128ワードを読み出して16進数4桁で表示する
　　wコマンド：128ワードに0x0000から0x7F7F*を書き込む
　　eコマンド：128ワード全部をイレーズして0x3FFFにする

▼リスト1　HEFのプログラム例（InnerFlash）

```c
/***********************************
 *  内蔵フラッシュメモリテスト
 *    InnerFlash
 ***********************************/
#include "mcc_generated_files/mcc.h"
#include <stdio.h>
uint16_t block, rword, buf[32], i;
char cmnd, err;
/** 低レベル入出力関数上書き ***/
char getch(void){
    return EUSART_Read();
}
void putch(char txData){
    EUSART_Write(txData);
}
/***** メイン関数 *****/
void main(void)
{
    SYSTEM_Initialize();
    while (1)
    {
        printf("\r\nCommand= ");                             // メッセージ
        cmnd = getch();                                       // コマンド入力
        putch(cmnd);                                          // エコー出力
        switch(cmnd){                                         // コマンドで分岐
            case 'w':                                         // 書き込みの場合
                for(block=0; block<4; block++){               // 4ブロック繰り返し
                    for(i=0; i<32; i++)                       // バッファの準備
                        buf[i] = (block*32+i)*256 + block*32+i; // セット
                    err=FLASH_WriteBlock(0x7F80+block*32, buf); // 書き込み
                    if(err!=0)                                 // エラーの場合
                        printf("\r\nWrite Erro!!\r\n");       // メッセージ
                }
                break;
            case 'r':                                         // 読み出しの場合
                for(block=0; block<4; block++){               // 4ブロック繰り返し
                    for(i=0; i<32; i++){                      // 32ワード繰り返し
                        if(i % 16 == 0)                       // 16ワードごと
                            printf("\r\n");                   // 改行挿入
                        rword=FLASH_ReadWord(0x7F80+block*32+i); // 読み出し
                        printf("%4X ", rword);                // データ出力
                    }
                }
                break;
            case 'e':                                         // 消去の場合
                for(block=0; block<4; block++)                // 4ブロック繰り返し
                    FLASH_EraseBlock(0x7F80+block*32);        // ブロック消去
                break;
            default:
                break;
        }
    }
}
```

●図2　Readテスト結果

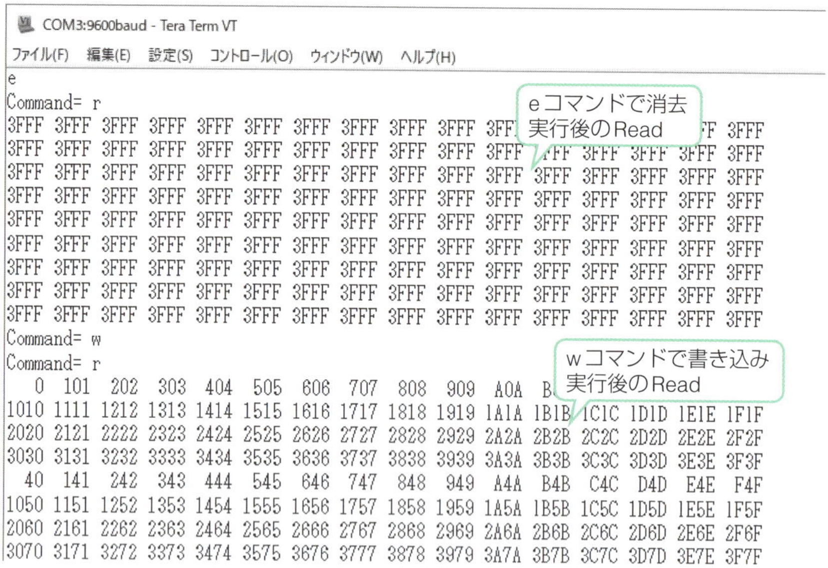

```
COM3:9600baud - Tera Term VT
ファイル(F)  編集(E)  設定(S)  コントロール(O)  ウィンドウ(W)  ヘルプ(H)
e
Command= r
3FFF 3FFF 3FFF 3FFF 3FFF 3FFF 3FFF 3FFF 3FFF 3FFF 3FF                 FF 3FFF
3FFF 3FFF 3FFF 3FFF 3FFF 3FFF 3FFF 3FFF 3FFF 3FFF 3FFF  FFF 3FFF 3FFF 3FFF 3FFF
3FFF 3FFF 3FFF 3FFF 3FFF 3FFF 3FFF 3FFF 3FFF 3FFF 3FFF 3FFF 3FFF 3FFF 3FFF 3FFF
3FFF 3FFF 3FFF 3FFF 3FFF 3FFF 3FFF 3FFF 3FFF 3FFF 3FFF 3FFF 3FFF 3FFF 3FFF 3FFF
3FFF 3FFF 3FFF 3FFF 3FFF 3FFF 3FFF 3FFF 3FFF 3FFF 3FFF 3FFF 3FFF 3FFF 3FFF 3FFF
3FFF 3FFF 3FFF 3FFF 3FFF 3FFF 3FFF 3FFF 3FFF 3FFF 3FFF 3FFF 3FFF 3FFF 3FFF 3FFF
3FFF 3FFF 3FFF 3FFF 3FFF 3FFF 3FFF 3FFF 3FFF 3FFF 3FFF 3FFF 3FFF 3FFF 3FFF 3FFF
3FFF 3FFF 3FFF 3FFF 3FFF 3FFF 3FFF 3FFF 3FFF 3FFF 3FFF 3FFF 3FFF 3FFF 3FFF 3FFF
3FFF 3FFF 3FFF 3FFF 3FFF 3FFF 3FFF 3FFF 3FFF 3FFF 3FFF 3FFF 3FFF 3FFF 3FFF 3FFF
Command= w
Command= r
   0  101  202  303  404  505  606  707  808  909  A0A  B
1010 1111 1212 1313 1414 1515 1616 1717 1818 1919 1A1A 1B1B 1C1C 1D1D 1E1E 1F1F
2020 2121 2222 2323 2424 2525 2626 2727 2828 2929 2A2A 2B2B 2C2C 2D2D 2E2E 2F2F
3030 3131 3232 3333 3434 3535 3636 3737 3838 3939 3A3A 3B3B 3C3C 3D3D 3E3E 3F3F
  40  141  242  343  444  545  646  747  848  949  A4A  B4B  C4C  D4D  E4E  F4F
1050 1151 1252 1353 1454 1555 1656 1757 1858 1959 1A5A 1B5B 1C5C 1D5D 1E5E 1F5F
2060 2161 2262 2363 2464 2565 2666 2767 2868 2969 2A6A 2B6B 2C6C 2D6D 2E6E 2F6F
3070 3171 3272 3373 3474 3575 3676 3777 3878 3979 3A7A 3B7B 3C7C 3D7D 3E7E 3F7F
```

eコマンドで消去
実行後のRead
wコマンドで書き込み
実行後のRead

6-2 外付け大容量ICメモリを使いたい

048 外付け大容量ICメモリの種類を知りたい

　PICマイコンに外付けできる大容量のICメモリには次のような種類があります。シリアルインターフェースのものとパラレルインターフェースのものがありますが、ここではシリアルインターフェースのものに限定します。

❶シリアルEEPROM
　電気的に書き込み可能で、電気が無くなっても内容は保持される。I^2CとSPIのインターフェースがある

❷シリアルフラッシュメモリ
　フラッシュメモリで構成されたメモリで、電気がなくなっても内容が保持される。大容量なものがある

❸シリアルSRAM*
　SRAMだがシリアルインターフェースとなっている

❹シリアルEERAM、シリアルNVSRAM*
　SRAMで高速読み書きできるが、電気が無くなるとき内容をEEPROMに保存するので内容が保持される

SRAM
Static Random Access Memoryの略。ランダムなアドレス指定で読み出せるメモリ。電気がなくなると内容は保持されない。

NVSRAM
Non Volatile Static Random Access Memoryの略。

6-2 外付け大容量ICメモリを使いたい

049 I²C接続のEEPROMを使いたい

073項p.223参照

I²C*インターフェースの外付けEEPROMの使い方です。代表的な製品に図1のようなものがあります。この例は128kバイト（1Mビット）というかなり大容量のものとなっています。

●図1　I²C接続シリアルEEPROMの例

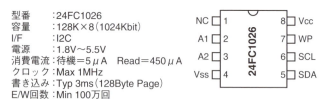

型番　　：24FC1026
容量　　：128K×8（1024Kbit）
I/F　　 ：I2C
電源　　：1.8V～5.5V
消費電流：待機＝5μA　Read＝450μA
クロック：Max 1MHz
書き込み：Typ 3ms（128Byte Page）
E/W回数：Min 100万回

このメモリを使う際のPICマイコンとの接続は図2のようにします。基本通りにI²Cに接続できます。またI²Cのアドレス下位3ビットのうち2ビットを決める2ピン（A1、A2）があり、これで**最大4個までの接続を区別**できます。

●図2　I²C接続シリアルEEPROMの接続回路

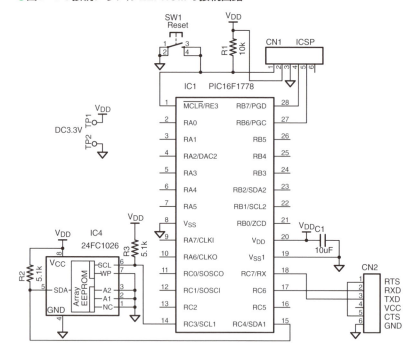

128kなので16ビット以上のアドレスが必要なため、1個のICに二つのスレーブアドレスを使い、下位64kが1010xx0で、上位64kが1010xx1となっています。xxがA2、A1ピンで決まります。このメモリを使うときのポイントは、**書き込みにはバイト単位と128バイトのページ単位がある**ことです。128バイトを連続的に送信することで、ページ単位で書き込みができます。

実際に動作を確認するプログラムを作成します。MCCで初期設定しているので、I^2Cは割り込みを使います。

ここではリスト1のようなメモリアクセス用のライブラリを作成しました。読み出しは任意アドレスから最大256バイトまで任意バイト数が連続で読み出せます。書き込みはバイト単位と、ページ単位（128バイト）となっています。ページ書き込みの場合は、アドレスの下位7ビットが0のページ境界となっている必要があります。

▼リスト1　I^2C接続EEPROM用ライブラリ例（eeprom_lib.c）

```c
/*************************************************************
 *   I2C接続外付けEEPROM用ライブラリ
 *       割り込みを使用     eeprom_lib.c
 *   アドレスが0x0FFFF以下の場合  →  Device = 01010xx0
 *   アドレスが0x10000以上の場合  →  Device = 01010xx1
 *************************************************************/
#include "eeprom_lib.h"

I2C_MESSAGE_STATUS status;                              // 状態変数定義
/******************************************
* 指定アドレスから指定バイト数読み出し
******************************************/
void I2CEEPROMRead(uint16_t Device, uint16_t Adrs, uint8_t Count, uint8_t *Buffer)
{
    tbuf[0] = Adrs >> 8;                                // アドレス上位セット
    tbuf[1] = (uint8_t)Adrs;                            // アドレス下位セット
    I2C_MasterWrite(tbuf, 2, Device, &status);          // アドレス送信
    while(status == I2C_MESSAGE_PENDING);               // 送信完了待ち
    I2C_MasterRead(Buffer, Count, Device, &status);     // 指定バイト数読み出し
    while(status == I2C_MESSAGE_PENDING);               // 受信完了待ち
}
/******************************************
* 指定アドレスに1バイト書き込み
******************************************/
void I2CEEPROMByteWrite(uint16_t Device, uint16_t Adrs, uint8_t Data)
{
    tbuf[0] = Adrs >> 8;                                // アドレス上位セット
    tbuf[1] = (uint8_t)Adrs;                            // アドレス下位セット
    tbuf[2] = Data;                                     // 書き込みデータセット
    I2C_MasterWrite(tbuf, 3, Device, &status);          // 書き込み実行
    while(status == I2C_MESSAGE_PENDING);               // 送信完了待ち
    __delay_ms(5);                                      // メモリ書き込み待ち
}
/******************************************
* 指定ページに128バイト連続書き込み
******************************************/
```

第6章 データをメモリに保存したい

```
void I2CEEPROMPageWrite(uint16_t Device, uint16_t Page, uint8_t *Buffer)
{
    Page &= 0xFFF8;                                 // ページ境界限定
    tbuf[0] = Page >> 8;                            // アドレス上位セット
    tbuf[1] = (uint8_t)Page;                        // アドレス下位セット
    memcpy(tbuf+2, Buffer, 128);                    // 書き込みデータコピー
    I2C_MasterWrite(tbuf, 130, Device, &status);    // 書き込み実行
    while(status == I2C_MESSAGE_PENDING);           // 送信完了待ち
    __delay_ms(5);                                  // メモリ書き込み待ち
}
```

実際のテストプログラムがリスト2となります。パソコンとシリアル通信で接続し、キーボードからの次のコマンドで読み書きの動作をします。

  w：書き込み   0番地から256バイト0から0xFFを書き込む
  e：ページ書き込み 0番地から2ページ（256バイト）0を書き込む
  r：読み出し   0番地から256バイト読み出して16進数で表示出力

▼リスト2 I²C接続EEPROM用テストプログラム例（EEPROM_I2C）

```
/*********************************************
 *  I2C接続の外付けEEPROMテストプログラム
 *      EEPROM_I2C    24FC1026
 *********************************************/
#include "mcc_generated_files/mcc.h"
#include <stdio.h>
#include "eeprom_lib.h"
uint8_t rdata[128], Buffer[128];
uint16_t adrs;
char cmnd;
/** 低レベル入出力関数上書き ***/
char getch(void){
    return EUSART_Read();
}
void putch(char txData){
    EUSART_Write(txData);
}
/***** メイン関数 *****/
void main(void)
{
    SYSTEM_Initialize();                            // 初期化
    INTERRUPT_GlobalInterruptEnable();              // 割り込み許可
    INTERRUPT_PeripheralInterruptEnable();
    while (1)
    {
        printf("\r\nCommand= ");                    // メッセージ
        cmnd = getch();                             // コマンド入力
        putch(cmnd);                                // エコー出力
        switch(cmnd){                               // コマンドで分岐
            case 'w':                               // 書き込みの場合
                for(adrs=0; adrs<256; adrs++)       // 256バイト繰り返し
                    I2CEEPROMByteWrite(0x50, adrs, (uint8_t)adrs);
                break;
```

```
            case 'r':                                    // 読み出しの場合
                for(adrs=0; adrs<256; adrs++){           // 256バイト繰り返し
                    if(adrs % 16 == 0)                   // 16バイトごと
                        printf("¥r¥n");                  // 改行挿入
                    I2CEEPROMRead(0x50, adrs, 1, rdata); // 読み出し
                    printf(" %02X", rdata[0]);           // データ出力
                }
                break;
            case 'e':                                    // 消去の場合
                I2CEEPROMPageWrite(0x50, 0x0000, Buffer); // 0ページ書き込み
                I2CEEPROMPageWrite(0x50, 0x0080, Buffer); // 1ページ書き込み
                break;
            default:
                break;
        }
    }
}
```

●図3 テストの実行例

```
Command= r
 00 01 02 03 04 05 06 07 08 09 0A 0B 0C 0D 0E 0F
 10 11 12 13 14 15 16 17 18 19 1A 1B 1C 1D 1E 1F
 20 21 22 23 24 25 26 27 28 29 2A 2B 2C 2D 2E 2F
 30 31 32 33 34 35 36 37 38 39 3A 3B 3C 3D 3E 3F
 40 41 42 43 44 45 46 47 48 49 4A 4B 4C 4D 4E 4F
 50 51 52 53 54 55 56 57 58 59 5A 5B 5C 5D 5E 5F
 60 61 62 63 64 65 66 67 68 69 6A 6B 6C 6D 6E 6F
 70 71 72 73 74 75 76 77 78 79 7A 7B 7C 7D 7E 7F
 80 81 82 83 84 85 86 87 88 89 8A 8B 8C 8D 8E 8F
 90 91 92 93 94 95 96 97 98 99 9A 9B 9C 9D 9E 9F
 A0 A1 A2 A3 A4 A5 A6 A7 A8 A9 AA AB AC AD AE AF
 B0 B1 B2 B3 B4 B5 B6 B7 B8 B9 BA BB BC BD BE BF
 C0 C1 C2 C3 C4 C5 C6 C7 C8 C9 CA CB CC CD CE CF
 D0 D1 D2 D3 D4 D5 D6 D7 D8 D9 DA DB DC DD DE DF
 E0 E1 E2 E3 E4 E5 E6 E7 E8 E9 EA EB EC ED EE EF
 F0 F1 F2 F3 F4 F5 F6 F7 F8 F9 FA FB FC FD FE FF
Command=
```

6-2 外付け大容量ICメモリを使いたい

050 SPI接続のEEPROMを使いたい

074項p.226参照

　SPIインターフェース*の外付けEEPROMの使い方です。市販製品に図1~2のようなものがあります。この例は128kバイトという**かなり大容量のもの**となっています。また同じインターフェースでSRAMもあり、こちらは書き込み待ち時間が不要で高速動作となります。

●図1　SPI接続シリアルEEPROMの例

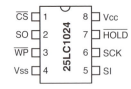

型番　　：25LC1024
容量　　：128K×8（1024Kbit）
I/F　　　：SPI
電源　　：1.8V～5.5V
消費電流：待機＝20μA　Read＝7mA
クロック：Max 20MHz
書き込み：Typ 6ms（256Byte Page）
E/W回数：Min 100万回

●図2　SPI接続シリアルSRAMの例

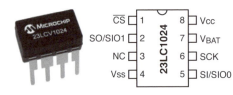

型番　　：23LCV1024
容量　　：128K×8（1024Kbit）
I/F　　　：SPI/SDI
電源　　：2.5V～5.5V
消費電流：待機＝4μA　Read＝3mA
クロック：Max 20MHz
書き込み：待ちなし（32Byte Page）
E/W回数：無制限

CS：chip select
CE：chip enable

　これらのメモリを使う際のPICマイコンとの接続は図3のようになります。4線式のSPIでEEPROMとSRAMの2個のメモリを同じSPIで接続しています。二つのICの区別はCS/CE*ピンで行います。

6-2 外付け大容量ICメモリを使いたい

●図3 SPI接続シリアルEEPROMの接続回路

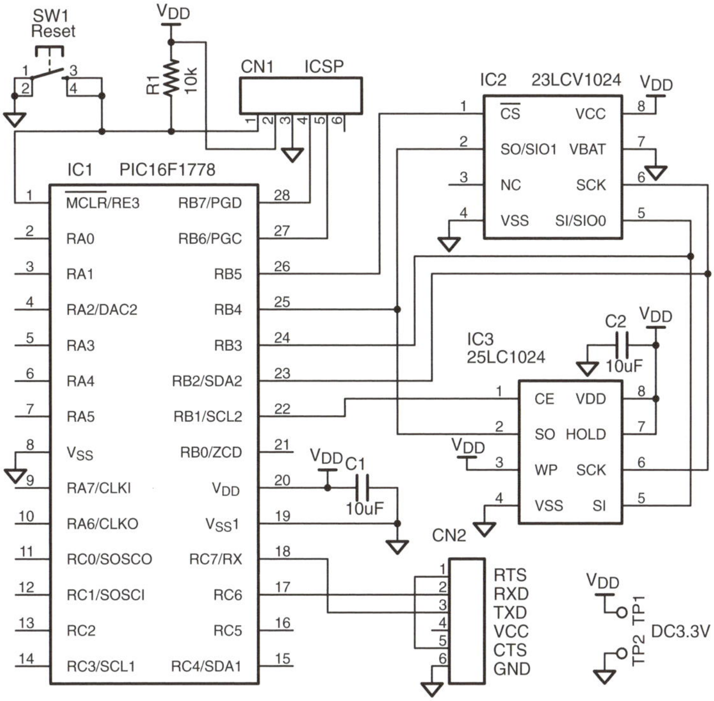

このメモリのテストプログラムをMCCにより作成します。メモリを制御する関数をライブラリとしてリスト1のようにまとめています。

指定バイト数を指定アドレスから読み出す関数、1バイトだけ指定アドレスに書き込む関数、1ページを書き込む関数、チップ全体をイレーズする関数で構成しています。また書き込む際には、書き込み許可のコマンドを先に送信する必要があります。

▼リスト1 SPI接続EEPROM用ライブラリ例（spi_eeprom.lib.c）

```
/***********************************************************
 *  SPI接続外付けEEPROM用ライブラリ
 *  spi_eeprom.lib.c    25LCxxx    23LCxxx
 ***********************************************************/
#include "spi_eeprom_lib.h"
/******************************************
* 指定アドレスから指定バイト数読み出し
******************************************/
void SPIEEPROMRead(uint32_t Adrs, uint16_t Count, uint8_t *Buffer){
    uint16_t i;
    SendAdrs(0x03, Adrs);                   // コマンド送信
    for(i=0; i<Count; i++){                 // 指定回数繰り返し
        *Buffer = SPI_Exchange8bit(0xAA);   // 1バイト読み出し
        Buffer++;                           // ポインタアップ
```

第6章 データをメモリに保存したい

```c
    }
    CS_SetHigh();                       // CS High
}
/*****************************************
 *  指定アドレスに1バイト書き込み
 *****************************************/
void SPIEEPROMByteWrite(uint32_t Adrs, uint8_t Data){
    CS_SetLow();                        // CSLow
    SPI_Exchange8bit(0x06);             // Write Enable
    CS_SetHigh();                       // CS High
    SendAdrs(0x02, Adrs);               // コマンド送信
    SPI_Exchange8bit(Data);             // 1バイト書き込み
    CS_SetHigh();                       // CS High
    __delay_ms(6);                      // 書き込み待ち
}
/*****************************************
 *  指定ページに256バイト連続書き込み
 *****************************************/
void SPIEEPROMPageWrite(uint32_t Page, uint8_t *Buffer){
    uint16_t i;
    CS_SetLow();                        // CS Low
    SPI_Exchange8bit(0x06);             // Write Enable
    CS_SetHigh();                       // CS High
    Page &= 0xFFFFF0;                   // ページ境界限定
    SendAdrs(0x02, Page);               // コマンド送信
    for(i=0; i<256; i++){               // 256回
        SPI_Exchange8bit(*Buffer);      // 1バイト書き込み
        Buffer++;                       // ポインタアップ
    }
    CS_SetHigh();                       // CS High
}
void SendAdrs(uint8_t cmnd, uint32_t Adrs){
    CS_SetLow();                        // CS Low
    SPI_Exchange8bit(cmnd);             // コマンド
    SPI_Exchange8bit((uint8_t)(Adrs>>16));  // アドレス
    SPI_Exchange8bit((uint8_t)(Adrs>>8));   // アドレス
    SPI_Exchange8bit((uint8_t)Adrs);        // アドレス
}
/*****************************************
 *  チップイレーズ
 *****************************************/
void SPIEEPROMErase(void){
    CS_SetLow();                        // CS Low
    SPI_Exchange8bit(0x06);             // Write Enable
    CS_SetHigh();                       // CS High
    __delay_us(20);                     // 待ち
    CS_SetLow();                        // CS Low
    SPI_Exchange8bit(0xC7);             // 消去コマンド
    CS_SetHigh();                       // CS High
    __delay_ms(15);                     // 15ms待ち
}
```

　実際のテストプログラムがリスト2となります。パソコンとシリアル通信で接続し、キーボードからの次のコマンドで読み書きの動作をします。

6-2 外付け大容量ICメモリを使いたい

EEPROMとSRAMで同じ機能ですが、チップ消去はSRAMにはありません。二つのメモリの切り替えは、MCCでCSピンを切り替えて再度［Generate］して別のプログラムとすることで行います。

　　w：書き込み　0番地から256バイト0から0xFFを書き込む
　　p：ページ書き込み　0番地から2ページ（256バイト）0を書き込む
　　r：読み出し　0番地から256バイト読み出して16進数で表示出力
　　c：チップ消去（EEPROMの場合のみ有効）

▼リスト2　SPI接続EEPROM用テストプログラム例（EEPROM_SPI）

```c
/*************************************************
 *  SPI接続の外付けEEPROMテストプログラム
 *    EEPROM_SPI   25LC1024 / 23LCV1024
 *************************************************/
#include "mcc_generated_files/mcc.h"
#include <stdio.h>
#include "spi_eeprom_lib.h"
uint8_t Buffer[256], PageBuf[256], cmnd;
uint32_t adrs, l;
/** 低レベル入出力関数上書き ***/
char getch(void){
    return EUSART_Read();
}
void putch(char txData){
    EUSART_Write(txData);
}
/***** メイン関数 *****/
void main(void)
{
    SYSTEM_Initialize();                        // 初期化
    for(l=0; l<256; l++)                        // ページ書き込み用
        PageBuf[l] = 0xFF - l;                  // バッファ初期化
    SPIEEPROMUnprotect();                       // プロテクト解除
    while (1)
    {
        printf("\r\nCommand= ");                // メッセージ
        cmnd = getch();                         // コマンド入力
        putch(cmnd);                            // エコー出力
        switch(cmnd){                           // コマンドで分岐
            case 'w':                           // 書き込みの場合
                for(adrs=0; adrs<256; adrs++)   // 256バイト繰り返し
                    SPIEEPROMByteWrite(adrs, (uint8_t)(adrs));
                break;
            case 'r':                           // 読み出しの場合
                SPIEEPROMRead(0, 256, Buffer);  // 一括読み出し
                for(adrs=0; adrs<256; adrs++){  // 256バイト繰り返し
                    if(adrs % 16 == 0)          // 16バイトごと
                        printf("\r\n");         // 改行挿入
                    printf(" %02X", Buffer[adrs]); // データ出力
                }
                break;
            case 'p':                           // ページ書き込みの場合
                SPIEEPROMPageWrite(0, PageBuf); // ページ書き込み
```

第6章 データをメモリに保存したい

```
                    break;
        case 'c':           // チップ消去の場合
            SPIEEPROMErase();              // 消去実行
            break;
        default: putch('?');               // コマンドエラー
            break;
        }
    }
}
```

　MCCの設定で難しいのはMSSPモジュールをSPI Masterにする設定で、ここでは図4のように設定します。

● 図4　MCCでのSPIの設定

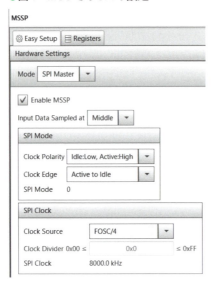

6-2 外付け大容量ICメモリを使いたい

051 SPI接続の大容量フラッシュメモリを使いたい

SQI
Serial Quad Input/
Outputの略。
4ビット並列でSPI通信を行う方式。

　SPIで接続できる大容量の**フラッシュメモリ**として図1のようなものがあります。8Mバイトという大容量です。SQI*と呼ばれる4ビット並列接続もできます。

●図1　SPI接続シリアルフラッシュメモリの例

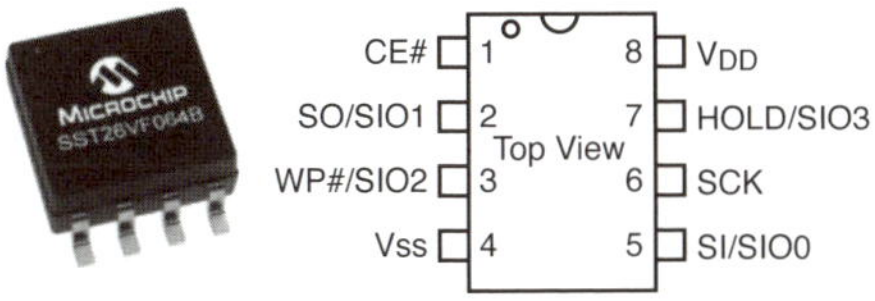

型番	: SST26VF064B
容量	: 8M×8 (64Mbit)
I/F	: SPI/SQI/SDI
電源	: 2.3V～3.6V
消費電流	: 待機＝15μA　Read＝15mA
クロック	: Max 104MHz
書き込み	: Typ 6ms (256Byte Page)
全消去	: Typ 35ms
E/W回数	: Min 10万回 プロテクト全ブロック可能

　このフラッシュメモリを使う場合の接続回路は図2のようにします。通常の4線式SPIです。このフラッシュメモリを使う場合のポイントは、SPIの設定とプロテクトを解除する必要があることです。

●図2　SPIフラッシュメモリの接続回路

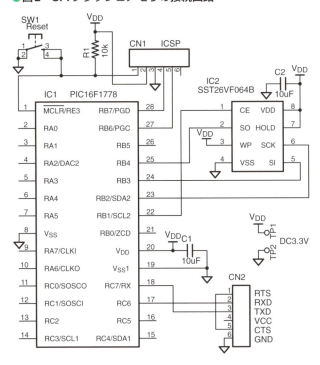

第6章 データをメモリに保存したい

このフラッシュメモリ用のライブラリはリスト1のようにしました。ライブラリ関数の機能はSPI接続のEEPROMとほぼ同じで、指定バイト数を読み出す関数、1バイトだけ書き込む関数、ページ書き込み関数、チップイレーズ関数となっています。

異なるのはプロテクト解除の関数があることで、書き込みや消去のプロテクトを解除します。

▼リスト1　SPI接続フラッシュ用ライブラリ例（spi_flash.lib.c）

```c
/*********************************************
 * SPI接続外付けフラッシュメモリ用ライブラリ
 * spi_flash.lib.c
 *********************************************/
#include "spi_flash_lib.h"
/*********************************************
* 指定アドレスから指定バイト数読み出し
*********************************************/
void SPIFlashRead(uint32_t Adrs, uint16_t Count, uint8_t *Buffer){
    uint16_t i;
    SendAdrs(0x03, Adrs);              // コマンド送信
    for(i=0; i<Count; i++){            // 指定回数繰り返し
        *Buffer = SPI_Exchange8bit(0xAA);  // 1バイト読み出し
        Buffer++;                      // ポインタアップ
    }
    CS_SetHigh();                      // CS High
}
/*********************************************
* 指定アドレスに1バイト書き込み
*********************************************/
void SPIFlashByteWrite(uint32_t Adrs, uint8_t Data){
    CS_SetLow();                       // CS Low
    SPI_Exchange8bit(0x06);            // Write Enable
    CS_SetHigh();                      // CS High
    SendAdrs(0x02, Adrs);              // コマンド送信
    SPI_Exchange8bit(Data);            // 1バイト書き込み
    CS_SetHigh();                      // CS High
    __delay_ms(2);                     // 書き込み待ち
}
/*********************************************
* 指定ページに256バイト連続書き込み
*********************************************/
void SPIFlashPageWrite(uint32_t Page, uint8_t *Buffer){
    uint16_t i;
    CS_SetLow();                       // CS Low
    SPI_Exchange8bit(0x06);            // Write Enable
    CS_SetHigh();                      // CS High
    Page &= 0x007FFF00;                // ページ境界限定
    SendAdrs(0x02, Page);              // コマンド送信
    for(i=0; i<256; i++){              // 256回
        SPI_Exchange8bit(*Buffer);     // 1バイト書き込み
        Buffer++;                      // ポインタアップ
    }
    CS_SetHigh();                      // CS High
    __delay_ms(2);                     // 書き込み待ち
```

6-2 外付け大容量ICメモリを使いたい

```
}
void SendAdrs(uint8_t cmnd, uint32_t Adrs){
    CS_SetLow();                                // CS Low
    SPI_Exchange8bit(cmnd);                     // コマンド
    SPI_Exchange8bit((uint8_t)(Adrs>>16));      // アドレス
    SPI_Exchange8bit((uint8_t)(Adrs>>8));       // アドレス
    SPI_Exchange8bit((uint8_t)Adrs);            // アドレス
}
/******************************************
 * チップイレーズ
 ******************************************/
void SPIFlashErase(void){
    CS_SetLow();                                // CS Low
    SPI_Exchange8bit(0x06);                     // Write Enable
    CS_SetHigh();                               // CS High
    __delay_us(20);                             // 待ち
    CS_SetLow();                                // CS Low
    SPI_Exchange8bit(0xC7);                     // 消去コマンド
    CS_SetHigh();                               // CS High
    __delay_ms(50);                             // 50ms待ち
}
/******************************************
 * プロテクト解除
 ******************************************/
void SPIFlashUnprotect(void){
    uint8_t i;
    CS_SetLow();                                // CS Low
    SPI_Exchange8bit(0x42);                     // Write解除コマンド
    for(i=0; i<18; i++)                         // 全領域繰り返し
        SPI_Exchange8bit(0);                    // 解除
    CS_SetHigh();                               // CS High
    __delay_ms(25);
}
```

このメモリのテストプログラム本体がリスト2です。SPI接続のEEPROMとほぼ同じ内容ですが、テスト対象メモリ範囲を8Mバイトの最後の256バイトにしていることが異なります。（「SPI接続のEEPROMを使いたい[*]」を参照）

050項p.149参照

▼**リスト2　SPI接続フラッシュメモリプログラム例（ExtFlash）**

```
/************************************************************
 * SPI接続の外付け大容量フラッシュメモリテストプログラム
 *   ExtFlash    SST26VF064B / SST25VF064C
 ************************************************************/
#include "mcc_generated_files/mcc.h"
#include <stdio.h>
#include "spi_flash_lib.h"
uint8_t Buffer[256], PageBuf[256], cmnd;
uint32_t adrs, l;
/** 低レベル入出力関数上書き ***/
char getch(void){
    return EUSART_Read();
}
void putch(char txData){
```

第6章 データをメモリに保存したい

```c
        EUSART_Write(txData);
}
/***** メイン関数 *****/
void main(void)
{
    SYSTEM_Initialize();                                    // 初期化
    for(l=0; l<256; l++)                                    // ページ書き込み用
        PageBuf[l] = 0xFF - l;                              // バッファ初期化
    SPIFlashUnprotect();                                    // プロテクト解除
    while (1)
    {
        printf("\r\nCommand= ");                            // メッセージ
        cmnd = getch();                                     // コマンド入力
        putch(cmnd);                                        // エコー出力
        switch(cmnd){                                       // コマンドで分岐
            case 'w':                                       // 書き込みの場合
                for(adrs=0; adrs<256; adrs++)               // 256バイト繰り返し
                    SPIFlashByteWrite(adrs+0x7FFF00, (uint8_t)(adrs));
                break;
            case 'r':                                       // 読み出しの場合
                SPIFlashRead(0x7FFF00, 256, Buffer);        // 一括読み出し
                for(adrs=0; adrs<256; adrs++){              // 256バイト繰り返し
                    if(adrs % 16 == 0)                      // 16バイトごと
                        printf("\r\n");                     // 改行挿入
                    printf(" %02X", Buffer[adrs]);          // データ出力
                }
                break;
            case 'p':                                       // ページ書き込みの場合
                SPIFlashPageWrite(0x7FFF00, PageBuf);       // ページ書き込み
                break;
            case 'c':                                       // チップ消去の場合
                SPIFlashErase();                            // 消去実行
                break;
            default: putch('?');                            // コマンドエラー
                break;
        }
    }
}
```

第7章
何かと通信したい

　PICマイコンとパソコンやスマートフォン、タブレット、Raspberry Piなど、他のデバイスと接続して通信する方法には下記のようにいくつかあります。

❶ **有線で接続する**
　　― 入出力ピンと有線接続しオンオフ信号で通信する
　　― USBシリアル変換ケーブルを使ってシリアル通信で接続する
❷ **無線通信で接続する**
　　― Bluetoothで接続する
　　― Wi-Fiで接続する

　以下ではこれらの方法で実際に接続する方法を解説します。

7-1 パソコンと通信したい

052 USBシリアル変換ケーブルでパソコンと通信したい

RS232C
もともとはテレタイプ端末とモデムの接続用としてCCITTの勧告に基づいて作られた25ピンのコネクタを使ったシリアルインターフェース。

DSUBコネクタ
コネクタ規格の一種。

TTLインターフェース
デジタルICのインターフェース。

パソコンとシリアル通信で接続するには、以前はRS232C*ケーブルを使ってDSUBコネクタに接続していましたが、最近はこのコネクタを実装しているパソコンはなくなり、**すべてUSB経由**となっています。

USBにシリアル通信で接続するためには**USBシリアル変換ケーブル**を使います。こちらも以前はUSBとDSUBコネクタ*間の変換でしたが、最近はUSBとTTLインターフェース*となって、直接PICマイコンなどの入出力ピンに接続して、USARTモジュールで通信を実現する方法に変わっています。このようなUSBシリアル変換ケーブルとして図1のようなものが市販されています。基板だけのタイプもあります。

●図1 市販のUSBシリアル変換ケーブルの例

USBシリアル変換ケーブルの仕様
型番　　　：TTL-232R-5V(3V3)
　　　　　　USB-A⇔6ピンヘッダ
制御IC　　：FT232R
電源Vcc　：5V
信号レベル：TTL 5V(3.3V)
TTL側　　：6ピンヘッダメス
　　　　　　(2.54mmピッチ)

色	信号名
黒	GND
茶	CTS
赤	Vcc
橙	TXD
黄	RXD
緑	RTS

基板で提供されているタイプ。ピン配置はケーブルタイプと同じ

TTL側の接続が5V用と3.3V用があります。USBの制御には大部分FTDI社の製品が使われているので、パソコンのUSBに接続すれば、ほとんどの場合自動的にUSBドライバがインストールされ、COMポートが追加されます。USB接続が完了したら、後はTeraTermなどの一般的な通信ソフトを使えばパソコン側の準備は完了です。

PICマイコンとの接続回路は図2のようにします。プログラムでこれを動かすには、MCCでEUSARTの設定をするだけです。実際の設定とテストプログラム例は「MCCでUSARTを設定して使いたい*」を参照してください。

071項p.216参照

●図2 シリアル通信の回路例

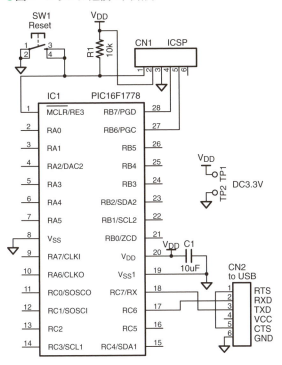

7-1 パソコンと通信したい

053 Bluetoothでパソコンと通信したい

Bluetooth
デジタル機器用の近距離無線通信規格の一つで大別すると下記3種類の規格がある。BR/EDRをまとめてClassicとも呼ぶ。
Bluetooth Basic Rate (BR)
Bluetooth Enhanced Data Rate (EDR)
Bluetooth Low Energy (BLE)

UART
汎用の非同期式のシリアル送受信を行うデバイス。ほとんどのマイコンに搭載されている。拡張版がEUSART。

Bluetooth*の無線通信でパソコンと接続する方法です。これにはPICマイコン側に「**Bluetoothモジュール**」を使います。市販されているBluetoothモジュールには図1のようなものがあります。ClassicとBLEの2種類があります。いずれも外部インターフェースはUART*となっているのでPICマイコンとは簡単に接続できます。

●図1 市販のBluetoothモジュールの例

USBモジュールの仕様
　型番：RN42XVP-I/RM（Microchip製）
　仕様：Bluetooth V2.1＋EDR
　　　　SPP、HID
　電源：3.0V～3.6V
　　　　送信時30mA
　I/F　：UART　115.2kbps

USBモジュールの仕様
　型番：RN4020-XB（Microchip製）
　　　　（秋月電子通商で基板化）
　仕様：Bluetooth Low Energy（BLE）
　　　　Bluetooth v4.1対応
　電源：本体1.8V～3.6V　送信時16mA
　　　　基板　3.3V/5V
　I/F　：UART　115.2kbps

RTSとCTS
RS232Cインターフェースのフロー制御用の信号。
RTS：Request to Send
CTS：Clear to Send

実際にRN42XVPを使った回路図が図2となります。
　大量のデータの連続送受信を行う場合は、RTSとCTS*を制御してハードウェアフロー制御とする必要がありますが、少量の場合は折り返しだけでも大丈夫です。

7-1 パソコンと通信したい

●図2　Bluetooth通信の回路例

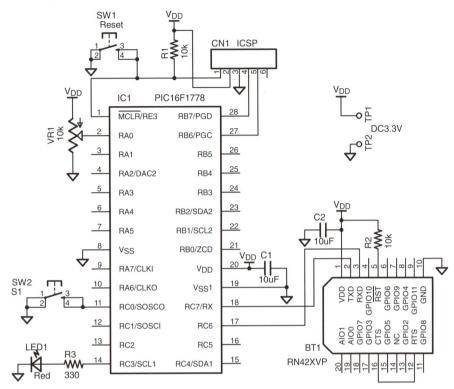

　上記回路で作成したプログラム例がリスト1となります。Bluetoothモジュールの初期設定はスイッチS1を押したままリセットスタートしたときだけ実行し、工場出荷時にリセットしてから「Test」という名称を付与しています。EUSARTモジュール*やA/Dコンバータモジュール*、入出力ピンの初期設定はMCC*で行っています。

　テスト機能は、パソコンから1文字受信し、その文字がAならアルファベット26文字を折り返し、Vだったら可変抵抗の電圧を計測して折り返し、その他の場合はエコーバックしています。

071項p.216参照
072項p.220参照
019項p.42参照

▼リスト1　Bluetooth通信のプログラム例（Bluetooth）

```
/***********************************
 * Bluetooth通信テストプログラム
 *     Bluetooth
 ***********************************/
#include "mcc_generated_files/mcc.h"
#include <stdio.h>
uint8_t rcv;
unsigned int result;
double Volt;
```

第7章 何かと通信したい

```
void SendCmd(uint8_t *cmd);
/**** メイン関数 *****/
void main(void)
{
    SYSTEM_Initialize();                        // システム初期化
    /** RN42初期設定 **/
    if(S1_GetValue() == 0){                     // S1がオンの場合
        SendCmd((uint8_t *)"$$$");              // コマンドモード
        SendCmd((uint8_t *)"SF,1¥r");           // 工場出荷時
        SendCmd((uint8_t *)"SN,Test¥r");        // 名称付与
        SendCmd((uint8_t *)"R,1¥r");            // リブート
    }
    while (1)
    {
        LED_Toggle();                           // 目印LED
        printf("¥r¥nCommand=");                 // 開始メッセージ
        rcv = EUSART_Read();                    // コマンド入力
        if((rcv == 'A') || (rcv == 'a')){       // Aの場合
            printf("  ABCDEFGHIJKLMNOPQRSTUVWXYZ"); // 応答
        }
        else if((rcv == 'V') || (rcv == 'v')){  // Tの場合
            result = ADC_GetConversion(POT);    // AD変換
            Volt = (result * 3.3) / 1023;       // 電圧に変換
            printf("  Volt = %1.2f volt", Volt); // 電圧送信
        }
        else
            printf("  %c?", rcv);               // それ以外
                                                // エコーバック
    }
}
/*****************************************
 * RN42XVP  コマンド送信関数
 *****************************************/
void SendCmd(uint8_t *cmd){
    while(*cmd != 0)                            // 文字列最後まで
        EUSART_Write(*cmd++);                   // 1文字送信
    __delay_ms(1000);                           // 1秒待ち 応答無視
}
```

　Bluetoothでパソコンと通信するためには、パソコン側でBluetoothモジュールをデバイスとして追加し、ペアリングを行う必要があります。
　これにはコントロールパネルから、図3の[デバイスとプリンター]を選択し[デバイスの追加]を実行すればできます。
　名前を付加した「Test」というデバイスが追加されればCOMポート[*]が追加されていますから、あとはこのCOMポートで通信ソフトを使って通信できます。通信速度は115200bpsとなっています。
　実際にTeraTerm[*]で実行した結果が図4となります。毎回「Command= 」を行の先頭に出力しています。

COMポート
Communication Portの略。パソコンのシリアルポートのこと。

TeraTerm
フリーの通信ソフトでCOMポートを使って送受信ができる。

7-1 パソコンと通信したい

● 図3　パソコンでBluetoothモジュールの追加

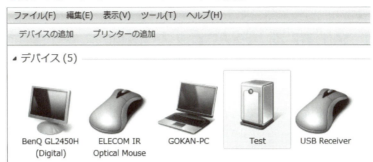

● 図4　Bluetoothのテスト結果

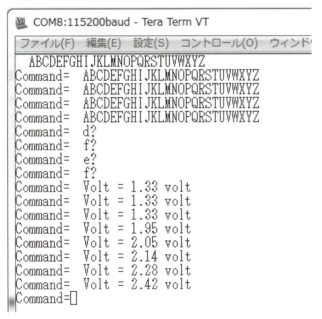

7-1 パソコンと通信したい

054 Wi-Fiでパソコンと通信したい

Wi-Fi
無線LANの登録商標で、Wi-Fi AllianceによってIEEE802.11規格の相互接続認証が得られていることを示す。

Wi-Fi*の無線通信でパソコンと接続する方法です。これにはPICマイコン側に「**Wi-Fiモジュール**」を使います。市販されているWi-Fiモジュールには図1のようなものがあります。外部インターフェースはUARTとなっているので簡単に接続できます。

●図1　市販のWi-Fiモジュールの例

No	信号名
1	GND
2	IO0
3	IO2
4	EN
5	RST
6	TXD
7	RXD
8	3V3

Wi-Fiモジュールの仕様
　型番　：ESP-WROOM-02（32ビットMCU内蔵）
　仕様　：IEEE802.11 b/g/n　2.4G
　電源　：3.0V〜3.6V　平均80mA
　モード：Station/softAP/softAP＋Station
　セキュリティ：WPA/WPA2
　暗号化：WEP/TKIP/AES
　I/F　：UART 115.2kbps
　その他：GPIO
　（スイッチサイエンス社で基板実装）

Wi-Fiモジュールの仕様
　型番　：ATWINC1500（4MB）　1510（8MB）
　仕様　：IEEE802.11 b/g/n　2.4G
　電源　：2.7V〜3.3V　最大172mA
　モード：Station/softAP/softAP＋Station
　セキュリティ：WEP/WPA/WPA2
　I/F　：SPI
　その他：GPIO

　実際にESP-WROOM-02のWi-FiモジュールをPICマイコンに接続した回路例が図2となります。GPIO0とGPIO2ピンで通常通信かファームウェア更新かを切替できるようになっていますが、ここでは通常通信の場合のみとしています。

7-1 パソコンと通信したい

● 図2　Wi-Fi通信の回路例

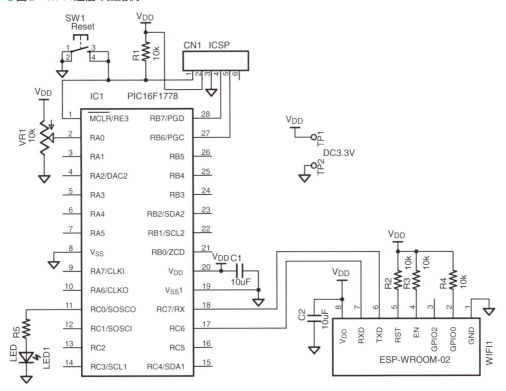

図2の回路用に作成したプログラムがリスト1となります。Wi-Fiモジュールの制御はすべてATコマンド*で実行しています。

最初にパソコンと同じアクセスポイント*（AP）に接続します。

次にパソコン側をサーバとしてパソコンのIPアドレス*を指定して接続します。アクセスポイントのSSIDとパスワード、IPアドレスは読者がお使いのものに合わせてください。

その後メインループで可変抵抗の計測データを10回送信してから接続を切断します。

ATコマンド
米国Hayesが1980年代に開発したモデム制御用コマンド。ATで始まる。

アクセスポイント
無線LANの端末を他の端末や有線LANネットワークに接続するための無線中継器。

IPアドレス
インターネット上の機器を識別するための32ビットの番号で、4バイトに分けて192.168.1.100のように1から255の10進数で記述する。

▼ リスト1　Wi-Fi通信のプログラム例（Wi-FiPC）

```
/****************************************
 *  Wi-Fi テストプログラム
 *     Wi-FiPC
 ****************************************/
#include "mcc_generated_files/mcc.h"
/* 送信データ */
uint8_t Buf[] = "POT = x.xx Volt\r\n";
int result, i;
float Volt;
```

第7章 何かと通信したい

```c
/* WiFi設定用コマンドデータ */
const uint8_t Mode[] = "AT+CWMODE=1\r\n";     // Station Mode
const uint8_t Join[] = "AT+CWJAP=\"502HWa-??????\",\"175?????\"\r\n";
const uint8_t Open[] = "AT+CIPSTART=\"TCP\",\"192.168.128.100\",8000\r\n";
const uint8_t Send[] = "AT+CIPSEND=17\r\n";   // 転送開始
const uint8_t Close[] = "AT+CIPCLOSE\r\n";    // サーバ接続解除
const uint8_t Shut[]  = "AT+CWQAP\r\n";       // Ap接続解除
/* 関数プロトタイプ */
void SendCmd(const uint8_t *cmd);
void ftostring(int seisu, int shousu, float data, uint8_t *buffer);
/***** メイン関数 *****/
void main(void)
{
    SYSTEM_Initialize();                  // システム初期化
    /** APとサーバに接続 ***/
    SendCmd(Mode);                        // Station Mode
    SendCmd(Join);                        // APと接続
    __delay_ms(5000);                     // 5sec待ち
    SendCmd(Open);                        // サーバ(PC)と接続
    __delay_ms(2000);                     // 2sec待ち
    while (1)
    {
        /*** データ10回送信 ****/
        for(i=0; i<10; i++){
            LED_SetHigh();                // 目印ON
            result = ADC_GetConversion(POT); // AD変換
            Volt = (result * 3.3) / 1023; // 電圧に変換
            ftostring(1, 2, Volt, Buf+6); // 文字列に変換
            /** Wi-Fi送信開始 ***/

            SendCmd(Send);                // 文字送信開始
            SendCmd(Buf);                 // データ送信実行

            LED_SetLow();                 // 目印オフ
            __delay_ms(3000);             // 繰り返し3秒待ち
        }
        /*** APとサーバから切り離し ****/
        SendCmd(Close);                   // サーバ接続解除
        SendCmd(Shut);                    // AP接続解除
    }
}
/*********************************
 * WiFiコマンド送信関数
 *   遅延挿入後戻る
 *********************************/
void SendCmd(const uint8_t *cmd){
    while(*cmd != 0)                      // 文字列の終わりまで繰り返し
        EUSART_Write(*cmd++);             // 1文字送信し次の文字へ
    __delay_ms(1000);                     // 1秒待ち 応答受信無視
}
```

> SSIDとパスワード、IPアドレスは使用環境に合わせること

7-1 パソコンと通信したい

TCP/IPテストツール
フリーソフト、TCP/IPで接続を行い電文の送受信を行うアプリケーション。

　パソコン側は簡易サーバとすることができるフリーソフトの「TCP/IPテストツール*」を使っています。サーバでポート番号を8000と設定して［接続］とすれば、受信状態を表示します。一定間隔で10回だけPICマイコンから可変抵抗の電圧を測定して送信されるデータを表示します。10回終了で接続を切り離します。

●図3　テスト結果

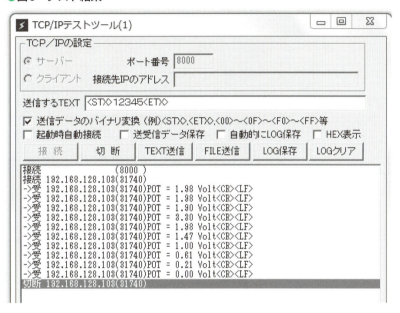

第7章 何かと通信したい

7-1 パソコンと通信したい

055 USBで直接パソコンと通信したい

　PIC16F1454/55/59ファミリは、PIC16Fファミリで唯一USBモジュールを内蔵していて、パソコンなどと直接USBで接続できます。
　この内蔵USBモジュールは図1のようになっていて、PICマイコンの入出力ピンに直接USBコネクタを接続するだけでUSB通信ができる回路を構成できます。

●図1　内蔵USBモジュールの構成

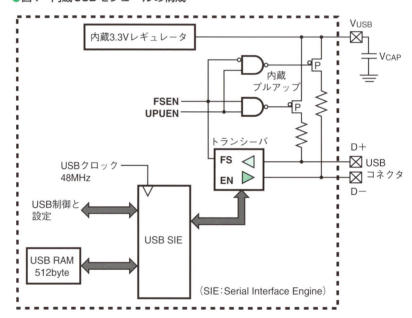

USBスタック
USB通信を行うための通信ソフトウェアで、プラグアンドプレイによる接続と通信を実行する。

019項p.42参照

Polling
ポーリング。ソフトウェアで周辺モジュールの状態を繰り返し問合せしながら進める方法。他の方法として割り込み方式があり、ハードウェアの機能を利用する。

　実際の回路が図2となります。USBに関するものはUSBコネクタと内蔵3.3Vレギュレータ用のパスコンだけです。
　これを動かすプログラムには**USBスタック***が必要です。このスタックについてもMCC*でUSBモジュールを選択すれば自動的に生成されるようになっています。実際のMCCでの設定では、クロックには内蔵クロックの16MHzを選択し、3倍のPLLを指定することで48MHzのクロックとします（19項図2参照）。USBモジュールについては図3のように「Polling*」方式を選択するだけです。

7-1 パソコンと通信したい

● 図2　USB通信の回路側

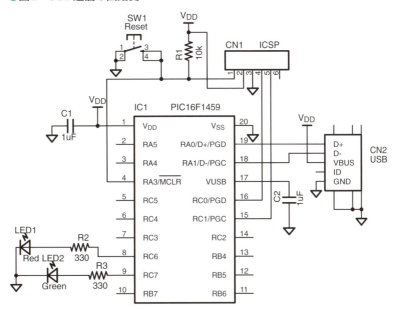

● 図3　MCCでのUSBモジュールの設定方法

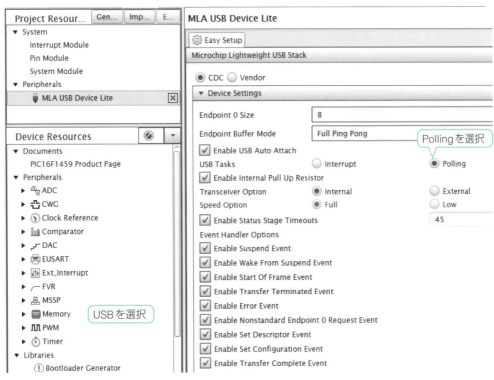

第7章　何かと通信したい

CDC
Communication Device Classの略。USBのクラスの一つでパソコン側はCOMポートを生成してシリアル通信を行う。

これだけの設定でMCCの[Generate]ボタンをクリックしてコードを生成すると、USBのCDC*として使えるUSBスタックのプログラムを生成します。あとはメイン関数に処理を追加するだけです。

実際に作成したメイン関数のプログラムがリスト1となります。ここでは、USBの接続を確認後受信待ちとなります。文字を受信したらその次の文字を送り返します。復帰改行の場合はそのまま送り返します。

▼リスト1　USBのCDCクラスでのプログラム例（USB_PC）

```c
/******************************************
 * USBでPCと通信のテストプログラム
 *   USB_PC    PIC16F1459を使用
 ******************************************/
#include "mcc_generated_files/mcc.h"
static uint8_t readBuffer[64], writeBuffer[64];       // 送受信バッファ
uint8_t i, numBytesRead;
/***** メイン関数 ****/
void main(void)
{
    SYSTEM_Initialize();                              // システム初期化
    while (1)
    {
        USBDeviceTasks();                             // USBステート更新
        if( USBGetDeviceState() < CONFIGURED_STATE )  // USB接続未完了
            continue;                                 // 最初に戻す
        if( USBIsDeviceSuspended() == true )          // サスペンド状態
            continue;                                 // 最初に戻す
        if( USBUSARTIsTxTrfReady() == true ) {        // 送信レディー
            numBytesRead = getsUSBUSART(readBuffer, sizeof(readBuffer));
            /** 受信データ処理 ***/
            for(i=0; i<numBytesRead; i++) {           // すべて繰り返し
                switch(readBuffer[i]) {               // 文字取り出し
                    case 0x0A:                        // 復帰改行の場合
                    case 0x0D:
                        writeBuffer[i] = readBuffer[i];      // 同じ文字格納
                        break;
                    default:                          // 文字の場合
                        writeBuffer[i] = readBuffer[i] + 1;  // 次の文字
                        break;
                }
            }
            if(numBytesRead > 0)                      // 受信文字あり
                putUSBUSART(writeBuffer,numBytesRead);// 同じ文字数送信
        }
        CDCTxService();                               // 送信実行
    }
}
```

TeraTerm
フリーソフト、シリアル通信のアプリケーション。

ASCII
American Standard Code for Information Interchangeの略。ANSIで規格化された7ビットで英数字1文字を表す文字コード。日本のJISで8ビットに拡張してカタカナを追加した。

これでPICマイコンに書き込んでパソコンのUSBに接続すると、COMポートとして追加されます。TeraTerm*などの通信ソフトを使ってこのポートに接続し、パソコンから文字を送信すると、折り返しASCIIコード*の次の文字を送信するので、aならbを、xならyを受信し表示します。

7-2 スマホ・タブレットと通信したい

056 Bluetooth通信でタブレットと接続したい

Bluetoothの無線でAndroidのスマホやタブレットとPICマイコン間で通信する方法です。パソコンの場合と同じ**Bluetoothモジュール**をPICマイコンに接続して使います。接続回路もプログラムも「Bluetoothでパソコンと通信したい[*]」とまったく同じ構成となります。

056項p.169参照

実際にAndroidのタブレットと通信するには、図1のようにタブレット側のBluetoothの設定で今回のデバイス名「Test」とペアリングをする必要があります。

S2 Terminal for Bluetooth Free
フリーソフト。
Bluetoothを使って送受信ができる。

ペアリング後の通信には、ここではフリーのアプリ「S2 Terminal for Bluetooth Free[*]」を使っています。図2のように最下部の欄で送信文字を入力して「送信」とタップすれば、それぞれの文字にしたがって応答が返ってきて表示されます。

●図1　タブレットでBluetoothモジュールとペアリング　●図2　タブレットBluetoothアプリの画面例

7-2 スマホ・タブレットと通信したい

057 Wi-Fi通信でタブレットと接続したい

Wi-Fi
無線LANの登録商標で、Wi-Fi AllianceによってIEEE802.11規格の相互接続認証が得られていることを示す。

054項p.162参照

TCP/UDPテストツール
スマホ・タブレット用のフリーソフト。無線LANでTCPかUDPで相手と接続して通信ができる。その他PINGコマンド送信やIPアドレスを調べることができる。

　Wi-Fi*の無線通信でAndroidのタブレットと通信する方法です。ここでもPICマイコン側に「**Wi-Fiモジュール**」を使います。Wi-Fiモジュールは「Wi-Fi通信でパソコンと通信したい*」と同じものを使います。接続回路もプログラムもまったく同じ構成となります。唯一、IPアドレスだけが変更となります。

　実際に動作させるには、タブレットのIPアドレスを知る必要があります。またタブレットをサーバとして動作させる必要もあります。これらをどちらも実行できるフリーソフトの「TCP/UDPテストツール*」を使います。

　タブレットをWi-Fiのアクセスポイントに接続してから、このアプリを起動し、図1のメニューの中から[IP CONFIG]を選択し[GET CONFIG]ボタンをクリックすればタブレットのIPアドレスを表示してくれます。

　このIPアドレスに変更してPICマイコンのプログラムを更新したら、アプリの[TCP SERVER]を選択し、ポート番号を8000にして[CONNECT]とすれば受信待ちとなります。PICマイコンからのデータが受信できれば図2のように表示されます。計測値を10回受信していることがわかります。

●図1　タブレットアプリのメニュー画面

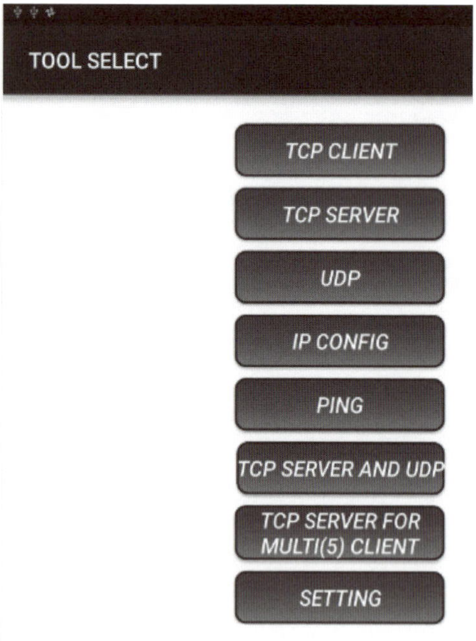

●図2　タブレットをサーバにして受信

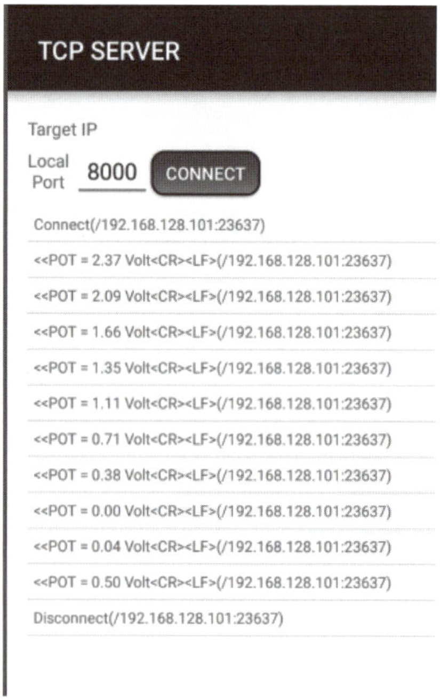

7-3 ESP WROOM-02同士で通信したい

058 PIC同士をWi-Fiで通信したい

Wi-Fiルータ
無線LANの端末と有線ネットワークとの中継器。

ESP-WROOM-02
Wi-Fiモジュール。054項p.162参照。

TCP
Transmission Control Protocolの略。ネットワーク端末間で信頼性のある通信路を構成する通信プロトコル、フロー制御、誤り制御、輻輳制御という基本機能で高信頼な通信を行う。

ATコマンド
米国Hayesが1980年代に開発したモデム制御用コマンド。ATで始まる。

家庭のWi-Fiルータ*を使ってPICマイコン同士を通信させる方法です。

図1のような構成で複数台のESP WROOM-02*をWi-Fiルータ経由で接続し、ESPモジュール同士をTCP*プロトコルで接続して通信させます。

ESPモジュールはいずれもPICマイコンからATコマンド*で制御して通信するものとします。どちらかのスイッチS1を押せば、相手側のLEDの表示が反転するような機能とします。

●図1 ルータ経由で接続

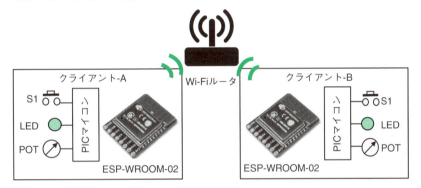

USART
汎用の同期式と非同期式のシリアル送受信を行う機能のこと。EUSARTは強化版でブレークなどの機能が追加されている。

このテストに使った回路は両方とも同じ構成で図2としました。ESP-WROOM-02とはUSART*の115.2kbpsで接続しています。GPIO0とGPIO2は通常通信という設定接続としています。ENとRSTは抵抗でプルアップしておきます。

第7章 何かと通信したい

● 図2　ESPのクライアントの回路

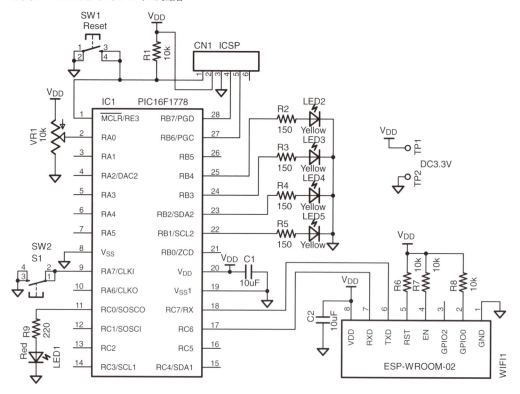

　PICマイコンの初期設定はすべてMCCで行っています。EUSARTの設定では、図3のように高速通信でいつでも受信ができるように割り込みを使い、送受信のバッファを32バイトとしています。

　この回路でESPモジュール間通信を実現するプログラムがリスト1となります。

　それぞれのPICマイコンのプログラムをクライアントAとBとしています。クライアントAとBで基本は同じですが、相手のIPアドレス部のみが異なることになります。リスト1では、宣言部で片方をコメントアウトすることでクライアントA用とクライアントB用二つのプログラムとしています。宣言部ではその他のATコマンドを定義しています。このIPアドレスを読者がお使いのアクセスポイントのものに変更してください。

　アクセスポイントとの接続のためのSSIDとパスワードも定義していますが、**ここは読者がお使いのアクセスポイントのものに変更してください**。

　メイン関数では、最初にアクセスポイントに接続し、次に相手クライアントのIPアドレスを指定してTCPで接続します。

7-3 ESP WROOM-02同士で通信したい

●図3　MCCのEUSARTモジュールの設定

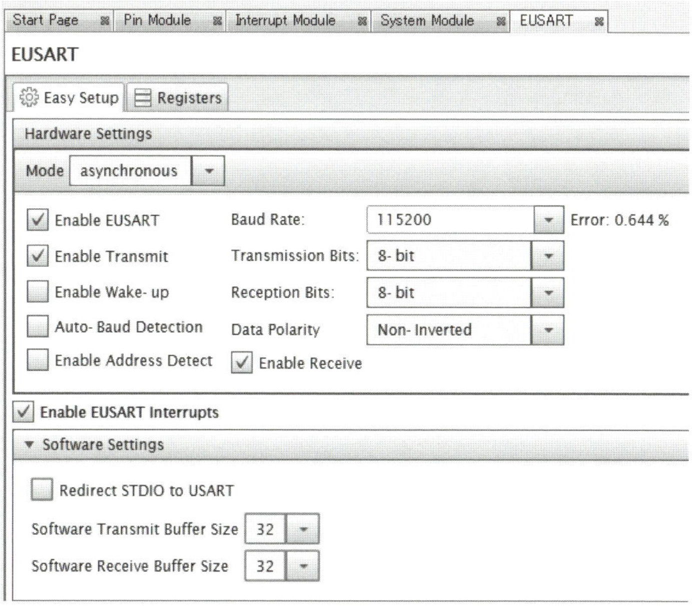

　メインループでは、相手からの受信をチェックしていて、受信があれば内容をチェックして4個のLEDを反転させています。割り込みで受信しているので、受信が無ければすぐ次に進みます。
　スイッチS1が押されていれば相手に「AAAAAAA¥r¥n」の文字列を送信しています。

▼リスト1　AP経由でESP同士の通信プログラム（ESP_CilentA）

```
/****************************************
 *   AP経由ESP同士でWi-Fi通信
 *      ESP_CilentA、 ESP_ClientB
 ****************************************/
#include "mcc_generated_files/mcc.h"
/* 送信データ */
uint8_t Buf[] = "POT = x.xx Volt¥r¥n";          // 送信文字列
uint8_t RcvBuf[64];                              // 受信バッファ
uint16_t result, i, j;
float Volt;
/* WiFi設定用コマンドデータ */
const uint8_t Mode[] = "AT+CWMODE=1¥r¥n";                            // Station Mode
const unsigned char Join[] = "AT+CWJAP=¥"502HWa-??????¥",¥"175?????¥"¥r¥n";
const uint8_t Open[] = "AT+CIPSTART=¥"TCP¥",¥"192.168.128.101¥",9000¥r¥n";      //A用
//const uint8_t Open[] = "AT+CIPSTART=¥"TCP¥",¥"192.168.128.102¥",9000¥r¥n";    //B用
const uint8_t Close[] = "AT+CIPCLOSE¥r¥n";      // 相手との接続解除
const uint8_t Shut[]  = "AT+CWQAP¥r¥n";         // AP接続解除
const uint8_t Send[] = "AT+CIPSEND=0,10¥r¥n";   // 10文字送信
const uint8_t Data[] = "AAAAAAAA¥r¥n";          // 送信文字
```

アクセスポイントのSSIDとパスワード、IPアドレスは使用環境に合わせて変更する

第7章　何かと通信したい

```c
/* 関数プロトタイプ */
void SendCmd(const uint8_t *cmd);
void Receive(uint8_t *buf);
void ftostring(int seisu, int shousu, float data, uint8_t *buffer);
/***** メイン関数 *****/
void main(void){
    SYSTEM_Initialize();                        // システム初期化
    INTERRUPT_GlobalInterruptEnable();          // 割り込み許可
    INTERRUPT_PeripheralInterruptEnable();
    /** APとサーバに接続 ***/
    SendCmd(Close);                             // 相手との接続解除
    SendCmd(Mode);                              // Station Mode
    SendCmd(Join);                              // APと接続
    __delay_ms(5000);                           // 5sec待ち
    SendCmd(Open);                              // 相手と接続
    __delay_ms(1000);                           // 1sec待ち
    while (1) {
        if(EUSART_is_rx_ready() > 0){           // 受信ありの場合
            Receive(RcvBuf);                    // \nまで受信
            /** 受信文字判定と制御 **/
            if((RcvBuf[0] == '+')&&(RcvBuf[8] == 'A')){
                LED1_Toggle();                  // 制御実行
                LED2_Toggle();
                LED3_Toggle();
                LED4_Toggle();
            }
        }
        if(S1_GetValue() == 0){                 // S1オンの場合
            SendCmd(Send);                      // 送信
            SendCmd(Data);                      // AAAAAのデータ送信
        }
    }
}
/*******************************
 *  WiFiコマンド送信関数
 *    遅延挿入後戻る
 *******************************/
void SendCmd(const uint8_t *cmd){
    while(*cmd != 0)                            // 文字列の終わりまで繰り返し
        EUSART_Write(*cmd++);                   // 1文字送信し次の文字へ
    __delay_ms(1000);                           // 1秒待ち　応答受信無視
}
/*******************************
 *  WiFi受信
 *******************************/
void Receive(uint8_t *buf){
    uint8_t rcv;
    do{
        if(EUSART_is_rx_ready()){               // 受信ありの場合
            rcv = EUSART_Read();                // 1文字受信
            *buf = rcv;                         // バッファに格納
            buf++;                              // ポインタ更新
        }
    }while(rcv != '\n');                        // \nでない間繰り返し
}
```

7-3 ESP WROOM-02同士で通信したい

059 ESPをアクセスポイントとして使いたい

APモード
アクセスポイントモード。

ESP WROOM-02をソフトAPモード*で動作させアクセスポイントとして使う方法です。図1のようにESPのアクセスポイント(AP)経由でパソコンをサーバとし、もう1台のESPをクライアントとしてパソコンとTCPプロトコルで通信してみます。

058項p.171参照

この場合の回路は、クライアント側もアクセスポイントにする側も「PIC同士をWi-Fiで通信したい*」とまったく同じものを使います。

● 図1　ESPをアクセスポイントにする

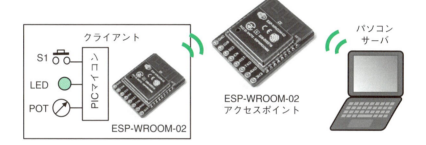

プログラムは、まずアクセスポイントにする側はリスト1となります。

ATコマンド
米国Hayesが1980年代に開発したモデム制御用コマンド。ATで始まる。

単純にソフトAPモードにするだけで、常時は何もしていません。すべてESPだけで機能を実行します。設定はATコマンド*で`AT+CWMODE=2`とすればソフトAPモードとなります。このときのSSIDは「ESP_xxxxxx」となります。xの部分はESPのMACアドレスの下位6文字となります。パスワードはありません。DHCP*もサポートされていますから、接続相手にIPアドレス*を供給します。このときのIPアドレスは、自身は「192.168.4.1」となり、接続した相手には「192.168.4.2」から順番に付与します。

DHCP
Dynamic Host Configuration Protocolの略。
TCP/IPで接続する際、一時的にIPアドレスを割り当てるプロトコル。

この確認にはパソコンを使います。ソフトAPモードで起動した時点でアクセスポイントになり、パソコンのWi-Fiの選択肢に「ESP_xxxxxx」と表示されるのでここに接続します。接続後コマンドプロンプトで「`ipconfig`」コマンドを実行すれば、パソコンに付与されたIPアドレスがわかります。

IPアドレス
インターネット上の機器を識別するための32ビットの番号で、4バイトに分けて192.168.1.100のように1から255の10進数で記述する。

175

第7章　何かと通信したい

▼リスト1　アクセスポイント側（ESP_AP）

```c
/******************************************
 *  ESPをアクセスポイントにする
 *       ESP_AP
 ******************************************/
#include "mcc_generated_files/mcc.h"
/* WiFi設定用コマンドデータ */
const uint8_t Mode[] = "AT+CWMODE=2\r\n";
const uint8_t Mult[] = "AT+CIPMUX=1\r\n";
const uint8_t Serv[] = "AT+CIPSERVER=1\r\n";
/* 関数プロトタイプ */
void SendCmd(const uint8_t *cmd);
/******* メイン関数 ****************/
void main(void)
{
    SYSTEM_Initialize();
    SendCmd(Mode);   // APモード
    SendCmd(Mult);   // マルチ接続モード
    SendCmd(Serv);   // サーバモード
    while (1)
    {   }
}
/********************************
 *  WiFiコマンド送信関数
 *    遅延挿入後戻る
 ********************************/
void SendCmd(const uint8_t *cmd){
    while(*cmd != 0)
        EUSART_Write(*cmd++);
    __delay_ms(1000);
}
```

054項p.162参照

　次にクライアント側のプログラムはリスト2となります。このプログラムは「Wi-Fi通信でパソコンと通信したい[*]」で使ったものと同じで、Wi-Fi設定用コマンドデータの中のSSIDとパスワード部、さらにサーバのIPアドレスが異なっているだけです。

▼リスト2　クライアント側のプログラム例（ESP_ClientC）

```c
/******************************************
 *  ESPアクセスポイント用クライアント
 *       ESP_ClientC
 ******************************************/
#include "mcc_generated_files/mcc.h"
/* 送信データ */
unsigned char Buf[] = "POT = x.xx Volt\r\n";
int result, i;
float Volt;
/* WiFi設定用コマンドデータ */
const unsigned char Mode[] = "AT+CWMODE=1\r\n";          // Station Mode
const uint8_t Join[] = "AT+CWJAP=\"ESP_EB7391\",\"\"\r\n";
const uint8_t Open[] = "AT+CIPSTART=\"TCP\",\"192.168.4.3\",9000\r\n";
const unsigned char Send[] = "AT+CIPSEND=17\r\n";        // 転送開始
```

7-3 ESP WROOM-02同士で通信したい

```c
const unsigned char Close[] = "AT+CIPCLOSE\r\n";    // サーバ接続解除
const unsigned char Shut[]  = "AT+CWQAP\r\n";       // Ap接続解除
/* 関数プロトタイプ */
void SendCmd(const unsigned char *cmd);
void ftostring(int seisu, int shousu, float data,
                                unsigned char *buffer);
/***** メイン関数 *****/
void main(void)
{
    SYSTEM_Initialize();                    // システム初期化
    /** APとサーバに接続 ***/
    SendCmd(Mode);                          // Station Mode
    SendCmd(Join);                          // APと接続
    __delay_ms(5000);                       // 5sec待ち
    SendCmd(Open);                          // サーバ(PC)と接続
    __delay_ms(2000);                       // 2sec待ち
    while (1)
    {
        /*** データ10回送信 ****/
        for(i=0; i<10; i++){
            LED_SetHigh();                  // 目印ON
            result = ADC_GetConversion(POT);// AD変換
            Volt = (result * 3.3) / 1023;   // 電圧に変換
            ftostring(1, 2, Volt, Buf+6);   // 文字列に変換
            /** Wi-Fi送信開始 ***/

            SendCmd(Send);                  // 文字送信開始
            SendCmd(Buf);                   // データ送信実行

            LED_SetLow();                   // 目印オフ
            __delay_ms(3000);               // 繰り返し3秒待ち
        }
        /*** APとサーバから切り離し ****/
        SendCmd(Close);                     // サーバ接続解除
        SendCmd(Shut);                      // AP接続解除
        while(1);                           // ここで停止
    }
}
(サブ関数部　省略)
```

　テストする方法も同じで、パソコン側は「TCP/IPテストツール」を起動しサーバでポートを9000として設定してから、[接続]とします。これでクライアントからの通信待ちとなります。

　ここでクライアントを再起動すればアクセスポイントとサーバへの接続を開始し、接続後10回だけ可変抵抗の電圧を送信するので、パソコン側ではこれを受信して表示します。

　その後、クライアント側から接続を切断するので「切断」と表示され終了します。

7-3 ESP WROOM-02同士で通信したい

060 ESP同士で直接通信したい

2台のESP WROOM-02同士を直接Wi-Fiで接続して通信するためには、図1のように片方をソフトAPモードのサーバとし、もう片方をクライアント（ステーションモード）で動作させます。クライアントもサーバもいずれも相手に送信も受信もできるようにします。

●図1　ESP同士で直接通信する

058項p.171参照

クライアント側は「PIC同士をWi-Fiで通信したい*」と同じ回路構成とします。サーバ側は図2のように液晶表示器を追加し、さらにESPモジュール用のUSARTのピンにUSBシリアル変換ケーブルも接続してパソコンでESPモジュールとの通信がモニタできるようにします。

POT
potentiometerの略。ポテンショメータ。可変抵抗のこと。

テスト機能はクライアント側でS1のスイッチを押したら、POT*の電圧を送信します。サーバ側はこれを受信したら液晶表示器に表示します。サーバ側でS1のスイッチを押したら「AAAAAAAAA¥r¥n」の文字を送信します。クライアント側はこれを受信したらLEDの表示を反転させます。

これを実現したプログラムのサーバ側がリスト1となります。ESPモジュールはソフトAPモードでサーバとし、ポート番号9000でリスンするものとします。初期設定はすべてMCCで行っていますが、注意することはEUSARTを115.2kbpsの速度で割り込みを使いバッファを64バイトとすることです。これでいつでも受信できる状態となり、受信抜けがなくなります。

メインループでは常時受信をチェックし、受信があったら¥nまで受信してから液晶表示器に2行で表示します。スイッチS1が押されたら「AAAAAAAA¥r¥n」を送信します。受信処理では液晶表示器にごみのデータが表示されないよう32文字以下の受信データなら残りをスペースで埋めています。これ以外に液晶表示器とI²Cのライブラリがリンクされています（詳細は「I²C接続のキャラクタ液晶表示器を使いたい*」を参照）。

029項p.80参照

7-3 ESP WROOM-02同士で通信したい

● 図2　ESPのサーバ側の回路

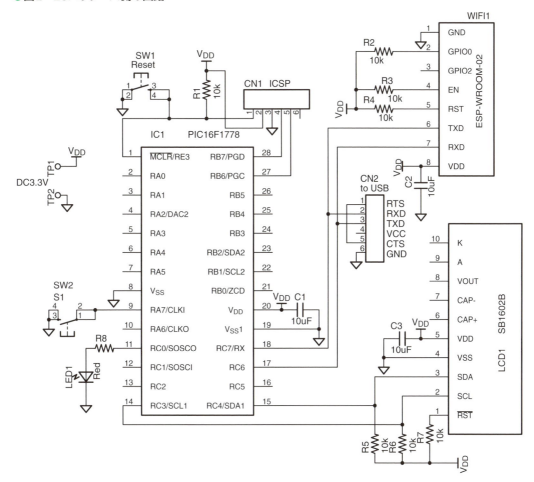

▼リスト1　サーバ側のプログラム例（ESP_Server）

```
/******************************************
 * ESPをAPでサーバにする
 *     ESP_Server
 ******************************************/
#include "mcc_generated_files/mcc.h"
#include "i2c_lib2.h"
#include "lcd_lib2.h"

uint8_t StMsg[] = "Start Wi-Fi Test";
uint8_t Buffer[128], i, rcv;
/* WiFi設定用コマンドデータ */
const uint8_t Mode[] = "AT+CWMODE=2\r\n";
const uint8_t Mult[] = "AT+CIPMUX=1\r\n";
const uint8_t Serv[] = "AT+CIPSERVER=1,9000\r\n";
```

179

第7章 何かと通信したい

```c
const uint8_t Send[] = "AT+CIPSEND=0,10\r\n";
const uint8_t Data[] = "AAAAAAAA\r\n";
/* 関数プロトタイプ */
void SendCmd(const uint8_t *cmd);
void Receive(uint8_t *buf);
/****** メイン関数 ****************/
void main(void)
{
    SYSTEM_Initialize();
    INTERRUPT_GlobalInterruptEnable();      // 割込み
    INTERRUPT_PeripheralInterruptEnable();
    lcd_init();                             // LCD初期化
    lcd_clear();                            // LCD全消去
    lcd_str(StMsg);                         // 初期メッセージ
    SendCmd(Mode);                          // ソフトAPモード
    SendCmd(Mult);                          // マルチ接続
    SendCmd(Serv);                          // サーバモード

    while (1)
    {
        if(EUSART_is_rx_ready() != 0){      // 受信あり
            Receive(Buffer);                // \nまで受信
            lcd_cmd(0x80);                  // LCD1行目指定
            for(i=0; i<32; i++){            // 32文字出力
                lcd_data(Buffer[i]);        // 1文字表示
                if(i == 15)                 // 16文字目か
                    lcd_cmd(0xC0);          // LCD2行目指定
            }
        }
        if(S1_GetValue() == 0){             // S1オンの場合
            SendCmd(Send);                  // 送信
            SendCmd(Data);                  // AAAAAの送信
        }
    }
}
/*********************************
 * WiFiコマンド送信関数
 *   遅延挿入後戻る
 *********************************/
void SendCmd(const uint8_t *cmd){
    while(*cmd != 0)                        // 0まで繰り返し
        EUSART_Write(*cmd++);               // 1バイト送信
    __delay_ms(1000);                       // 1秒待ち
}
/*********************************
 * WiFI受信関数 割り込み処理で受信
 *********************************/
void Receive(uint8_t *buf){
    uint8_t rcv, cnt;

    cnt = 0;                                // カウンタリセット
    while(rcv != '\n'){                     // \nまで繰り返し
        if(EUSART_is_rx_ready() != 0){      // 受信あり
            rcv = EUSART_Read();            // 取り出し
            if((rcv != '\n')&&(rcv != '\r')){
                *buf = rcv;                 // バッファに保存
```

```
                buf++;                  // ポインタ更新
                cnt++;                  // カウンタ更新
            }
        }
    }
    while(cnt < 32){                    // 32文字まで
        *buf = 0x20;                    // スペース追加
        cnt++;                          // カウンタ更新
        buf++;                          // ポインタ更新
    }
}
```

クライアント側のプログラムがリスト2となります。

ESPはステーションモードとし、直接ESPサーバ（IPアドレス＝192.168.4.1）と接続します。ポート番号はサーバ側が用意している9000とします。これで直接サーバと送受信ができるようになります。接続はそのまま接続状態を維持します。常時受信をしていて受信データがあれば￥nまで受信してから、受信データの「+IPD,10:AAAAAA」の先頭の+とAの文字を確認して正常なら4個のLEDを反転出力します。

▼**リスト2　クライアント側のプログラム例（ESP_Cilent）**

```
/******************************************
 *  直接ESP同士でWi-Fi通信 クライアント側
 *     ESP_Cilent
 ******************************************/
#include "mcc_generated_files/mcc.h"
/* 送信データ */
uint8_t Buf[] = "POT = x.xx Volt￥r￥n";     // 送信文字列
uint8_t RcvBuf[64];                          // 受信バッファ
uint16_t result, i, j;
float Volt;
/* WiFi設定用コマンドデータ */
const uint8_t Mode[] = "AT+CWMODE=1￥r￥n";           // Station Mode
const uint8_t Join[] = "AT+CWJAP=￥"ESP_EB7391￥",￥"￥"￥r￥n";
const uint8_t Open[] = "AT+CIPSTART=￥"TCP￥",￥"192.168.4.1￥",9000￥r￥n";
const uint8_t Send[] = "AT+CIPSEND=17￥r￥n";          // 転送開始
const uint8_t Close[] = "AT+CIPCLOSE￥r￥n";           // サーバ接続解除
const uint8_t Shut[] = "AT+CWQAP￥r￥n";               // Ap接続解除
/* 関数プロトタイプ */
void SendCmd(const uint8_t *cmd);
void Receive(uint8_t *buf);
void ftostring(int seisu, int shousu, float data, uint8_t *buffer);
/***** メイン関数 *****/
void main(void)
{
    SYSTEM_Initialize();// システム初期化
    INTERRUPT_GlobalInterruptEnable();            // 割り込み許可
    INTERRUPT_PeripheralInterruptEnable();
    /** APとサーバに接続 ***/
    SendCmd(Close);                               // サーバ接続解除
    SendCmd(Mode);                                // Station Mode
```

```c
        SendCmd(Join);                          // APと接続
        __delay_ms(5000);                       // 5sec待ち
        SendCmd(Open);                          // サーバ(PC)と接続
        __delay_ms(1000);                       // 2sec待ち
        while (1)
        {
            /*** データ送信 ****/
            if(S1_GetValue() == 0){             // S1オンの場合
                LED_SetHigh();                  // 目印LED ON
                result = ADC_GetConversion(POT);// AD変換
                Volt = (result * 3.3) / 1023;   // 電圧に変換
                ftostring(1, 2, Volt, Buf+6);   // 文字列に変換
                /** Wi-Fi送信開始 ***/
                SendCmd(Send);                  // 文字送信開始
                SendCmd(Buf);                   // データ送信実行
                LED_SetLow();                   // 目印LEDオフ
            }
            if(EUSART_is_rx_ready() > 0){       // 受信ありの場合
                Receive(RcvBuf);                // ¥nまで受信
                /** 受信文字判定と制御 **/
                if((RcvBuf[0] == '+')&&(RcvBuf[8] == 'A')){
                    LED1_Toggle();              // 制御実行
                    LED2_Toggle();
                    LED3_Toggle();
                    LED4_Toggle();
                }
            }
        }
    }
    /*******************************
    *  WiFi受信
    *******************************/
    void Receive(uint8_t *buf){
        uint8_t rcv;

        do{
            if(EUSART_is_rx_ready()){           // 受信ありの場合
                rcv = EUSART_Read();            // 1文字受信
                *buf = rcv;                     // バッファに格納
                buf++;                          // ポインタ更新
            }
        }while(rcv != '¥n');                    // ¥nでない間繰り返し
    }
    (SendCmd()、ftostring()関数省略)
```

第8章
何かを動かしたい

PICマイコンで何らかのものを動かすときに使うデバイスとその動かし方の解説をします。使うデバイスは次のものとします。

・DCモータ
・RCサーボ
・無線リモコン
・赤外線リモコン
・ジョイスティック

8-1 モータを使いたい

061 モータの種類を知りたい

モータには多くの種類がありますが、本書では次のモータを扱います。

❶ DCブラシモータ

最も安価で模型などによく使われるモータです。DC1.5V程度から使うことができ、種類も小型から大型まで揃っています。すべて単相*のモータとします。

> **単相モータ**
> 一系統の駆動電源で回転するモータ。

❷ ステッピングモータ（パルスモータ）

一定の角度ごとにモータをステップ状に回転させることができるモータで、一定角度で停止させることができます。停止中もトルクがあるのできちっと停まります。

どのモータを使うかは目的により決める必要がありますが、主に次のような項目で検討します。

> **トルク**
> 回転させる力のこと。

- 動かすものの重量　→　モータのトルク*、ギヤによる倍率
- 動かすものの速度　→　モータの回転数、ギヤを使う場合は減速比
- 静粛性　　　　　　→　モータやギヤの動作音
- 全体の重量　　　　→　モータの重量

モータには大電流が流れますから、**マイコンから直接駆動はできません**。通常はパワーMOSFETやドライバICを使います。これらの耐圧と耐電流、耐電力、発熱などを検討する必要があります。

❸ サーボモータ

本来は任意の指令に対して、物体の位置、方位、姿勢などを追従させるために使われるモータのことを指していますが、本書ではラジコンの制御に使われる「RCサーボ」と呼ばれるサーボモータに限定しています。

このRCサーボにカム機構などを組み合わせてラジコン車のステアリングや、ラジコン飛行機のラダー制御などに使われています。

RCサーボ本体はDCモータ、ギア、制御回路で構成されていて、外部からのパルス信号の幅に比例した回転角度を保つように制御されています。

8-1 モータを使いたい

062 DCブラシモータを使いたい

　市販されている**DCブラシモータ**はマブチ社製とその類似品が最も多く使われています。代表的なモータの仕様は表1、外観は図1のようになっています。同じ型番でも電圧やトルクによりいくつかの種類があります。

▼表1　市販のDCブラシモータの例（マブチモータWebサイトより）

型番	電圧	無負荷時		ストール時	
		回転数	電流	トルク	電流
RE-140RA	3.0V 1.5V 1.5V	4800 5700 8100	0.05A 0.13A 0.21A	17g・cm 19g・cm 28g・cm	0.39A 1.07A 2.10A
FA-130RA	1.5V 3.0V	9100 12300	0.20A 0.15A	26g・cm 36g・cm	2.20A 2.10A
FC-130RA FC-130SA	12V 3V	18000 13500	0.08A 0.27A	39g・cm 68g・cm	0.84A 4.10A
RC-260RA	12V 6V	7800 13400	0.04A 0.13A	38g・cm 90g・cm	0.33A 2.55A
RE-260RA	3.0V 1.5V 3.0V	6900 6300 9400	0.1A 0.16A 0.15A	48g・cm 50g・cm 70g・cm	1.40A 2.56A 2.70A
RE-280RA RE-280SA RE-280SA	3.0V 3.0V 6.0V	9200 7100 9600	0.16A 0.16A 0.14A	129g・cm 170g・cm 220g・cm	4.70A 4.80A 4.40A
RC-280SA	6.0V 9.0V 6.0V	10800 11300 14000	0.18A 0.14A 0.28A	245g・cm 265g・cm 305g・cm	5.40A 4.10A 9.10A

●図1　外観

RE-140RA

FA-130RA

RE-280RA

第8章 何かを動かしたい

モータを単純に回すだけの場合には図2のような回路でできます。注意が必要なことは、モータが**ストール時（強制停止時）**に流れる電流の大きさが回転時の20倍以上となるので、これに耐えられる回路とする必要があることです。このためMOSFET*トランジスタを使っています。また、オンオフ時にモータコイルに高い逆起電圧が発生してノイズ源となり、PICマイコンが誤動作する原因になるので、図のように**ダイオード（D2）で逆起電圧をショートして影響が出ないようにする**必要があります。ダイオード（D1）は、モータ用の電圧を3.3Vから下げて3V以下にするためのものです。

この回路で次のような機能のブラシモータテストプログラムを作成します。

① スイッチS1によりモータのオンオフ制御
② CCP*モジュールでPWM制御とし、A/Dコンバータ*モジュールを使って可変抵抗VR1で回転速度を連続的に可変する

MOSFET
MOS構造のトランジスタでON抵抗が小さく大電流が制御できる。

CCP
Capture Compare PWMの略。
PWM（パルス幅変調）のパルスを生成できる。

072項p.220参照

● 図2　ブラシモータの回路例

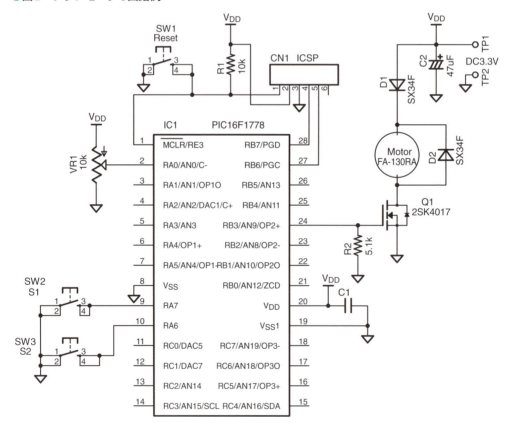

8-1 モータを使いたい

MCCを使って製作したプログラムがリスト1となります。

MCCではCCP1(PWM1)モジュール*、ADCモジュール*、タイマ2モジュール*の初期設定をしています。PWM1の周期を約7.8kHzとしています。

メインループでは、スイッチS1が押されたとき**Flag**を反転させています。

この**Flag**が0でない間は可変抵抗でPWMのデューティを可変し、モータの回転速度を可変制御できます。**Flag**が0のときはデューティを0にしているのでモータは停止します。

> CCP1（PWM1）モジュールは023項p.59参照。10ビットPWMとほぼ同じ設定となる。
>
> 072項p.220参照
>
> 019項p.45参照

▼リスト1　ブラシモータのプログラム例（BrushMotor）

```c
/***********************************************
 *   DCブラシモータの制御
 *     BrushMotor
 ***********************************************/
#include "mcc_generated_files/mcc.h"
uint8_t Flag;
uint16_t result;
/***** メイン関数 *****/
void main(void)
{
    SYSTEM_Initialize();
    while (1)
    {
        if(S1_GetValue() == 0){            // S1オンの場合
            Flag ^= 1;                      // フラグ反転
            while(S1_GetValue() == 0);      // オン中待ち
            __delay_ms(50);                 // チャッタ排除
        }
        if(Flag != 0){                      // フラグオンの間
            result = ADC_GetConversion(POT);// AD変換
            PWM1_LoadDutyValue(result);     // デューティにセット
        }
        else                                // フラグオフの場合
            PWM1_LoadDutyValue(0);          // デューティクリア
    }
}
```

8-1 モータを使いたい

063 ブラシモータの回転方向と回転速度を可変制御したい

フルブリッジ回路
モータやスイッチング電源に使われる回路で、その形からHブリッジとも呼ばれる。

PWM制御
パルス幅変調制御と呼ばれ、パルス幅のオン、オフの割合で平均値を可変する。

ブラシモータを可逆可変速で制御する場合には、図1のような「**フルブリッジ回路***」と呼ばれる回路構成とします。図のように2組の対角にあるトランジスタをオンとすると、モータに電流が流れて回転します。別の対角のトランジスタをオンにすれば、モータを流れる電流の向きが変わるためモータの回転方向が変わります。また、いずれかのトランジスタをPWM制御*すれば可変速制御ができます。

●図1 フルブリッジの回路構成

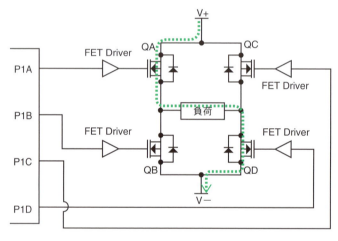

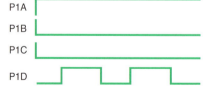

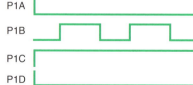

COG
Complementary Output Generatorの略。一つのPWM入力から相補、ハーフ、フルブリッジ用の出力を生成する内蔵モジュール。

FETドライバ
MOSFETトランジスタのゲートを駆動するためのICで大電流を駆動できる。

2SJ
PチャネルのFET
2SK
NチャネルのFET

これを実際の回路にしたものが図2となります。PICマイコンにはCOG*モジュールというフルブリッジを制御できるモジュールがあるので、これを活用しています。フルブリッジのMOSFETに流れる電流はそれほど大きくないので、FETドライバ*を省略してPICマイコンから直接MOSFETに接続し、さらに上側のMOSFETには2SJタイプ*を、下側のMOSFETには2SKタイプ

8-1 モータを使いたい

V_DD
PICマイコンの電源電圧。

を使って、PICマイコンの出力電圧で直接MOSFETが制御できるようにしています。このためモータ用の電圧はV_{DD}*以上にはできません。

● 図2 フルブリッジの回路例

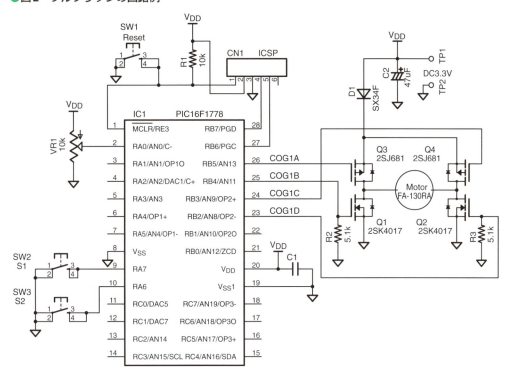

019項p.42参照

この回路でMCC*を使ってテストプログラムを作成します。機能は次のようにします。

- スイッチS1でモータのオンオフ制御
- 可変抵抗(VR1)でモータの速度を可変する
- スイッチS2でモータの回転方向を切り替える

これを実現したプログラムがリスト1となります。このプログラムでは、内蔵モジュールをMCCの設定により図3の構成にして実現しています。Timer2でPWMの周期を決め、PWM3*で基本のPWMパルスを生成しています。このパルスを元にCOG1モジュールでフルブリッジの4本の出力を制御しています。さらにADCの変換結果をPWM3のデューティとして設定しています。

S2を押すごとに回転方向を切り替えますが、この制御はCOG1モジュールのCOG1CON0レジスタでフルブリッジの動作モードを切り替えることで行っています。モードの詳細はCOGのデータシートを参照してください。

PWM3
内蔵モジュールの一つで10ビット分解能のPWMパルスを生成できる。

第8章 何かを動かしたい

▼**リスト1　ブラシモータのフルブリッジ制御例（FullBridge）**

```
/*********************************************
 *   DCブラシモータのフルブリッジ制御
 *      FullBridge
 *********************************************/
#include "mcc_generated_files/mcc.h"
uint8_t Flag;
uint16_t result;
/***** メイン関数 *****/
void main(void)
{
    SYSTEM_Initialize();
    while (1)
    {
        if(S1_GetValue() == 0){         // S1オンの場合
            Flag ^= 1;                   // フラグ反転
            while(S1_GetValue() == 0);   // S1オン中待ち
            __delay_ms(50);              // チャッタ排除
        }
        if(Flag != 0){                   // フラグオンの間
            result = ADC_GetConversion(POT);// AD変換
            PWM3_LoadDutyValue(result);  // デューティにセット
        }
        else                             // フラグオフの場合
            PWM3_LoadDutyValue(0);       // デューティクリア
        if(S2_GetValue() == 0){
            PWM3_LoadDutyValue(0);       // いったん停止
            if(COG1CON0bits.MD == 2)     // 正転の場合
                COG1CON0bits.MD = 3;     // 逆転
            else                         // 逆転の場合
                COG1CON0bits.MD = 2;     // 正転
            while(S2_GetValue() == 0);   // S2オン中待ち
            __delay_ms(50);              // チャッタ排除
        }
    }
}
```

●**図3　テストプログラムの内部動作**

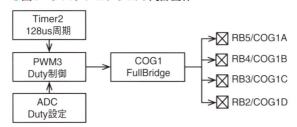

8-1 モータを使いたい

064 ステッピングモータを使いたい

ステッピングモータ
パルスモータとも呼ばれる。

ステッピングモータ*は一定の角度ごとにモータを回転させることができるモータで、一定角度で停止させることができます。停止中もトルクがあるのできちっと停まります。このステッピングモータには図1のようにユニポーラ型とバイポーラ型があります。線が4本のものがバイポーラで、5本か6本のものがユニポーラになります。

● 図1　市販ステッピングモータの例

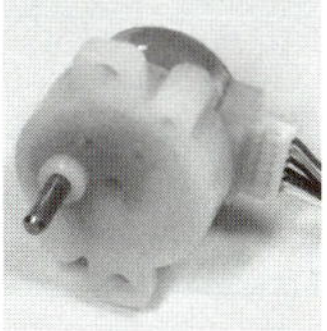

ユニポーラ型　日本電産コパル
型番　　：SPG20-1362
相数　　：2相
ステップ：1度
　　　　　360ステップ/回転
コイル抵抗：68Ω
電源　　：DC12V
トルク　：約60mN-m
ギヤ比　：1/18

バイポーラ型　MERCURY MOTOR
型番　　：SM-42BYG011
相数　　：2相
ステップ：1.8度
　　　　　200ステップ/回転
電源　　：12V　0.33A/相
トルク　：0.23N・m

駆動方法ではコイルへの電流の流し方が異なり図2のようにします。

いずれも4ステップで一巡ですが、モータは1ステップごとに動作します。ユニポーラの場合は1相励磁と2相励磁の2通りあり、2相励磁とするとトルクが大きくなります。いずれも**動作中だけでなく静止中も電流が流れ、発熱**するので注意が必要です。

● 図2　ステッピングモータの種類と駆動方法

(a) ユニポーラ型

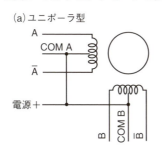

① 正転　1相励磁

ステップ	A	B	Ā	B̄
1	■			
2		■		
3			■	
4				■

② 逆転　1相励磁

ステップ	A	B	Ā	B̄
1	■			
2				■
3			■	
4		■		

③ 正転　2相励磁

ステップ	A	B	Ā	B̄
1	■	■		
2		■	■	
3			■	■
4	■			■

④ 逆転　2相励磁

ステップ	A	B	Ā	B̄
1	■	■		
2	■			■
3			■	■
4		■	■	

8　何かを動かしたい

●図2　ステッピングモータの種類と駆動方法（つづき）

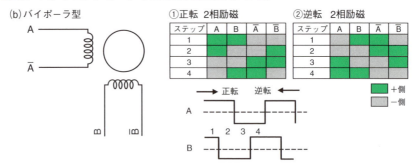

実際にPICマイコンでユニポーラのステッピングモータを動かすための接続回路が図3となります。4個のMOSFETで各コイルを駆動します。逆起電力を吸収するためダイオードを追加しています。

●図3　ステッピングモータの駆動回路

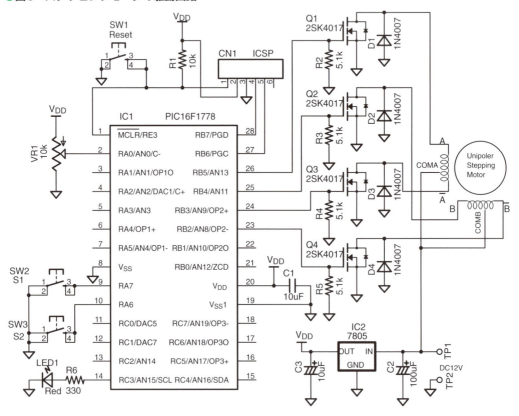

MCCにより製作したステッピングモータのテストプログラムがリスト1とリスト2となります。

リスト1はタイマ2の割り込み処理部で、一定インターバルごとにモータの4ステップ出力を実行しています。回転方向により出力する値が変わるので3項演算子で切り替えています。

▼**リスト1　ステッピングモータのプログラム例（StepMotor）**

```c
/******************************************
 *  ステッピングモータの制御
 *     StepMotor
 ******************************************/
#include "mcc_generated_files/mcc.h"
uint16_t result, Interval;
uint8_t State, Reverse;
/****　タイマ2割り込み処理関数　******/
void TMRISR(void){
    Interval--;                     // 時間カウント
    if(Interval == 0){              // タイムアップの場合
        LED_Toggle();               // 目印LED
        Interval = result / 20;     // 時間再セット
        switch(State){              // ステートで分岐
            case 0: State++;        // ステートNo1
                LATB = (Reverse == 0) ? 0x30:0x0C;
                break;
            case 1: State++;        // ステートNo2
                LATB = (Reverse == 0) ? 0x18:0x18;
                break;
            case 2: State++;        // ステートNo3
                LATB = (Reverse == 0) ? 0x0C:0x30;
                break;
            case 3: State = 0;      // ステートNo4
                LATB = (Reverse == 0) ? 0x24:0x24;
                break;
            default :
                break;
        }
    }
}
```

リスト2がメイン関数部で、初期化部でタイマ2のCallback関数を定義してから割り込みを許可しています。メインループでは、速度を可変するためのAD変換を実行し、脱調*しないように最低値を制限しています。

スイッチS1を押すごとに回転方向を反転させています。スイッチS2が押されたら停止させています。停止中は電流を流さないようにしています。また可変抵抗でインターバルを変更して動作速度を可変します。左に回すほど早くなりますが、あまり早くすると脱調して回らなくなってしまうため、最低値を制限しますが、**この値は実際に回して調整する必要があります。**

脱調
入力パルス信号とモータ回転の同期がとれなくなること。

▼リスト2 ステッピングモータのプログラム例

```c
/**** メイン関数 *****/
void main(void)
{
    SYSTEM_Initialize();                    // システム初期化
    TMR2_SetInterruptHandler(TMRISR);
    INTERRUPT_GlobalInterruptEnable();      // 割り込み許可
    INTERRUPT_PeripheralInterruptEnable();
    Interval = 10;                          // 時間初期値
    while (1)
    {
        result = ADC_GetConversion(POT);    // AD変換
        if(result < 20)                     // 最小値制限
            result = 20;                    // 1msec
        if(S1_GetValue() == 0){             // S1オンの場合
            Reverse ^= 1;                   // 方向逆転
            while(S1_GetValue() == 0);      // S1オフ待ち
            __delay_ms(50);                 // チャッタ回避
            TMR2_Start();                   // 動作開始
        }
        if(S2_GetValue() == 0){             // S2がオンの場合
            TMR2_Stop();                    // 動作停止
            while(S2_GetValue() == 0);      // S2オフ待ち
            LATB = 0;                       // すべてオフ
            __delay_ms(50);                 // チャッタ回避
        }
    }
}
```

8-2 RCサーボを使いたい

065 RCサーボを使いたい

RCサーボ
RCはRadio Controlの略でラジコン用サーボモータのこと。

ラジコンでは7.2Vの電池が使われることが多い。

RCサーボ*は、入力のパルス幅に比例した角度に軸が回転して位置を保持するモータです。多くが図1のような仕様となっています。電源は5Vが標準ですが、比較的幅広い電圧*に対応しています。駆動方法はパルス制御となっており、周期が約20msecでオン時間を1.5msec±0.6msecの間で可変します。この±0.6msecの可変範囲でサーボの軸が±60度回転します。これに対しFEETECH社のRCサーボは、1.5msec±0.8msecの可変範囲で±90度回転します。

● 図1　RCサーボの規格　（GWS社データより）

(a) コネクタピン配置

橙（PWM）
赤（5V）
茶（GND）

(b) PWMパルス仕様

周期（16ms〜23ms）　パルス幅

(c) 規格（GWS社 S03T-2BB）

項目	仕様	備考
電源	DC 4.8V 〜 7.5V	
速度	0.33sec/60°	4.8V
トルク	7.20kg-cm	
温度範囲	−20℃ 〜 +60℃	
パルス周期	16msec 〜 23msec	
パルス幅	0.9msec 〜 2.1msec	

パルス幅	回転速度
0.8ms	CW方向安全範囲
0.9ms	+60度 ±10度
1.5ms	0度（中心）
2.1ms	−60度 ±10度
2.2ms	CCW方向安全範囲

この範囲で使う必要があるので可動範囲は約120度となる

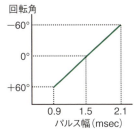

ここで、RCサーボの制御を単純なPWMで制御しようとすると、使えるデューティが約20msecの内の0.9msecから2.1msecの間の1.2msecだけですから、全体の1/20しか使えないことになってしまいます。そこで何らかの工夫が必要になります。ここでは最も単純にCCP*モジュールでワンショットのパルスを生成することで制御することにします。制御回路を図2のようにします。

CCP
Capture Compare PWMの略でここではCompareモードで使う。

第8章 何かを動かしたい

●図2 RCサーボの制御回路

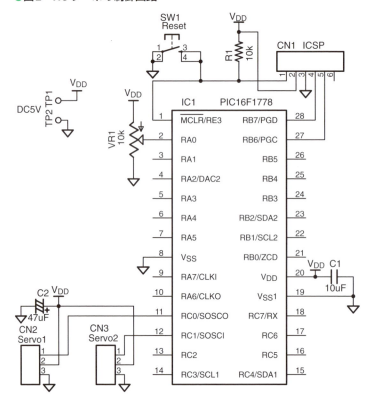

　これで2台のRCサーボを制御しますが、内部の構成を図3のようにします。タイマ2で20msec間隔の割り込みを生成します。その割り込みの都度、可変抵抗の電圧をAD変換し、CCP1とCCP2モジュールをコンペアモード*の出力クリアというモードにして0.9msecから2.1msecのワンショットパルスを出力します。

> **コンペアモード**
> CCPx内のレジスタとTimer1の値が一致したとき入出力ピンにHighかLowを出力するモード。

●図3 テストプログラムの内部動作

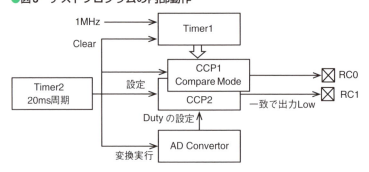

019項p.42参照

　これを制御するプログラムがリスト1となります。初期設定はMCC*ですべて行っています。前半はタイマ2の20msec周期の割り込み処理関数で、この中でほぼすべての処理を実行しています。CCPxCONをいったん0にしてから0x89という「コンペアモードで一致により出力Low」というモードをセットし直すと自動的に出力ピンがHighとなり、AD変換結果を元に設定したパルス幅の時間後にLowとなるので、これで制御パルスが生成されることになります。タイマ1のクロックを1MHzにしているので、設定時間は1μsecが単位になり、900から2100の間の値が制御パルスの設定範囲ということになります。

　AD変換結果は0から1023ですから、この制御パルス範囲になるように変換してRCサーボのパルス幅として設定します。二つのサーボは逆向きに動作します。

▼リスト1　RCサーボのテストプログラム（RCServo1）

```
/*******************************************
 *  CCPによるRCサーボの制御
 *     RCServo1
 *******************************************/
#include "mcc_generated_files/mcc.h"
uint16_t Width1, Width2, result;
/***** タイマ2割り込み処理関数 ******/
void Timer_ISR(void){
    CCP1CON = 0;                    // CCP1初期化
    CCP2CON = 0;                    // CCP2初期化
    TMR1_WriteTimer(0);             // タイマ1クリア
    CCP1CON = 0x89;                 // Compare Set Out Low
    CCP2CON = 0x89;                 // Compare Set Out Loe
    // Timer1のクロック1MHzに設定
    // 1.5msec÷1us=1500 Min=900 Max=2100
    result = ADC_GetConversion(POT); // AD変換
    Width1 = 1000 + result;         // RC1Servo Width
    Width2 = 2000 - result;         // RC2Servo Width
    CCP1_SetCompareCount(Width1);   // パルス幅設定
    CCP2_SetCompareCount(Width2);   // パルス幅設定
}
/**** メイン関数 ****/
void main(void)
{
    SYSTEM_Initialize();
    /* 割り込み処理関数定義と許可 */
    TMR2_SetInterruptHandler(Timer_ISR);
    INTERRUPT_GlobalInterruptEnable();
    INTERRUPT_PeripheralInterruptEnable();
    Width1 = 1500;                  // 中央値
    Width2 = 1500;                  // 中央値
    while (1)
    {   }
}
```

8-2 RCサーボを使いたい

066 高分解能でRCサーボを使いたい

RCサーボ
RCはRadio Controlの略でラジコン用サーボモータのこと。

RCサーボ*を、PWMモジュールを使って高分解能とするには、PWMのデューティを細かく制御する必要があります。PIC16F1ファミリには16ビット分解能のPWMモジュールがあるので、これを利用します。

16ビットPWMモジュールの内部構成は図1のようになっています。16ビットのカウンタ（PWMxTMR）をベースにして4組の設定レジスタとコンパレータで構成されています。この4個のレジスタで、周期、位相、オフセット、デューティが設定でき、それぞれのコンパレータの一致出力でPWMパルスが制御されます。

●図1 16ビットPWMモジュールの内部構成

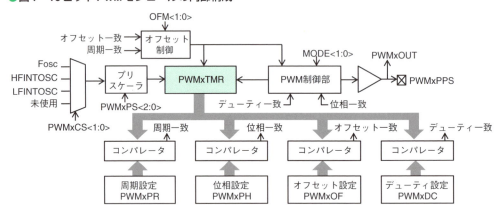

例えばスタンダードモードの場合の出力パルスの例が図2となります。図のようにPWMパルスは位相一致でHighとなり、デューティ一致でHigh区間が終了します。そして周期一致で最初に戻って繰り返します。すべて16ビットで動作するので、**非常に高分解能で出力できます**。

この16ビットPWMを使って、PWMのクロックを2MHz（0.5μsec）とした場合、RCサーボ用のパルスとして20msec周期とするためには、図3のように周期レジスタを40000とすればよいことになります。さらに0.9msecから2.1msecccのデューティ設定値は1800から4200となり、2400ステップという高分解能で制御できます。実際にはRCサーボ側がこれほどの細かな制御には追従できませんが、スムーズに制御できるようになります。

●図2　スタンダードモードの出力例

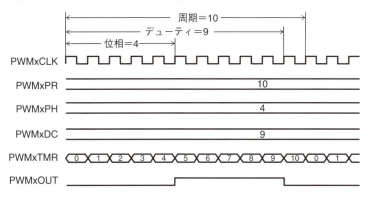

●図3　16ビットPWMのDuty設定値範囲

パルス幅	回転速度
0.8ms	CW方向安全範囲
0.9ms	+60度±10度
1.5ms	0度（中心）
2.1ms	-60度±10度
2.2ms	CCW方向安全範囲

この範囲で使う必要があるので可動範囲は約120度となる

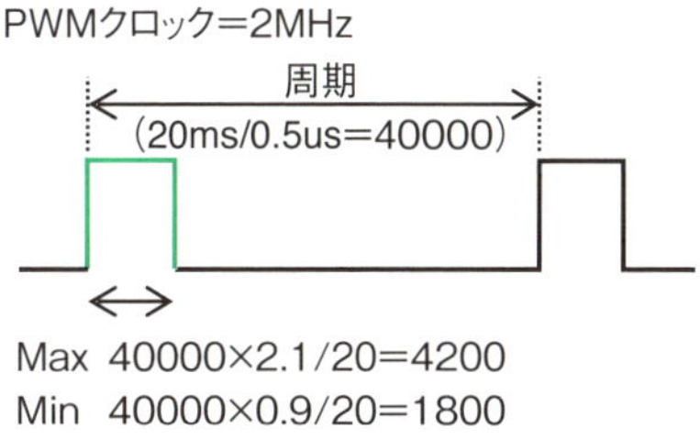

PWMクロック＝2MHz
周期（20ms/0.5us＝40000）
Max　40000×2.1/20＝4200
Min　40000×0.9/20＝1800

プログラムはすべてMCCで設定して作成しますが、16ビットPWMのMCCによる設定は図4のようにします。

●図4　16ビットPWMのMCCでの設定

まず、①で動作モードをStandardとして設定し、②でクロック源にはシステムクロック（FOSC）の32MHzとして、Prescalerを1/16にしてPWMを2MHzのクロックとしています。③で周期を20msecとし④でデューティの初期値を5％、つまりRCサーボの中央値付近にしています。

第8章 何かを動かしたい

019項p.44参照

実際の出力ピンは「Pin Manager」で設定しますが、詳細は「MCCを使いたい*」を参照してください。この設定で[Generate]すると表1のような関数が生成されます。

▼表1 16ビットPWM用制御関数

関数名	書式と使い方
PWM5_Initialize	《機能》PWM5の初期化を行う。mainから自動的に呼び出される
PWM5_LoadBufferSet	《機能》位相、周期、デューティ、オフセットの値をバッファにロードする。ロードは周期の一致で行われる 《書式》void PWM5_LoadBufferSet(void);
PWM5_PhaseSet PWM5_DutyCycleSet PWM5_PeriodSet PWM5_OffsetSet	《機能》位相値、デューティ値、周期値、オフセット値をそれぞれのレジスタにセットする。実際のセットは選択されたトリガかPWM5_LoadBufferset()実行で行われる 《書式》void PWM5_DutyCycleSet(uint16_t dutyCycle); 　　　　dutyCycle：デューティ設定値 　　　void PWM5_PeriodSet(uint16_t periodCount); 　　　　periodCount：周期設定値

019項p.45参照

実際にPIC16F1778を使ってRCサーボ2台を制御する回路が図5となります。16ビットPWMモジュールを2組使って、それぞれ異なるピンに出力することでRCサーボ2台を独立に制御しています。出力するピンはピン割り付け機能*で自由に指定できます。

●図5 RCサーボの制御回路

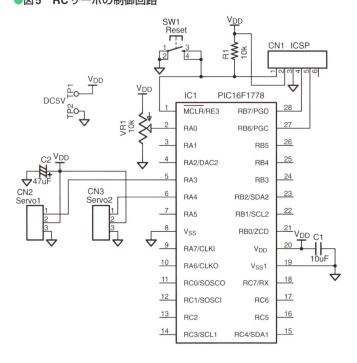

8-2 RCサーボを使いたい

019項p.42参照

この回路でRCサーボ2台を制御するプログラム例がリスト1となります。初期設定はMCC*ですべて行っています。

メインループでは一定間隔で2台のRCサーボを互いに反対方向に、サーボの全閉から全開までを一定間隔で繰り返しています。

▼リスト1 　高分解能RCサーボのプログラム（RCServo2）

```c
/*************************************************
 *  16bit PWMでRCサーボの制御
 *    RCServo2
 *************************************************/
#include "mcc_generated_files/mcc.h"
uint16_t Flag, Duty1, Duty2;
/****** メイン関数 ***********/
void main(void)
{
    SYSTEM_Initialize();        // システム初期化
    Flag = 1;                   // 反転フラグセット
    Duty1 = 3000;               // RCサーボ1中央値
    Duty2 = 3000;               // RCサーボ2中央値
    while (1)
    {
        if(Duty1 >= 4200)       // 最大値を超えた
            Flag = 0;           // 反対方向へ
        else if(Duty1 <= 1800)  // 最小値を超えた
            Flag = 1;           // 反対方向へ
        if(Flag == 1){          // 正転の場合
            Duty1++;            // Duty1アップ
            Duty2--;            // Duty2ダウン
        }
        else{                   // 逆転の場合
            Duty1--;            // Duty1ダウン
            Duty2++;            // Duty2アップ
        }
        PWM5_DutyCycleSet(Duty1);  // RCサーボ1dutyセット
        PWM5_LoadBufferSet();      // RCサーボ1動作
        PWM6_DutyCycleSet(Duty2);  // RCサーボ2Dutyセット
        PWM6_LoadBufferSet();      // RCサーボ2の動作
        __delay_ms(2);             // 2ms間隔
    }
}
```

第8章　何かを動かしたい

8-2　RCサーボを使いたい

067　連続回転のRCサーボを使いたい

RCサーボ
RCはRadio Controlの略でラジコン用サーボモータのこと。

RCサーボ*の中に図1のように360度連続回転するものがあります。通常のRCサーボと異なり、パルス幅により角度を制御するのではなく、**回転速度の制御**となります。車や小型ロボットの車輪駆動用として使われます。

●図1　連続回転RCサーボの例

型番　　：FS5106R（FEETECH製）
電源　　：4.8V〜6V
静止時　：5〜7mA
無負荷　：160〜190mA
ストール時：1100mA
トルク　：5〜6kg・cm
速度　　：78〜95RPM

型番　　：FS90R（FEETECH製）
電源　　：4.8V〜6V
静止時　：5〜6mA
無負荷　：100〜130mA
ストール時：800mA
トルク　：1.3〜1.5kg・cm
速度　　：80〜100RPM

パルス幅も標準的なパルス幅より少し幅が広くなっていて、次のようになっています。

　　0.7msec〜1.5msec：時計周り　パルス幅が短いほど高速
　　1.5msec　　　　　：静止
　　1.5msec〜2.3msec：反時計周り　パルス幅が広いほど高速

065項p.195参照

これを動かすには、接続回路構成もプログラムも通常のRCサーボとまったく同じで、PWMパルスで制御します。（「RCサーボを使いたい*」を参照）
制御プログラム例はリスト1のようになり、可変抵抗により速度と回転方向を連続的に変えられます。通常のRCサーボより可変範囲が1.5倍程度広いので、A/D変換結果を1.5倍しています。

▼リスト1　連続回転RCサーボのプログラム（RCServo3）

```c
/*****************************************
 *  CCPによる連続回転RCサーボの制御
 *     RCServo3
 *****************************************/
#include "mcc_generated_files/mcc.h"
uint16_t Width1, Width2, result;
/***** タイマ2割り込み処理関数 ******/
void Timer_ISR(void){
    CCP1CON = 0;                      // CCP1初期化
    CCP2CON = 0;                      // CCP2初期化
    TMR1_WriteTimer(0);               // タイマ1クリア
    CCP1CON = 0x89;                   // Compare Set Out Low
    CCP2CON = 0x89;                   // Compare Set Out Loe
    // Timer1のクロック1MHzに設定
    // 1.5msec÷1us=1500 Min=700 Max=2300
    // ADがMax1023なので1.5倍して0?1534の範囲で可変
    result = ADC_GetConversion(POT);  // AD変換
    Width1 = 733 + ((result*3)/2);    // RC1Servo Width
    Width2 = 2268 - ((result*3)/2);   // RC2Servo Width
    CCP1_SetCompareCount(Width1);     // パルス幅設定
    CCP2_SetCompareCount(Width2);     // パルス幅設定
}
/**** メイン関数 ****/
void main(void)
{
    SYSTEM_Initialize();
    /* 割り込み処理関数定義と許可 */
    TMR2_SetInterruptHandler(Timer_ISR);
    INTERRUPT_GlobalInterruptEnable();
    INTERRUPT_PeripheralInterruptEnable();
    Width1 = 1500;                    // 中央値
    Width2 = 1500;                    // 中央値
    while (1)
    { }
}
```

8-3 リモコンで制御したい

068 無線リモコンで動かしたい

微弱電波
免許の不要な範囲の電波で322MHz以下として規定されている範囲を使用。

最も簡単な**無線通信**は図1のような微弱電波*を使った無線通信です。315MHz帯を使った無線で、微弱ですので無免許で使えますが、届く距離は10mくらいがやっとです。

●図1 市販の微弱無線モジュールの例

送信モジュール
変調方式 ：AM変調
電源電圧 ：3V ～ 12V(標準5V)
消費電流 ：11mA(3V) 20mA(5V)
出力電力 ：4dBm ～ 16dBm
周波数 ：315MHz
通信速度 ：200bps ～ 3kbps
販売 ：ストロベリー・
　　　　　リナックス社

受信モジュール
電源電圧 ：5V
消費電流 ：3.5mA
周波数 ：315MHz　AM変調
受信感度 ：-105dBm
通信速度 ：Max 4.8kbps
出力 ：TTL
販売 ：ストロベリー・リナックス社

AM変調
電波の振幅つまり強さを可変することで情報を伝える方式。周波数は一定。

　この製品はAM変調*ですので、デジタル信号の1と0を電波の有りと無しで通信しています。したがって0のままとするとまったく電波が送信されないので、受信側には大きなノイズがでてしまいますから、これを無視するような対策が必要です。また数十msec以上0が続くと次の受信が遅れるため、**送信側は連続的にデータを送信する必要があります**。

　これをPICマイコンに接続した簡単なリモコン送信回路が図2となります。送信モジュールはUARTのTXピンに接続し、通信速度は4800bpsとします。常時3個のスイッチの状態を「`SCxxx`」(xはスイッチ状態で文字の**0**か**1**)という文字列で送信します。

● 図2　AM無線送信回路

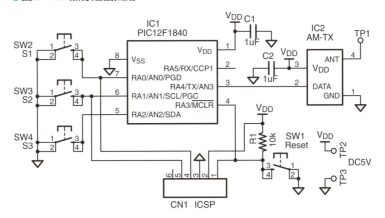

　これを受信する回路が図3で、受信モジュールとはUARTのRXピンで接続します。常時受信をしていて「SC」の文字列を受信したら続くスイッチの状態を読み込んでLEDをオンオフします。

● 図3　AM無線受信回路

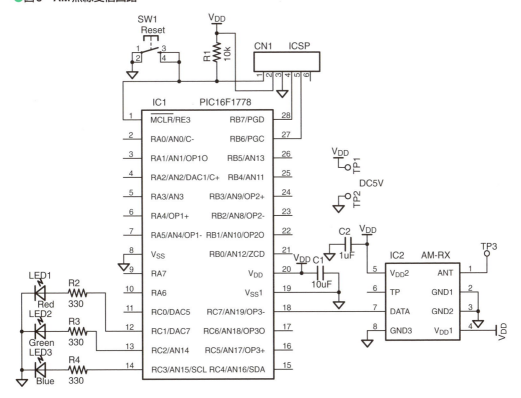

第8章　何かを動かしたい

019項 p.42参照

この送信側と受信側のプログラムがリスト1～2となります。
初期設定はすべてMCC*で行っています。

送信側は常にスイッチ状態を送信し続けます。受信側は常時受信を繰り返し、SとCを連続して受信した場合という条件でノイズ対策をしています。正常に受信できたらスイッチ状態によってLEDのオンオフ制御をします。

▼リスト1　無線リモコンの送信側プログラム例（RadioTX）

```
/*****************************************
 *   無線送受信テストプログラム
 *     RadioTX    送信側
 *****************************************/
#include "mcc_generated_files/mcc.h"
#include <stdio.h>
/** 低レベル入出力関数の上書き **/
void putch(char Data){
    EUSART_Write(Data);
}
uint8_t Data[5], i;
/***************/
void main(void)
{
    SYSTEM_Initialize();

    while (1)
    {
        Data[0] = 'S';
        Data[1] = 'C';
        Data[2] = S1_GetValue()==0 ? '0':'1';
        Data[3] = S2_GetValue()==0 ? '0':'1';
        Data[4] = S3_GetValue()==0 ? '0':'1';
        for(i=0; i<5; i++)
            putch(Data[i]);
    }
}
```

▼リスト2　無線リモコンの受信側プログラム例（RadioRX）

```
/*********************************
 *   無線送受信テストプログラム
 *     RadioRX    受信側
 *********************************/
#include "mcc_generated_files/mcc.h"
#include <stdio.h>
/** 低レベル入出力関数の上書き **/
uint8_t getch(void){
    return(EUSART_Read());
}
/******** メイン関数 **********/
void main(void)
{
    SYSTEM_Initialize();
```

8-3 リモコンで制御したい

```
    while (1)
    {
        if(getch() == 'S'){
            if(getch() == 'C'){
                if(getch() == '0')
                    LED1_SetHigh();
                else
                    LED1_SetLow();
                if(getch() == '0')
                    LED2_SetHigh();
                else
                    LED2_SetLow();
                if(getch() == '0')
                    LED3_SetHigh();
                else
                    LED3_SetLow();
            }
        }
    }
}
```

8-3 リモコンで制御したい

069 赤外線リモコンで制御したい

赤外線
可視光より波長の長い電磁波、空気中での透過率が高い。

赤外線*でリモコン制御する場合には、赤外線発光ダイオードと赤外線受光モジュールを使います。図1が市販されている例で、形も大きさも数種類がありますが、受光モジュールは復調回路等もすべて一体化されています。赤外線が届く距離は10m以下です。

●図1　市販の赤外線モジュールの例

赤外線受光モジュール
型番　　：PL-IRM1261-C438
　　　　　（Para Light Electronics 製）
電源　　：2.4V～5.5V　2.5mA
変調周波数：38kHz
中心波長：940nm
出力パルス幅：600μs±200μs

赤外線発光ダイオード
型番　　：OSI5LA5113A
　　　　　（OptSupply 製）
Vf　　　：1.35　@100mA
電流　　：50mAV　Max100mA
ピーク波長：940nm

これらを実際にPICマイコンに接続して作成した赤外線リモコンの送信側回路が図2となります。赤外線LEDを直接PICマイコンの出力ピンに接続しています。

●図2　赤外線送信回路

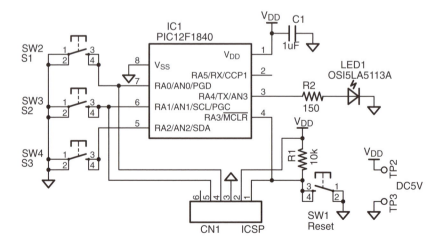

RCフィルタ
抵抗とコンデンサで構成したローパスフィルタ。

図3が受信側の回路で、赤外線受光モジュールの出力を直接PICのデジタル入力ピンに接続しています。電源には簡単なRCフィルタ*を挿入して電源ノイズを軽減しています。

● 図3 赤外線受信回路

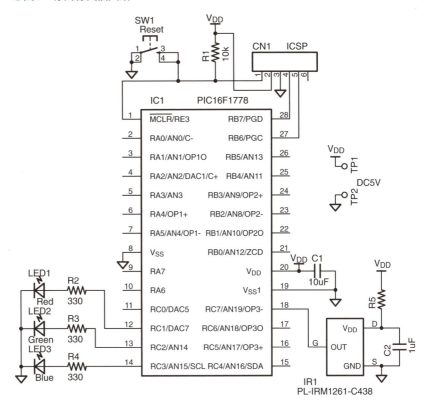

この回路で作成した赤外線リモコンのプログラムの送信部がリスト1となります。38kHzの変調*が必要なのですが、内蔵モジュールで適当なものが使えなかったのでプログラム制御としています。無線リモコンの場合と同じように、3個のスイッチの状態を「SCxxx」(xは0か1)という文字列で繰り返し送信しています。

変調
この場合は低い周波数と高い周波数を混合させること。

▼リスト1　赤外線リモコンの送信側プログラム例（IR_TX）

```c
/******************************************
 *    赤外線リモコンテストプログラム
 *       IR_TX    送信部
 ******************************************/
#include "mcc_generated_files/mcc.h"
uint8_t data, frame;
void ByteOut(uint8_t data);
void PWMOut(void);
/************************/
void main(void)
{
    SYSTEM_Initialize();    // システム初期化
    
    while (1)
    {
        /** データ出力 **/
        ByteOut('S');         // S送信
        ByteOut('C');         // C送信
        data = S1_GetValue()==0 ? '1':'0';
        ByteOut(data);        // S1送信
        data = S2_GetValue()==0 ? '1':'0';
        ByteOut(data);        // S2送信
         data = S3_GetValue()==0 ? '1':'0';
        ByteOut(data);        // S3送信
        __delay_ms(500);      // 500ms間隔
    }
}


/**************************
 *  変調用約38kHzの出力
 *   約52usec×12 = 624usec
 **************************/
void PWMOut(void){
    uint8_t i;
    
    for(i=0; i<12; i++){      // 12回繰返し
        IR_SetHigh();         // 出力Hig
        __delay_us(25);       // 25usec
        IR_SetLow();          // 出力Low
        __delay_us(25);       // 25?sec
    }
}
/***************************
 * 1のビット出力
 ***************************/
void HighBit(void){
    PWMOut();                 // 変調波624us
    IR_SetLow();              // Low
    __delay_us(1800);         // 1.8ms
}
/************************
 * 0のビット出力
 ************************/
void LowBit(void){
    PWMOut();                 // 変調波
```

```
    IR_SetLow();            // Low
    __delay_us(600);        // 600us
}
/************************
 * バイトの出力
 ************************/
void ByteOut(uint8_t data){
    uint8_t  mask, i;

    mask = 0x80;            // 上位から
    for(i=0; i<8; i++){     // 繰り返し
        if((data & mask)!=0)// ビット1
            HighBit();      // 1の波形出力
        else
            LowBit();       // 0の波形出力
        mask >>= 1;         // 次のビット
    }
}
```

赤外線の1回のデータ送信フレームのフォーマットは、図4のような単純なものとしました。500msecのHigh状態をフレームの境界としています。

● 図4　フレームのフォーマット

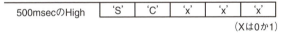

(xは0か1)

赤外線受光モジュールから出力される1ビットの信号は図5のようなパルスとなりますが、こちらも入力されるパルス幅を一定間隔で入力して、パルス幅をプログラムでカウントする方式としました。

● 図5　赤外線受光モジュールの1ビットの標準フォーマット

赤外線リモコンの受信部のプログラムがリスト2となります。

入力は常時Highなのでそれを一定時間確認することでフレームの境界とします。そのあと最初のLowパルスがデータの始まりだとし、Highの幅をカウントして0と1を区別しながら1ビットずつ順番に受信して、5バイトの文字列を連続で受信します。何も送信されていないときは受信文字がすべて0x00となるので、SとCという文字が連続して受信できたときだけLEDを制御することで受信エラー対策としています。

▼リスト2　赤外線リモコンの受信側プログラム例（IR_RX）

```c
/*******************************************
 * 赤外線リモコンテストプログラム
 *      IR_RX      受信部
 *******************************************/
#include "mcc_generated_files/mcc.h"
uint8_t ByteRcv(void);
uint8_t Index, head;
uint8_t Data[5];
/***** メイン関数 **********************/
void main(void)
{
    SYSTEM_Initialize();

    while (1)
    {
        /** Highの確認 **/
        head = 0;
        while((IR_GetValue()==1)&&(head<100)){
            head++;
            __delay_us(100);      // 100usec×100回
        }
        for(Index=0; Index<5; Index++)
            Data[Index] = ByteRcv();// 5バイト
        if((Data[0] == 'S')&&(Data[1]== 'C')){
            ERR_SetHigh();        // 正常LEDオン
            if(Data[2] == '0')    // LED1処理
                LED1_SetLow();
            else
                LED1_SetHigh();
            if(Data[3] == '0')    // LED2処理
                LED2_SetLow();
            else
                LED2_SetHigh();
            if(Data[4] == '0')    // LED3処理
                LED3_SetLow();
            else
                LED3_SetHigh();
        }
        else                      // 異常受信
            ERR_SetLow();         // 正常LEDオフ
    }
}
/*************************************
 * ビット検出
 *************************************/
uint8_t BitFind(void){
    uint16_t width;

    width = 0;                    // 幅リセット
    while(IR_GetValue() == 0){    // Lowの間
        width++;                  // 幅アップ
        __delay_us(5);            // 5us単位
    }
    if(width < 60){               // 60幅より短
        return(0xFF);             // FFを返す
```

```
        }
        else{
            width = 0;                  // 幅リセット
            while(IR_GetValue() == 1){
                width++;                // 幅アップ
                __delay_us(5);          // 5us単位
                if(width > 1000){       // 受信異常時
                    break;              // 強制離脱
                }
            }
            if(width > 200)             // 幅が200超
                return(1);              // ビット値1
            else
                return(0);              // 以下なら0
        }
}
/*****************************
 * バイト受信
 *****************************/
uint8_t ByteRcv(void){
    uint8_t mask, i, data;

    data = 0;                           // バイトリセット
    mask = 0x80;                        // 上位ビットから
    for(i=0; i<8; i++){                 // 8ビット繰り返し
        if(BitFind() == 1){             // ビット値1なら
            data |= mask;               // マスク値コピー
        }
        mask >>= 1;                     // 次のビットへ
    }
    return(data);                       // 8ビットを返す
}
```

8-3 リモコンで制御したい

070 方向の制御をしたい（ジョイスティック）

車の向きを変えたり、ゲームで方向を制御したりする場合には、多方向スイッチで切り替える方法と、**ジョイスティック**で連続的にX、Y方向を制御する方法とがあります。市販されているジョイスティックには図1のようなものがあります。

●図1　市販の方向制御モジュールの例

2軸ジョイスティック
（Parallax製）
方向　　：上下、左右
　　　　　オートリターン付き
可変抵抗：10kΩ
電圧　　：Max 10VDC

2軸ジョイスティック
（ツバメ無線製）
方向　　：上下、左右
　　　　　オートリターン付き
可変抵抗：10kΩ

035項 p.106参照

072項 p.220参照

これらの使い方では、多方向スイッチの場合は単なるスイッチが複数個あるだけですから、PICマイコンの入力ピンに接続*するだけです。ジョイスティックの場合は、可変抵抗が2個あるのと同じですから、こちらは、図2のようにPICマイコンのアナログ入力ピンに接続してA/Dコンバータ*で入力します。この例は無線リモコンをジョイスティックで制御するようにしたものです。

●図2　ジョイスティックの接続例

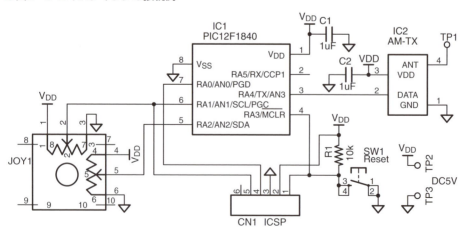

第9章
センサをつなぐには

センサをPICマイコンに接続する場合に必要とされる内蔵モジュールの使い方を説明します。第10章を読む上で前提となります。ここでは次の内蔵モジュールをMPLAB Code Configurator（MCC）で使う方法を説明しています。

- EUSART
- A/Dコンバータ
- I^2C
- SPI
- オペアンプ
- CLC

9-1 センサ接続用の設定を行いたい

071 MCCでUSARTを設定して使いたい

EUSART
USARTは汎用の同期式と非同期式のシリアル送受信を行う機能のこと。UARTは非同期式のみ、EUSARTは強化版でブレークなどの機能が追加されている。

019項p.42参照

センサやパソコンなどとの通信には**EUSART**[*]（Enhanced Universal Synchronous Asynchronous Receiver Transmitter）がよく使われます。ここでは、EUSARTモジュールの内部構成と、**非同期式**（調歩同期式とも呼ぶ）で使う設定をMCC[*]で行う方法と、自動生成される関数の使い方を説明します。

まず、EUSARTモジュールの内部構成は非同期方式の場合には図1のようになっています。図のように送信と受信がそれぞれ独立しているので、全二重通信が可能となっています。

●図1 EUSARTの内部構成図

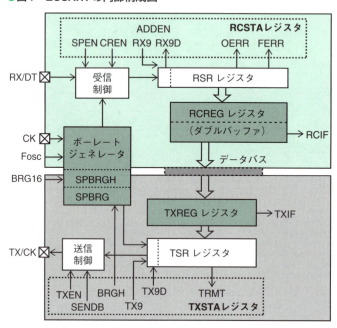

送信の場合には、送信するデータをTXREGレジスタに命令で書き込みます。これで自動的にデータがTXREGレジスタからTSRレジスタに転送され、TSRレジスタから、ボーレートジェネレータからのビットクロック信号に同期してシリアルデータに変換され、スタートビットとストップビットが追加されてTXピンに順序良く出力されます。

受信の場合には、RXピンに入力される信号を常時監視してLowになるスター

トビットを待ちます。スタートビットを検出したら、1ビット幅の周期で、その後に続くデータを受信シフトレジスタのRSRレジスタに順に詰め込んで行きます。最後のストップビットを検出したら、RSRレジスタからRCREGレジスタに転送します。この時点で、RCIFフラグが1となり、受信データの準備ができたことを知らせます。

ダブルバッファがいっぱいの状態でさらに次のデータを受信するとオーバーランエラーとなり、最後のストップビットのHighが検出できなかったような場合にはフレミングエラーという受信エラーとなります。受信エラーが発生した場合には、いったんRCSTAレジスタをクリアしてEUSARTモジュールをディスエーブルにしたあと、再度RCSTAレジスタを設定しなおす必要があります。

MCCでEUSARTを設定するには、[Device Resources]の窓でEUSARTの中にあるEUSART [PIC10/PIC12…]をダブルクリックすると[Project Resources]欄の[Peripherals]に追加されて図2の設定窓が表示されます。

●図2　EUSARTモジュールの設定

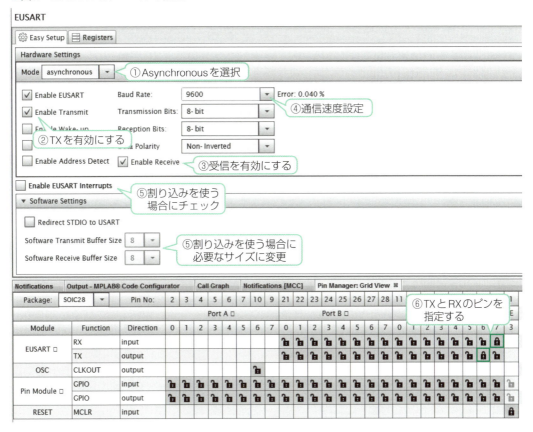

ここでは次のように設定します。①で非同期（Asynchronous）とします。②で送信を許可し、③で連続受信を許可します。④で通信速度を例えば9600bpsにします。さらに⑥で送信ピンTXと受信ピンRXのピンを「Pin Manager」で指定しますが、ここは使うピンに合わせて設定*します。これでピン割り付けをしたことになります。これだけの設定でEUSARTを9600bpsの非同期式として使うことができます。

受信を割り込みで待つ場合には⑤「Enable EUSART Interrupt」にチェックを入れ、Bufferのサイズを最大の受信文字数に必要なサイズ*に変更します。これで送受信とも割り込みを使いますが、使用する関数は同じとなります。

これで自動生成される関数は表1のようになります。単純に送信と受信の関数となります。初期化関数は`main`関数から自動的に呼び出されます。

使うピンに合わせて設定
デフォルトで設定されるピンがあらかじめ決まっている。

必要なサイズ
最大64バイトまで。連続で受信する必要があるサイズとする。

▼表1　自動生成されるEUSART用の関数

関数名	書式と使い方	
EUSART_Initialize	《機能》	EUSARTの初期設定を行う　自動的に呼び出される
	《書式》	void EUSART_Initialize(void);
EUSART_is_rx_ready	《機能》	受信データの有無をチェックする
	《書式》	uint8_t EUSART_is_rx_ready(void); 戻り値：0=受信なし　0以外＝受信あり
EUSART_Read	《機能》	ポーリングまたは割り込みで受信したバッファのデータを返す。バッファが空の場合は受信できるまで待つ
	《書式》	unit8_t EUSART_Read(void);
	《使用例》	rcv = EUSART_Read();
EUSART_Write	《機能》	EUSARTに1バイト送信する。送信中の場合には送信バッファに格納し送信完了後送信する
	《書式》	void EUSART_Write(uint8_t txData);
	《使用例》	EUSART_Write('A');

実際にEUSARTを使ったプログラム例がリスト1となります。ここでは、C言語の標準入出力関数が使えるように、**低レベル入出力関数***をEUSART関数で上書き定義し、「stdio.h*」をインクルードして`getch`や`printf`文が使えるようにしています。これでパソコンとUSBシリアル変換ケーブル等で接続して試せます。TeraTerm*等で文字を1文字送信したとき、英文字、数字、その他によりそれぞれ返信メッセージが受信表示されます。

低レベル入出力関数
標準入出力関数が使う関数で、実際にデバイスと入出力を行う関数。XC8コンパイラではこの関数は空となっているため、使う場合には実際にデバイスと入出力する内容に書き換える必要がある。

stdio.h
C言語の標準入出力ライブラリ用のヘッダファイル。

TeraTerm
フリーソフト。COMポートで送受信ができるアプリケーション。

9-1 センサ接続用の設定を行いたい

▼リスト1　EUSARTのテストプログラム（USART）

```c
/*************************************
 *    EUSARTのテストプログラム
 *       USART
 *************************************/
#include "mcc_generated_files/mcc.h"
#include <stdio.h>
/** 低レベル入出力関数の上書き **/
void putch(char Data){
    EUSART_Write(Data);
}
uint8_t getch(void){
    return(EUSART_Read());
}
uint8_t cmd;
/*** メイン関数 ****/
void main(void)
{
    SYSTEM_Initialize();                // システム初期化
    while (1)
    {
        printf("¥r¥nCommand = ");       // 開始メッセージ
        cmd = getch();                  // 1文字入力
        putch(cmd);                     // エコー出力
        if((cmd >= 'a') && (cmd <= 'z'))  // aからzの場合
            printf("   Receive Alphabet");// 英文字受信
        else if((cmd >= '0') && (cmd <= '9')) // 0から9の場合
            printf("   Receive Number"); // 数字受信
        else                            // その他の場合
            printf( "   ???");          // 不明
    }
}
```

printfについては、033項p.100を参照。

　基本となる標準入出力関数の使い方は表2[*]のようになります。これらの関数を使う場合には「stdio.h」をインクルードする必要があります。

▼表2　標準入出力関数の使い方

関数名	書式と機能と使用例
getchar getch	《機能》標準入力デバイスからのデータを入力し、1バイトのデータとして返す。未受信のときはEOFを返す。入力があるまで待たないので、この関数の前で入力を待つ処理を追加するか、受信割り込み処理関数の中で使う 《書式》stdio.h 　　　 int getchar(void);
putch	《機能》printfなどのための低レベル入出力関数で、特定のデバイスへ1バイト出力する関数として作成し上書きする必要がある 《書式》conio.h 　　　 void putch(char c);

9-1 センサ接続用の設定を行いたい

072 MCCでA/Dコンバータを設定して使いたい

　A/Dコンバータの内部構成は多くのPICマイコンでほぼ同じような構成となっていて，図1のようになっています。

　PICマイコンのアナログ入力ピンのうちのどれか一つが入力マルチプレクサで選択され，プラス側入力へ入力されます。内部にはサンプルホールドキャパシタが接続されていて，このキャパシタへの充電完了を待った後AD変換を開始します。逐次変換方式でAD変換を行い，変換結果がADRESHレジスタとADRESLレジスタの2バイトに出力されます。

　実際に測定可能な電圧範囲はリファレンス電圧$V_{REF}+$と$V_{REF}-$で決定されます。測定値の最大値が$V_{REF}+$で最小値が$V_{REF}-$となります。

●図1　A/Dコンバータの内部構成

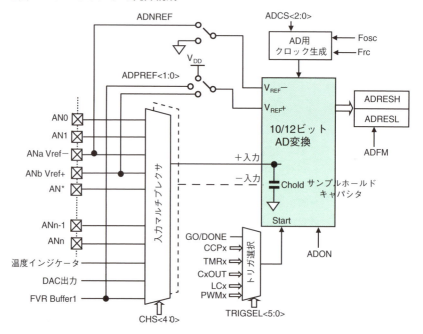

019項p.42参照

A/DコンバータのMCC*の設定では、[Device Resources]でADC[PIC10…]をダブルクリックして選択します。これで[Project Resources]に追加され図2の設定画面が表示されます。設定では、①でクロックの分周比を選択します。FSOCが32MHzとすれば、Fosc/32を選択し②でTADが1.0us以上であることを確認します。次に③で右詰めを指定、④でリファレンス電圧をV_{SS}からV_{DD}とします。さらに⑤でトリガはなし、最後に⑥でチャネルを選択しますが、ここではAN0、AN1、AN2の3チャネルだけ選択しています。最後に[Pin Module*]で各チャネルの名称を設定します。この名称をプログラム中で使うことができます。

019項p.44参照

●図2　ADCモジュールの設定

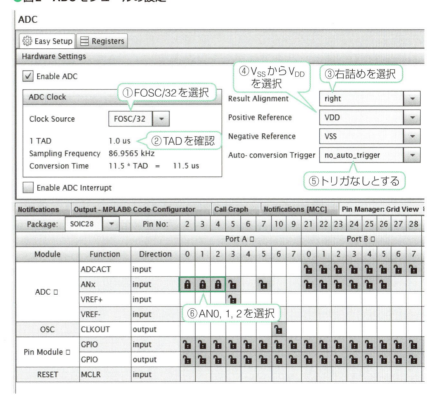

これで[Generate]すると多くの関数が生成されますが、A/D変換では表1の関数がすべての手順を実行しているので、他は必要ありません。

第9章 センサをつなぐには

▼表1 自動生成されるADC用関数

関数名	書式と使い方
ADC_Initialize	《機能》ADCの初期設定 main関数から自動的に呼び出される
ADC_GetConversion	《機能》指定したチャネルを選択し、変換を実行し、10ビットの変換結果を返す。5usecのアクイジション待ちも挿入する 《書式》adc_result_t ADC_GetConversion(adc_channel_t channel); channel：チャンネル名称 戻り値：10ビットunsigned int型の変換結果

　この関数を使ったプログラム例がリスト1となります。3個の可変抵抗のAD変換を実行し、その変換結果の値を10進数にしてシリアル通信でパソコンに送信します。このプログラムの実行結果が図3となります。可変抵抗（POT）を順番に電圧が上がるように回したときの結果です。

▼リスト1　ADCモジュールのプログラム例（ADC）

```c
/*************************************
 *   A/Dコンバータの設定と使用例
 *   ADC
 *************************************/
#include "mcc_generated_files/mcc.h"
#include <stdio.h>
/** 低レベル出力関数の上書き **/
void putch(char Data){
    EUSART_Write(Data);
}
uint16_t result;
/**** メイン関数 ******/
void main(void)
{
    SYSTEM_Initialize();// システム初期化
    while (1)
    {
        result = ADC_GetConversion(POT1);   // POT1の変換
        printf("\r\nPOT1 = %4u", result);   // PCに送信
        result = ADC_GetConversion(POT2);   // POT2の変換
        printf("  POT2 = %4u", result);     // PCに送信
        result = ADC_GetConversion(POT3);   // POT3の変換
        printf("  POT3 = %4u", result);     // PCに送信
        __delay_ms(2000);                   // 2秒間隔
    }
}
```

●図3　実行結果

```
COM3:9600baud - Tera Term VT
ファイル(F)  編集(E)  設定(S)  コントロール(O)  ウィンドウ(W

POT1 =    0  POT2 =    0  POT3 =    0
POT1 =    0  POT2 =    0  POT3 =    0
POT1 =    0  POT2 =    0  POT3 =    0
POT1 =    0  POT2 =    0  POT3 =    0
POT1 =   45  POT2 =    0  POT3 =    0
POT1 =  153  POT2 =    0  POT3 =    0
POT1 =  241  POT2 =    0  POT3 =    0
POT1 =  373  POT2 =    0  POT3 =    0
POT1 =  497  POT2 =    0  POT3 =    0
POT1 =  574  POT2 =    0  POT3 =    0
POT1 =  716  POT2 =    0  POT3 =    0
POT1 =  859  POT2 =    1  POT3 =    0
POT1 = 1023  POT2 =    1  POT3 =    0
POT1 = 1023  POT2 =    1  POT3 =    0
POT1 = 1023  POT2 =   97  POT3 =    0
POT1 = 1023  POT2 =  190  POT3 =    0
POT1 = 1023  POT2 =  341  POT3 =    0
POT1 = 1023  POT2 =  460  POT3 =    0
POT1 = 1023  POT2 =  626  POT3 =    0
POT1 = 1023  POT2 =  761  POT3 =    0
POT1 = 1023  POT2 =  909  POT3 =    0
POT1 = 1023  POT2 = 1023  POT3 =    1
POT1 = 1023  POT2 = 1023  POT3 =    1
POT1 = 1023  POT2 = 1023  POT3 =  121
POT1 = 1023  POT2 = 1023  POT3 =  312
POT1 = 1023  POT2 = 1023  POT3 =  472
POT1 = 1023  POT2 = 1023  POT3 =  645
POT1 = 1023  POT2 = 1023  POT3 =  857
POT1 = 1023  POT2 = 1023  POT3 = 1023
POT1 = 1023  POT2 = 1023  POT3 = 1023
```

9-1 センサ接続用の設定を行いたい

073 MCCでI²Cを設定して使いたい

019項p.42参照

MSSP
Master Synchronous Serial Portの略。I²CやSPIの通信ができる内蔵モジュール。

マスタ
I²Cはマスタとスレーブがありい MSSPはどちらもできる。

I²Cは、短距離のシリアル通信で2本の線で複数のスレーブを接続でき、アドレス指定して通信できる方式です。ここではI²Cのフォーマットと、MCC*を使ってMSSP*モジュールをI²Cマスタ*に設定して使う方法を説明します。システムクロックは32MHzとしています。

I²C通信では図1のフォーマットで通信が行われます。最初にマスタから7ビットアドレスとReadかWriteを指定する1ビットを追加した8ビットデータが送信されます。スレーブ側はこれを受信したら自身のアドレスと一致するかを確認します。アドレスが一致したらACKを返送して次の受信を継続します。

その後は、ReadかWriteかによって手順が分かれます。マスタから送信(Write)の場合は、1バイト送信ごとにスレーブからACKが返されるので、これを確認しながら送信を繰り返します。最後にマスタがStop Conditionを出力すると終了となります。

マスタが受信(Read)する場合は、アドレスが一致したスレーブから1バイト送信されるので、マスタはこれを受信したらACKを返送します。これを必要回数繰り返し最後のデータを受信したら、マスタはNACKを返送します。これでスレーブ側は送信が完了したことを認識して送信処理を終了します。さらに続けてマスタがStop Conditionを出力して通信終了となります。

●図1 7ビットアドレスのときのI²C通信データフォーマット

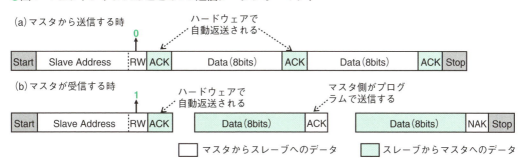

設定手順は[Device Resources]欄のMSSPモジュールの中にあるMSSP[PIC10…]をダブルクリックすると[Project Resources]欄の[Peripherals]に追加されて、図2の設定窓が表示されます。

第9章　センサをつなぐには

0x4F
システムクロックの周波数により値が変わる。

ここでは次のように設定します。①でI2C Masterを選択し、②でスルーレートをStandardにし、③で0x4F*と入力して、通信速度を100kHzにします。次に④でSCLピンとSDAピンを指定します。これでピン割り付けをしたことになります。これだけの設定でMSSPをI^2Cマスタモードで使うことができます。

●図2　MSSPモジュールのI^2Cの設定

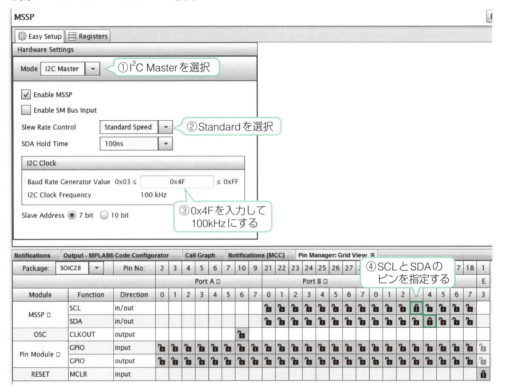

割り込みを許可
main関数に自動生成されているのでコメントアウトを外す。

I^2Cの主な制御関数としては表1のような関数が生成されます。注意が必要なのは、MCCで生成されるI^2C関数は、デフォルトで割り込みを使うので、I^2Cを使う場合には必ず割り込みを許可*する必要があることです。

初期化関数はmain関数から自動的に呼び出されます。自動生成される関数は単純に指定バイト数を読み書きするだけなので、実際に接続デバイスとI^2Cの通信をするには、これらを使ってコマンドやデータを送受する関数を作成する必要があります。このような目的でI^2Cライブラリを作成しました。本書でI^2Cを使っている例題はこのライブラリを使っています。

049項p.142参照

実際の使用例は「I^2C接続のEEPROMを使いたい*」を参照してください。

9-1 センサ接続用の設定を行いたい

▼表1 I²C用ライブラリ関数

関数名	書式と使い方
I2C_Initialize	《機能》I2Cモジュールの初期化関数。自動で呼び出される 《書式》void I2C_Initialize(void);
I2C_MasterWrite	《機能》指定デバイスに指定バイト数のデータをバッファから送信する。すべて割り込みで処理される 《書式》void I2C_MasterWrite(uint8_t *pdata, uint8_t length, 　　　　　　uint16_t address, I2C_MESSAGE_STATUS *pstatus); 　　*pdata：送信バッファポインタ　length：バイト数 　　address：デバイスアドレス　*pstatus：状態変数
I2C_MasterRead	《機能》指定デバイスから指定バイト数を指定バッファに読み込む 　　　　すべて割り込みで処理される 《書式》void I2C_MasterRead(uint8_t *pdata, uint8_t length, 　　　　　　uint16_t address, I2C_MESSAGE_STATUS *pstatus); 　　*pdata：受信格納バッファポインタ　length：バイト数 　　address：デバイスアドレス　*pstatus：状態変数

▼リスト1　I²C通信用ライブラリ（i2c_lib2.c）

```c
/*****************************************
 *   I2C通信ライブラリ
 *   汎用MSSP
 *****************************************/
#include "i2c_lib2.h"
#include "mcc_generated_files/mcc.h"

I2C_MESSAGE_STATUS status;              // 状態変数定義
/*****************************************
* 1バイトデータ送信
*****************************************/
void SendI2C(uint16_t Adrs, uint8_t Data){
    uint8_t tbuf[2];                    // バッファ構成
    tbuf[0] = Data;                     // 送信データ
    I2C_MasterWrite(tbuf, 1, Adrs, &status);  // 送信実行
    while(status == I2C_MESSAGE_PENDING);     // 完了待ち
}
/*****************************************
* コマンド送信
*****************************************/
void CmdI2C(uint16_t Adrs, uint8_t Reg, uint8_t Data){
    uint8_t tbuf[2];                    // バッファ構成
    tbuf[0] = Reg;                      // レジスタアドレス
    tbuf[1] = Data;                     // コマンドデータ
    I2C_MasterWrite(tbuf, 2, Adrs, &status);  // 送信実行
    while(status == I2C_MESSAGE_PENDING);     // 完了待ち
}
/*****************************************
* 指定バイト数の受信
*****************************************/
void GetDataI2C(uint16_t Adrs, uint8_t *Buffer, uint8_t Cnt){
    I2C_MasterRead(Buffer, Cnt, Adrs, &status);  // 受信実行
    while(status == I2C_MESSAGE_PENDING);        // 完了待ち
}
```

9-1 センサ接続用の設定を行いたい

074 MCCでSPIを設定して使いたい

019項p.42参照

MSSP
Master Synchronous Serial Portの略。
I²CやSPIの通信ができる内蔵モジュール。

SPIは、4線式高速シリアル通信でICなどと接続するために使われる方式です。ここではMCC*でMSSP*を設定してSPIのマスタとして使う方法を説明します。

まずMCC画面の[Device Resources]でMSSP [PIC10…]をダブルクリックします。これで[Project Resources]にMSSPが追加され図1の設定窓が表示されます。

設定窓では、①でSPI Masterを選択します。続いて②で受信サンプルをMiddleにします。次に③でクロックを常時Highとし、④でIdle to Activeのエッジを選択します。ここの設定は四つのモード*があり、接続するデバイスに合わせる必要があります。

SPIのモード
SPI Mode 0、1、2、3の4通りがある。

● 図1 MSSPモジュールをSPIマスタに設定

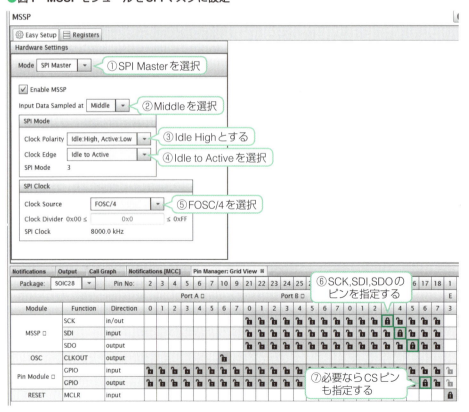

9-1 センサ接続用の設定を行いたい

次に⑤でクロックにFOSC/4を選択すれば8MHzの速度ということになります。さらに⑥でピンの割り付け*をします。ここは回路に合わせてSCK、SDO、SDIを指定します。さらに⑦CS信号*が必要であれば出力ピンを追加します。

これで[Generate]を実行すれば表1のMSSPに関する制御関数がSPI用として自動生成されます。

ピン割り付け
任意のピンを指定できる機能。モジュールごとにデフォルトのピンは決められている。

CS信号
汎用の出力ピンとして設定する。

▼表1 自動生成されるSPI用関数

関数名	書式と使い方
SPI_Initialize	《機能》SPIモジュールの初期化関数。 《書式》void SPI_Initialize(void);
SPI_Exchange8bit	《機能》1バイトのデータを送信し同時にスレーブから受信する。受信だけの場合にはダミーデータを送信する 《書式》uint8_t SPI_Exchange8bit(uint8_t data); data：送信するデータ
SPI_Exchange8bitBuffer	《機能》送信バッファから指定バイト数を送信し、同時にスレーブから同じバイト数を受信して受信バッファに格納する 《書式》uint8_t SPI_Exchange8bitBuffer(uint8_t *dataOut, uint8_t bufLen, uint8_t +dataIn); dataOut：送信バッファポインタ bufLen：バイト数　dataIn：受信バッファポインタ

これらの関数を使って汎用に使えるSPI通信用関数がリスト1となります。多くのセンサなどの接続用に使うことができます。

実際の使用例は、「傾きを測りたい*」を参照してください。

089項p.273参照

▼リスト1 SPI通信用関数（SPI）

```
/*****************************
 * SPIでコマンド出力
 *****************************/
void SPICmd(uint8_t adrs, uint8_t data){
    CS_SetLow();
    SPI_Exchange8bit(adrs);             // レジスタアドレス送信
    SPI_Exchange8bit(data);             // 設定データ送信
    CS_SetHigh();
}
/*****************************
 * SPIで連続データ受信
 *****************************/
void GetSPIData(uint8_t adrs, uint8_t *buf, uint8_t cnt){
    uint8_t dumy[6];                    // ダミー送信データ
    CS_SetLow();
    SPI_Exchange8bit(adrs);             // 開始レジスタアドレス送信
    SPI_Exchange8bitBuffer(dumy, cnt, buf); // cntバイト受信
    CS_SetHigh();
}
```

9-1 センサ接続用の設定を行いたい

075 MCCでオペアンプを設定して使いたい

オペアンプ
Operational Amplifier の略称。センサなどからのアナログ電圧を増幅して高い電圧に変換する。

　PICマイコンには**オペアンプ***を内蔵しているものがあります。最大3組のオペアンプが内蔵されているので、その使い方を説明します。
　このオペアンプの内部構成を基本部分だけ取り出すと、図1のようになっています。ここでの設定は**二つの入力と一つの出力の接続先の設定**となります。内蔵モジュール同士の接続であれば内部だけでできますが、外部と接続する場合には入出力ピンを指定します。

●図1　オペアンプの内部構成

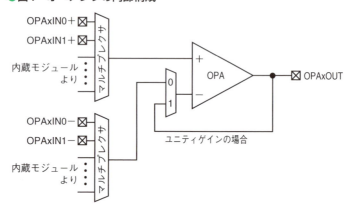

非反転増幅回路
入力と出力が同じ極性になるようにした増幅回路で、扱いやすい。

019項p.42参照

083項p.252参照

　このオペアンプのMCCの設定画面は図2のようになっています。例では、すべての入出力ピンを外部ピンに接続しています。この場合には、図2(b)のように外部に抵抗を接続して**非反転増幅回路***を構成します。R1とR2の抵抗値の選択により任意の増幅率（Gain）で電圧を増幅できます。**抵抗値だけで増幅率が決定するので便利**に使えます。
　この他にオペアンプに使うピンは「Pin Module*」の窓でアナログピンとして設定します。実際の例は「アナログ式温度センサを使いたい*」にあります。

●図2 OPAモジュールの設定方法
(a) OPA1モジュールを外部接続に設定

(b) 非反転増幅回路を構成

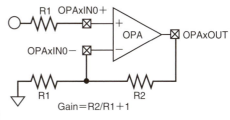

　ユニティゲインにチェックを入れると、ゲインが1倍のバッファアンプ構成となります。内蔵のD/Aコンバータの出力駆動能力を強化する場合や、外部のアナログ信号源のインピーダンス変換に使われます。
　外部信号源のインピーダンスが高い場合、このバッファアンプを追加してインピーダンスを下げてA/Dコンバータの入力とすることで、正確なアナログ電圧がA/D変換されるようになります。

9-1 センサ接続用の設定を行いたい

076 MCCでCLCを設定して使いたい

CLC
Configurable Logic Cellの略。

　CLC*モジュールは一言でいうと、プログラマブルなロジック回路をPICマイコンに実装したものです。ハードウェア回路ですから、プログラムでは不可能な速度での動作ができます。しかもいったん設定すればハードウェア回路として動作するので、プログラムによる制御は必要ありません。
　CLCモジュールの内部構成は図1のようになっています。内部ロジックへの入力はg1からg4の四つがあり、それぞれに入力源となる48種類の信号から一つを選択できます。

●図1　CLCxモジュールの構成（xは1,2,3,4のいずれか）

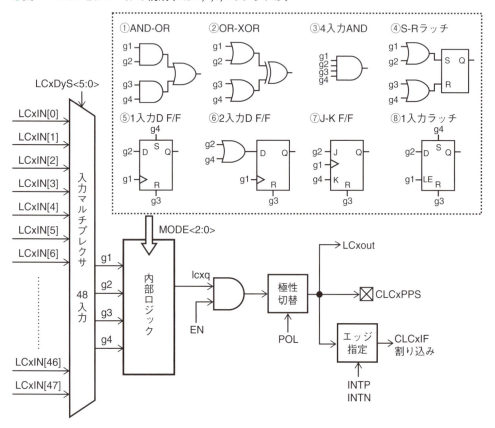

230

内部ロジックは図1上側に示した8種類の回路から一つを選択してロジック回路を構成します。選択したg1からg4の四つの入力が図のように各ロジックの入力に接続されます。出力は外部ピンに出力したり、割り込みを生成したり、他の内部モジュールへ接続したりすることができます。
　CLCモジュールの設定はすべてレジスタ設定で行いますが、設定レジスタが非常にたくさんあり複雑です。そこでグラフィック画面で回路を構成すればコードを自動生成するGUIツールがMCCに内蔵されています。このツールの画面例は図2のようになっており、一つのCLCモジュール全体がグラフィック形式で表示されています。
　グラフィック上でロジック、入力、出力の3要素を決めて、それらの接続方法を設定すればコードが自動生成されます。設定手順は次のステップで行います。

（1）最初に使うCLCモジュールを選択する
　　　［Device Resources］でCLCからCLCxをダブルクリックして選択
（2）図2の①で「AND-OR」などの使うロジックを選択する
（3）図2の②で四つの入力に必要な入力信号を選択する
　　　入力欄を選択すると、図のようにドロップダウンリストで選択肢が表示されるので、その中から選択する。使わない入力をそのままにしておくと、デフォルトで選択されているモジュールを使うことになり、そちらの設定も必要になるので、既に選択した入力と同じ入力信号としておく
（4）図2の③でどのゲートの入力と接続するかを指定する
　　　接続は回路ブロックの直前にある×マークをクリックして行う。この接続では未接続（×）、接続（直線）、反転接続（○）の3種類が選択できる。未接続とした場合のゲート入力はLowの扱いとなっている
（5）図2の④⑤でゲートの出力側の反転接続を指定する
　　　ここは単純にするしないを選択。反転記号は○で表される

　以上で設定は完了です。複数のCLCモジュールを組み合わせる場合には、入力信号に他のCLCxモジュールの出力（LCx_out）を選択することでできます。CLCは設定だけで動作するので、初期化関数だけ自動生成されます。

第9章 センサをつなぐには

● 図2　CLCモジュールの設定画面例

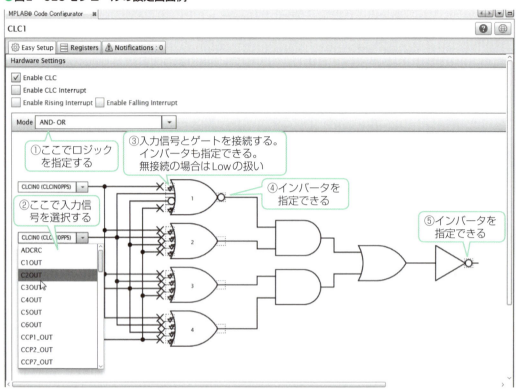

第10章
何かを測りたい

PICマイコンでセンサを接続して何らかの計測をする方法について説明します。ここでは次のように電気的な計測と自然界の計測の2種類に分けて説明しています。

- 電気的な計測
  電圧、電流、パルス数、パルス幅、周波数

- 自然界の計測
  温度、湿度、気圧、明るさ、色、緯度/経度、時刻、傾き、方角、磁力、距離、近接、圧力、臭い、通過、音

10-1 電気的な計測

077 電圧を測りたい

072項p.220参照

PICマイコンで電圧を計測するには、**A/Dコンバータ***を使います。その際に次のようなことを検討します。

1 内蔵A/Dコンバータの分解能と変換速度

PIC内蔵のA/DコンバータはPICのファミリで分解能も変換速度も何種類かあり、現状では表1のようになっています。**必要な分解能と変換速度でPICマイコンを選択する**ことになります。

▼表1　PICマイコン内蔵のADC

PICファミリ	分解能	最高変換速度	備考
PIC16F1	10ビット 12ビット	55ksps 50ksps	
PIC18F J	10ビット 12ビット	100ksps 84ksps	
PIC24F GA/GB	10ビット 12ビット	500ksps 200ksps	
PIC24F GC	12ビット 16ビット	10Msps 1ksps～62.5ksps	パイプライン変換 デルタシグマ変換
PIC24E dsPIC33F/E	10ビット 12ビット	1Msps 500ksps	
dsPIC33E GS	12ビット	3.25Msps	
PIC32	10ビット	1Msps	

2 外部A/Dコンバータを使う場合

外部に高精度のA/Dコンバータを追加して電圧や電流を測る方法もあります。図1は市販されているデルタシグマ型*のA/Dコンバータで、18ビット分解能で、さらに0.05％という高精度電圧リファレンス*（2.048V）を内蔵しているので、これだけで高精度に電圧や電流を計測できます。

これを実際にPICマイコンと接続した回路が図2となります。CH1が電圧測定用で、CH2に1Ωのシャント抵抗*を挿入して電流計測用としています。差動入力なので正負いずれも計測できます。この回路で電圧を最大2.047Vまで0.1mVの分解能で計測できます。電流は最大2.047Aまで0.1mAの分解能で計測できます。PICマイコンとの接続はI^2Cとなります。

デルタシグマ型
ADコンバータを実現する回路手法の一つ。デルタシグマ変調技術を利用していて高分解能にできるが変換速度は遅い。

電圧リファレンス
基準となる電圧源。

シャント抵抗
回路に直列に挿入して、電流による電圧降下をオームの法則で電流に変換する。

10-1 電気的な計測

● 図1　市販の高精度ADコンバータの例

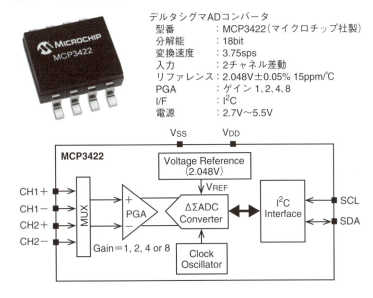

デルタシグマADコンバータ
型番　　：MCP3422（マイクロチップ社製）
分解能　：18bit
変換速度：3.75sps
入力　　：2チャネル差動
リファレンス：2.048V±0.05% 15ppm/℃
PGA　　：ゲイン 1、2、4、8
I/F　　：I²C
電源　　：2.7V〜5.5V

● 図2　電圧計測の回路例

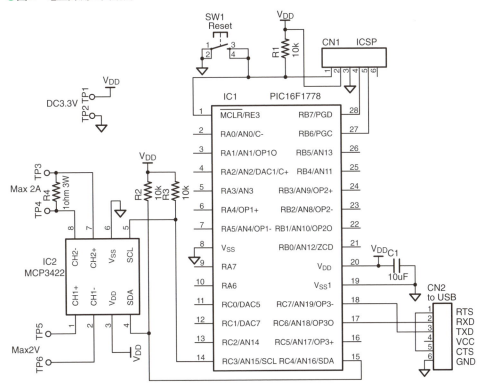

第10章　何かを測りたい

019項 p.42参照

073項 p.223参照

低レベル出力関数
C言語の標準入出力ライブラリ用の入出力関数。使い方は033項 p.100参照

073項 p.224参照

　この回路で作成したプログラムがリスト1となります。最初にMCC*による設定でI^2Cモジュール*を使っているので割り込みを許可しています。メインループで各チャネルのA/D変換を開始し、変換終了を400msec待ってからデータを読み出しています。次に実際の電圧と電流に変換しますが、正と負の場合があるのでそれぞれに分けて求めています。求めた電圧値と電流値をパソコンにprintf文で送信しています。このため最初に低レベル出力関数*を定義しています。

　I^2Cの通信は「MCCでI^2Cを設定して使いたい」*で「説明しているI^2C通信用ライブラリを使っています。

▼リスト1　デルタシグマADCのプログラム例（DeltaSigma）

```
/***************************************
 *   デルタシグマAD を使った電圧測定
 *          DeltaSigma
 ***************************************/
#include "mcc_generated_files/mcc.h"
#include <stdio.h>
#include "i2c_lib2.h"
/** 低レベル入出力関数の上書き **/
void putch(char Data){
    EUSART_Write(Data);
}
uint8_t bufV[4], bufA[4];
uint32_t Temp;
double Volt, Current;
/*** メイン関数 ******/
void main(void)
{
    SYSTEM_Initialize();
    INTERRUPT_GlobalInterruptEnable();
    INTERRUPT_PeripheralInterruptEnable();

    while (1)
    {
        /*** AD からデータ取得 ***/
        SendI2C(0x68, 0x8C);                // CH1 18bit x1
        __delay_ms(400);                    // >340ms
        GetDataI2C(0x68, bufV, 4);          // Get Volt
        SendI2C(0x68, 0xAC);                // CH2 18bit x1
        __delay_ms(400);
        GetDataI2C(0x68, bufA, 4);          //Get Current
        /** 電圧に変換 **/
        Temp = ((uint32_t)bufV[0] << 16) | ¥
            ((uint32_t)bufV[1] << 8) |((uint32_t)bufV[2]);
        if((bufV[0] & 0x02) == 0){          // 正の場合
            Volt = (2.048 * (double)Temp) / 0x1FFFF;
        }
        else{                               // 負の場合
            Temp = (~Temp & 0x00FFFFFF) + 1; // 2の補数
            Volt = -1 * (2.048 * (double)Temp) / 0x1FFFF;
        }
```

```c
        /** 電流に変換 シャント抵抗=1Ω ***/
        Temp = ((uint32_t)bufA[0] << 16) | ¥
           ((uint32_t)bufA[1] << 8) |((uint32_t)bufA[2]);
        if((bufA[0] & 0x02) == 0){              // 正の場合
            Current = (2048 * (double)Temp) / 0x1FFFFF;
        }
        else{                                    // 負の場合
            Temp = (~Temp & 0x00FFFFFF) + 1; // 2の補数
            Current = -1 * (2048 * (double)Temp)/0x1FFFFF;
        }
        /** PCに送信 **/
        printf("¥r¥nCH1= %1.5f V   CH2= %4.2f mA", ¥
             Volt, Current);
        __delay_ms(1000);
    }
}
```

第10章　何かを測りたい

10-1 電気的な計測

078 電流を測りたい

072項p.220参照

075項p.228参照

　A/Dコンバータ*で電流を計測する最も簡易な方法は、回路とGND間に直列に低抵抗を挿入して、その電圧降下を計測する方法です。多くの場合電圧降下は低電圧なのでオペアンプ*で増幅して計測します。

　実際に内蔵のオペアンプを使って電流を計測する回路が図1となります。0.1Ωの抵抗に流れる電流により発生する電圧を、内蔵オペアンプで21倍に増幅し、リファレンス電圧を2.048Vに設定した10ビットA/Dコンバータで計測します。これで1Aまでの電流を、1mA単位で計測できることになります。計測精度は0.1Ωの抵抗とオペアンプ周りの抵抗の精度でほぼ決まります。

●図1　電流計測の回路例

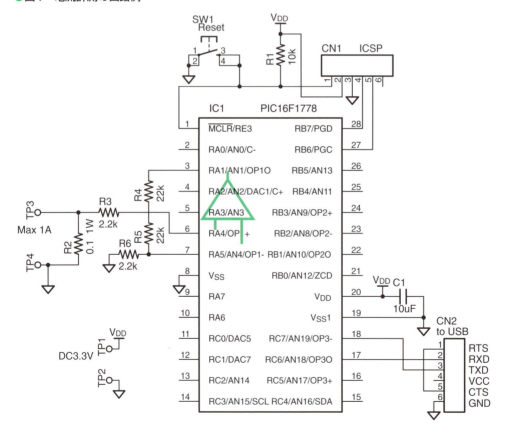

1秒間隔で計測した電流をシリアル通信でパソコンに送信するテストプログラムがリスト1となります。A/D変換結果を電流値に変換したあとprintf文で送信しています。

▼**リスト1　内蔵オペアンプで電流計測プログラム例（Current）**

```c
/******************************************
 *  電流計測の例　オペアンプを使用
 *     Current
 ******************************************/
#include "mcc_generated_files/mcc.h"
#include <stdio.h>
/** 低レベル入出力関数の上書き **/
void putch(char Data){
    EUSART_Write(Data);
}
uint16_t result;
double Current;

/***** メイン関数 ********/
void main(void)
{
    SYSTEM_Initialize();

    while (1)
    {
        result = ADC_GetConversion(OP);           // AD変換実行
        Current = (result * 2.048) / 1023*2.1;    // 電流値に変換
        printf("\r\nCurrent = %1.3f A", Current); // PCに送信
        __delay_ms(1000);
    }
}
```

10-1 電気的な計測

079 パルス数をカウントしたい（SOSCを使いたい）

PICマイコンを使って**パルス数**をカウントする方法には下記のような方法があります。

①プログラムでカウント
　外部割込み等で入力パルスのエッジをカウントする

②タイマを外部入力モード*で使う
　ピンに入力される外部入力のパルスをカウントする

③SMT*でカウントする
　SMTをCounter Modeで使えば20ビット幅でカウントが可能

よく使うと思われるタイマ1の外部入力モードで試してみます。ここでは外部パルス源としてタイマ1のオプションとなっているサブクロック（SOSC）*の32.768kHzの発振回路の出力とします。

これを試す回路が図1となります。

> 081項p.246参照

> **SMT**
> Signal Measurement Timerの略。20ビットのカウンタを持つ内蔵モジュール。

> 012項p.29参照

●図1　外部パルスカウントの回路

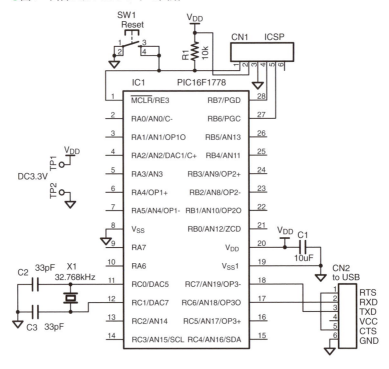

10-1 電気的な計測

サブクロック（SOSC）のピンに32.768kHzのクリスタル発振子を接続して発振させ、これをタイマ1でカウントすることで1秒周期の割り込みを生成します。この割り込みを使えば**時計機能や、1秒周期で実行させる機能など**を実現できます。

019項p.42参照

初期設定はすべてMCC*で行いますが、ここでのタイマ1の設定は図2のようにします。まずクロックを外部クロックとし、SOSC発振を有効化します。さらに時間を1秒として割り込みを許可し、毎秒割り込みとします。

● 図2　タイマ1のMCCの設定とSOSCの有効化

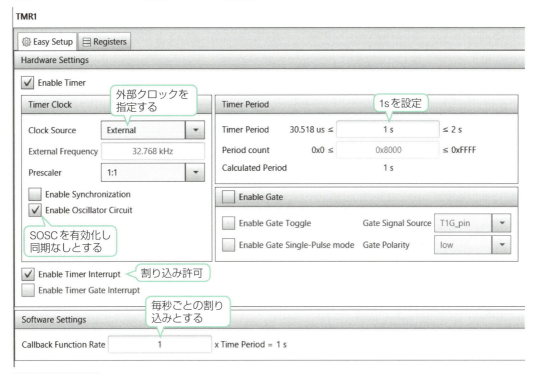

スリープ
システムクロックを停止して最小の消費電力状態になる。007項p.23参照

PLL
Phase Lock Loop。周波数を逓倍することができる回路。012項p.29参照

PLLのロック
逓倍化が安定に動作して正確な周波数が生成されている状態。

　このようにSOSCの発振有効化はタイマ1の設定の中にあります。この設定で作成したテストプログラムがリスト1となります。このプログラムは1秒ごとに割り込みが入ってウェイクアップした回数をパソコンに送信しています。送信完了ですぐスリープ*に入り、次の1秒後のウェイクアップを待ちます。ウェイクアップしたらクロックをPLL*を使った32MHzとしているので、そのPLLがロック*して正常なクロックになるのを待ってから`printf`文で送信を開始します。さらに`printf`で送信後最後のデータまで**送信完了するまで待ってから次のスリープに戻るようにしています**。そうしないと最後のデータが正常に送信されず、続くデータも正常に送信されません。

第10章 何かを測りたい

▼リスト1　外部パルスカウントのプログラム例（Counter）

```c
/********************************************
 *  パルスカウントの例
 *     Counter
 ********************************************/
#include "mcc_generated_files/mcc.h"
#include <stdio.h>
/** 低レベル入出力関数の上書き **/
void putch(char Data){
    EUSART_Write(Data);
}
uint16_t Counter;
/***** メイン関数 ******/
void main(void)
{
    SYSTEM_Initialize();
    INTERRUPT_GlobalInterruptEnable();      // 割り込み許可
    INTERRUPT_PeripheralInterruptEnable();
    while (1)
    {
        SLEEP();                            // スリープに入る
        /*** ウェイクアップで送信 ****/
        while(OSCSTATbits.PLLR == 0);       // PLL有効待ち
        Counter++;                          // カウンタ更新
        printf("\r\nCount = %5u", Counter); // 送信
        while(!EUSART_is_tx_done());        // 送信完了待ち
    }
}
```

　実行結果の例が図3になります。単純に1秒間隔でカウント値が＋1されていくだけです。

●図3　実行結果の例

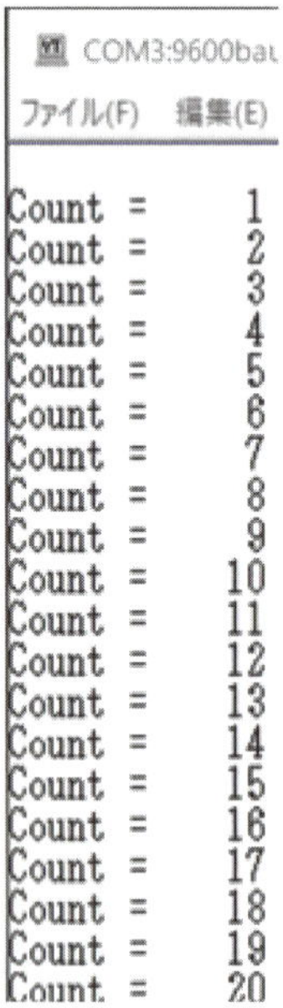

```
COM3:9600bau
ファイル(F)  編集(E)

Count =     1
Count =     2
Count =     3
Count =     4
Count =     5
Count =     6
Count =     7
Count =     8
Count =     9
Count =    10
Count =    11
Count =    12
Count =    13
Count =    14
Count =    15
Count =    16
Count =    17
Count =    18
Count =    19
Count =    20
```

10-1 電気的な計測

080 パルス幅を測りたい

PICマイコンを使って信号の**パルス幅**を計測するには、次のようにいくつかの方法があります。

①プログラムでカウントする方法
　タイマなどの割り込み回数をカウントして長いパルスの幅を求める
②タイマのゲート機能で求める
　Timer1のゲート信号に被計測パルスを入力して幅を求める
③CCP*のキャプチャ機能で計測する方法
　2組のCCPを使ってパルスの立ち上がりと立ち下がりのカウント値の差でパルス幅を求める。詳細は「超音波センサで距離を測りたい*」を参照
④SMTを使う方法
　「Gated Timer Mode」を使ってパルス幅を計測する

> **CCP**
> Capture Compare PWMの略。
> タイマ1と連動して外部入力のエッジでタイマ1のカウント値をキャプチャする。
>
> 092項p.280参照

> **SMT**
> Signal Measurement Timerの略。20ビットのカウンタを持つ内蔵モジュール。

これらの中でも最も高精度に計測できるのが**SMT***を使う方法です。SMTのGated Timer Modeの動作は図1のようになっています。SMT_SIGピンにパルスが入るとその間カウンタがカウント動作をし、パルスの終縁でカウント値を保持して割り込みを発生します。

●図1　SMTのGated Timer Mode

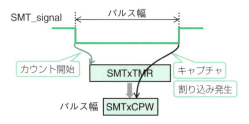

> 019項p.42参照

SMTを内蔵するPIC16F18857を使って試してみます。この動作をさせるためのMCC*を使ったSMTの設定が図2のようになります。動作モードは[Gated Timer]で[Single Acquisition Mode]とし、クロックはシステムクロック(4MHzとしている)の1/4とします。周期カウンタは最大値としておきます。パルス入力はSMT1SIGピン*とし負論理の入力とします。

　これで、テスト用にSMT1SIGピンにスイッチを接続して、スイッチを押している時間を計測することにします。

> ピン割り当て機能(PPS)でピンは自由に指定できる。

第10章 何かを測りたい

● 図2 SMTのMCCの設定（PIC16F18857使用）

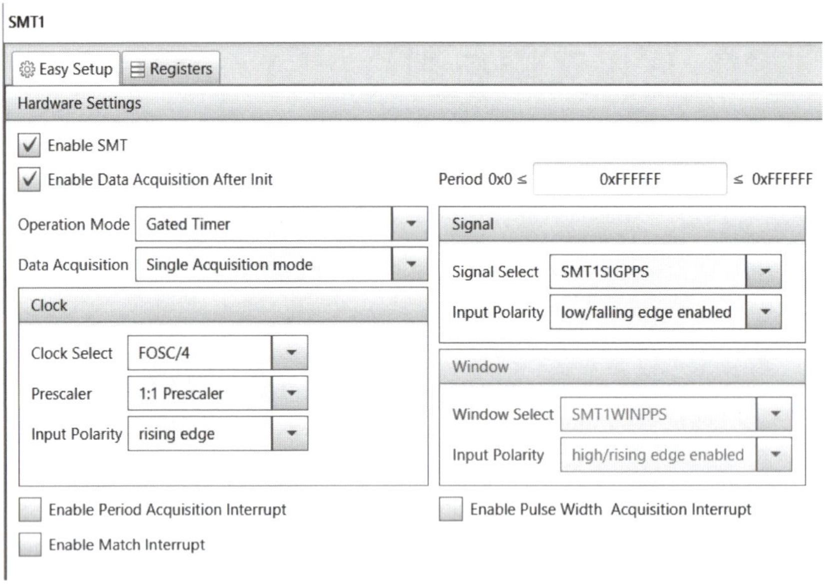

こうして作成したプログラムがリスト1、テスト結果が図3となります。SMT1SIG（RC1）ピンに接続したスイッチを押して離したとき、押していた間の時間を計測してパソコンにprintf文で送信します。SMTのクロックが1MHzですから、最大16秒まで1μsec単位で計測できます。

▼リスト1　パルス幅計測プログラム例（Width）

```
/*********************************************
 *   パルス幅計測テストプログラム
 *        Width
 *********************************************/
#include "mcc_generated_files/mcc.h"
#include <stdio.h>
/** 低レベル入出力関数の上書き **/
void putch(char Data){
    EUSART_Write(Data);
}
double Width;
/******* メイン関数 **********/
void main(void)
{
    SYSTEM_Initialize();

    printf("\r\nStart");
    while (1)
    {
        SMT1_ManualTimerReset();            // カウンタクリア
        SMT1_DataAcquisitionEnable();       // スタート
        while(PIR8bits.SMT1PWAIF == 0);     // 終了待ち
```

```
        PIR8bits.SMT1PWAIF = 0;                     // フラグクリア
        Width = SMT1_GetCapturedPulseWidth() * 1.0; //usec
        printf("¥r¥nWidth = %5.3f msec", Width/1000);
    }
}
```

●図3 テスト結果

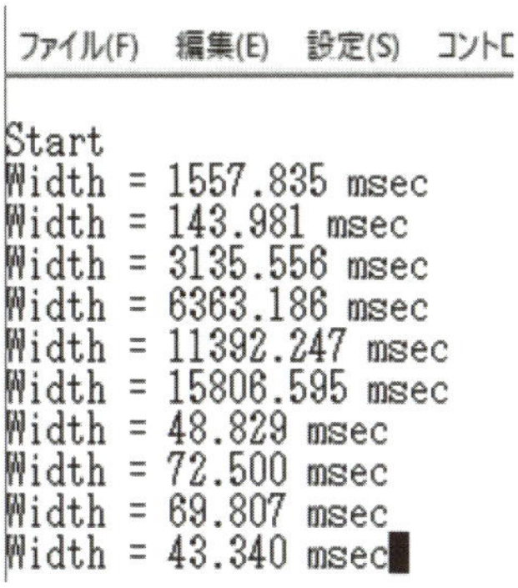

ファイル(F) 編集(E) 設定(S) コントロ
Start
Width = 1557.835 msec
Width = 143.981 msec
Width = 3135.556 msec
Width = 6363.186 msec
Width = 11392.247 msec
Width = 15806.595 msec
Width = 48.829 msec
Width = 72.500 msec
Width = 69.807 msec
Width = 43.340 msec

10-1 電気的な計測

081 周波数を測りたい

周波数は1秒間のパルス数をカウントすれば求められます。PICマイコンでこれを実現するにはいくつかの方法がありますが、ここでは図1の方法でカウントすることにしました。クリスタル振動子を使った外部発振クロックと、Timer3とCCP1*で正確なワンショットの1秒パルスを生成してTimer1のゲート信号とします。このゲートが空いている間入力パルスの数をTimer1でカウントします。Timer1がオーバーフローしたらその割り込みでOverflowカウンタ*を＋1し、周波数を求める際に0x10000を加算します。

このアイデアを元に作成した周波数カウンタの回路が図2です。ただし本来のカウンタとするにはパルス入力部に広帯域アンプ*が必要です。

CCP
Capture Compare PWMの略。ここではキャプチャモードで使っている。

Overflowカウンタ
プログラム内の変数。

広帯域アンプ
DCから数十MHzまで増幅できるアンプで、低電圧のパルスでもカウントできるようにする。

●図1 周波数計測の内蔵モジュール構成

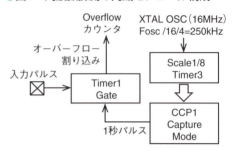

●図2 周波数カウンタの回路

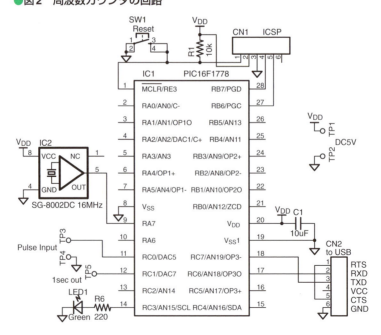

019項p.42参照

　この回路構成を元に作成した周波数カウンタのプログラムがリスト1となります。内部構成の設定はすべてMCC*で行っているので、処理部としてはタイマをリセットしてから1秒パルスをスタートさせ、その終了を待ち、Timer1のカウント値とOverflow部を合計して周波数としてパソコンに送信するだけとなっています。

▼リスト1　周波数カウンタのプログラム例（fcounter）

```c
/***************************************
 *   周波数カウンタ
 *        fcounter
 ***************************************/
#include "mcc_generated_files/mcc.h"
#include <stdio.h>
/** 低レベル入出力関数の上書き **/
void putch(char Data){
    EUSART_Write(Data);
}
uint16_t count, Overflow;
uint32_t Freq;
/** TMR1割り込み処理関数 **/
void Timer1ISR(void){
    Overflow++;    // オーバーフロー回数アップ
}
/**** メイン関数 *******/
void main(void)
{

    SYSTEM_Initialize();
    TMR1_SetInterruptHandler(Timer1ISR);    // 割込み関数定義
    INTERRUPT_GlobalInterruptEnable();      // 割込み許可
    INTERRUPT_PeripheralInterruptEnable();
    while (1)
    {
        LED_Toggle();                       // 目印LED
        Overflow = 0;                       // リセット
        TMR1_WriteTimer(0);                 // TMR1リセット
        CCP1CON = 0;                        // Output High
        CCP1_SetCompareCount(31260);        // 1sec
        TMR3_WriteTimer(0);                 // TMR3リセット
        CCP1CON = 0x89;                     // Capture mode
        while(PIR6bits.CCP1IF == 0);        // 1秒終了待ち
        PIR6bits.CCP1IF = 0;
        count = TMR1_ReadTimer();           // 現在カウント
        Freq = Overflow*0x10000+count;      // 合計
        printf("\r\nFreq= %8luHz", Freq);   // 出力
        __delay_ms(1000);                   // 1秒間隔
    }
}
```

10-1 電気的な計測

082 電流センサを使いたい/大電流を測りたい

絶縁型
被測定回路に直接電気的影響を与えないという意味。

比較的大きな電流を計測する場合には、絶縁型*の電流センサを使うと便利です。このような電流センサには図1のようなものがあり、計測する電流の大きさにより数種類あります。いずれもシャント抵抗に流れる電流により生じる磁気で測定するため絶縁できます。

●図1 市販の絶縁型電流センサの例

型番：ACS712ELCTR-05B-T
（アレグロ社製）
電源：5.0V
シャント抵抗：1.2mΩ
測定範囲：±5A
出力：電圧 185mV/A
帯域：80kHz　絶縁型

型番：ACS711ELCTR-12AB-T
（アレグロ社製）
電源：3V～5.0V
シャント抵抗：1.2mΩ
測定範囲：±12.5A
出力：電圧 110mV/A
帯域：100kHz　絶縁型

072項 p.220参照

これらの電流センサは電圧出力なので、PICマイコンとの接続は図2のように単純にアナログ入力としてA/Dコンバータ*で計測します。

●図2 電波センサの接続回路

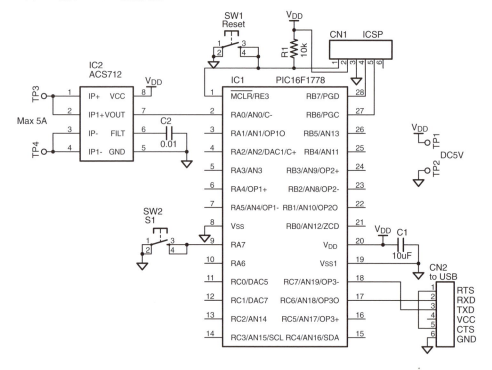

10-1 電気的な計測

071項p.216参照

　この回路で作成したテストプログラムがリスト1となります。ADCやEUSARTモジュール*の初期設定はMCCで行っています。

　電源電圧の中央付近が0Aで正負の電流で上下方向に電圧が変化するため、ゼロ点補正が必要です。

　ここでは入力が無い状態で、スイッチS1を押したときの計測値を0Aの時の値として**Zero**という変数に保存し、毎回の計測結果を補正しています。

　常時は1秒間隔で計測し、ゼロ点の電圧（**Zero**）を引き算したあと、一定の傾きとして電流値に変換しています。表示出力をmA単位とするため測定値を1000倍してprintf文でパソコンに送信しています。

▼リスト1　電流センサのテストプログラム例（Current2）

```
/*********************************
 *   電流センサテストプログラム
 *         Current2
 *********************************/
#include "mcc_generated_files/mcc.h"
#include <stdio.h>
/** 低レベル入出力関数の上書き **/
void putch(char Data){
    EUSART_Write(Data);
}
uint16_t result;
double Current, Volt, Zero;
/***** メイン関数 *******/
void main(void)
{
    SYSTEM_Initialize();

    while (1)
    {
        /** ゼロ点測定 **/
        if(S1_GetValue() == 0){                    // S1がオンの時
            result = ADC_GetConversion(Cur);       // ゼロ時測定
            Zero = ((double)result * 5000.0) / 1023;
        }
        /** 通常測定 ***/
        result = ADC_GetConversion(Cur);           // 計測
        Volt = ((double)result * 5000.0) / 1023;   // 電圧に変換
        Current = (Volt - Zero) * 1000 / 185;      // 電流に変換
        printf("\r\nCurrent= %4.0f mA", Current);  // 送信
        __delay_ms(1000);
    }
}
```

10-2 自然界の計測

083 アナログ式温度センサを使いたい

温度と湿度は環境の基本になる情報です。多くのセンサが市販されており、アナログ方式のものとデジタル方式のものとがあります。

実際に市販されている**アナログ式温度センサ**には図1のようなものがあります。抵抗出力のものと、半導体ICの電圧出力のものがあります。

・・・・・・・・・・・・・・
交流電圧が必要な理由
直流を加えるとセンサ部が劣化するため。

アナログ式湿度センサは交流電圧＊が必要なため、最近ではあまり使われていないので省略します。

●図1 アナログ式の市販温度センサの例

サーミスタ（SEMITEC製）
型番：103JT-050
特性：抵抗値変化
　　　-50℃：368kΩ
　　　 0℃：27.7kΩ
　　　 25℃：10.0kΩ
　　　 50℃：4.15kΩ

半導体温度センサ(TI製)
型番　　：LM60
特性　　：-25℃～125℃ ±2℃
電圧出力：+6.25mV/℃
　　　　 0℃=424mV
電源電圧：2.7V～10V

半導体温度センサ
（Microchip Technology製）
型番　　：MCP9700A-E/TO
特性　　：-40℃～125℃ ±2℃
電圧出力：+10mV/℃
　　　　 0℃=500mV
電源電圧：2.3V～5.5V

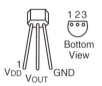

・・・・・・・・・・・・・・
サーミスタ
温度の変化により抵抗値が変化する電子部品。形、サイズ、特性が多種類ある。

アナログ式のセンサの例として、**サーミスタ**＊とMCP9700Aを使ってみます。これらとPICマイコンとの接続は図2のようにします。

● 図2 アナログ式の市販温度センサの例

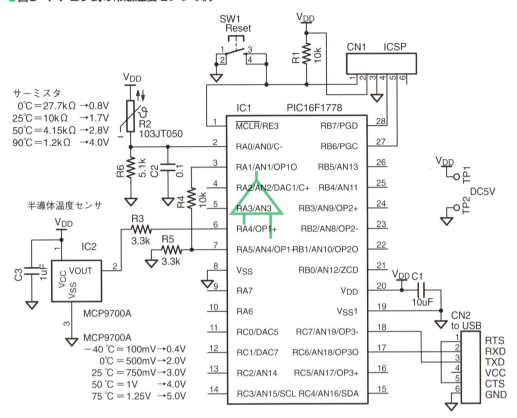

サーミスタは5.1kΩの抵抗を直列に挿入して、電源とGND間に接続して電流を流して電圧に変換します。それをPICマイコンのアナログ入力ピンに接続して計測します。これで特性の傾きも正方向となり、図2左側に示したように0℃から100℃程度が測定できます。サーミスタは完全な直線特性ではありませんが、狭い温度範囲であれば直線で近似しても大きな誤差にはなりません。

半導体の電圧出力のものは、測定温度範囲によって直接またはオペアンプで増幅してPICマイコンのアナログ入力とします。

この例では、MCP9700Aは0℃のとき500mVで、10mV/℃の傾きで温度により電圧が直線的に変化するので、内蔵オペアンプの非反転増幅回路[*]で4倍に増幅することで図2の左下のように－40℃から75℃までの測定ができます。

この回路でのテストプログラムがリスト1となります。一定間隔で両方の温度を測定してシリアル通信でパソコンに送信しています。初期設定はすべてMCC[*]で行っています。

075項p.228参照

019項p.42参照

第10章　何かを測りたい

▼リスト1　アナログ式温度センサのプログラム例（Temperature）

```
/******************************************
 *   アナログ式温度センサテスト
 *      Temperature
 ******************************************/
#include "mcc_generated_files/mcc.h"
#include <stdio.h>
/** 低レベル入出力関数の上書き **/
void putch(char Data){
    EUSART_Write(Data);
}
uint16_t result;
double Temp1, Temp2, Volt;
/***** メイン関数 ******/
void main(void)
{
    SYSTEM_Initialize();                // システム初期化
    while (1)
    {
        result = ADC_GetConversion(JT);    // サーミスタ入力
        /* サーミスタ直線近似　0℃ =0.8V　25℃ =1.7V*/
        Volt = (5.0*result)/1023;          // 電圧に変換
        Temp1 = (25*Volt)/0.9-22.2;        // 温度に変換
        result = ADC_GetConversion(MCP);   // ICセンサ入力
        /* ICセンサ直線近似　0℃ =2.0V　50℃ =4V */
        Volt = (5.0*result)/1023;          // 電圧に変換
        Temp2 = (Volt*50)/2-50.0;          // 温度に変換
        printf( "\r\nThermistor = %2.1f,  ICTemp = %2.1f",Temp1,Temp2);
        __delay_ms(3000);
    }
}
```

10-2 自然界の計測

084 デジタル式温湿度センサを使いたい

温度と湿度は環境の基本になる情報です。デジタル式で実際に市販されているセンサには図1のようなものがあります。デジタル式では温度と湿度の両方が出力できるものが多くなっています。

●図1 デジタル式温度/湿度センサ

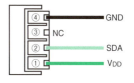

温湿度センサ（Aosong Guangzhou製）
型番：AM2302
I/F ：単線シリアル双方向
特性：温度　−40℃〜80℃±0.5℃
　　　湿度　0%〜99.9%±2%
　　　電源　3.5V〜5.5V

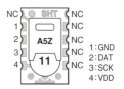

温湿度センサ（Sensirion製）
型番：AHT11
I/F ：2線式シリアル
特性：温度　−40℃〜123℃±0.5℃
　　　湿度　0%〜100%±3.5%
　　　電源　2.4V〜5.5V

シリアル通信方式
ここでは1本または数本のラインでデータを送る方式を指す。

デジタル式の市販の例では、いずれもシリアル通信方式*となっていますが、標準的な方式ではなくいずれも**専用のシリアル通信方式**となっています。PICマイコンとの接続は図2のようにします。2種類のセンサを一緒に接続しています。

第10章 何かを測りたい

● 図2　デジタル式温度センサの回路例

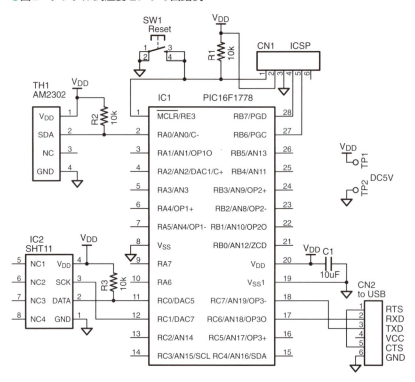

073項p.223、
074項p.226参照

入出力ピンを直接制御
命令のオンとオフの繰り返しでパルス出力とする方法。

　各センサのシリアル通信の仕様は図3のようになっていて、いずれもちょっと特殊な手順ですので、I^2CとかSPI*などの標準的な通信モジュールが使えません。そこで入出力ピンを直接オンオフ制御*することで実現することにしました。

● 図3　デジタル式温湿度センサの通信方式

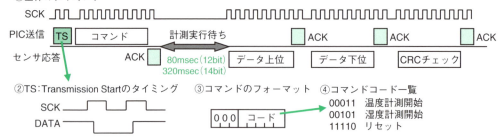

● 図3 デジタル式温湿度センサの通信方式（つづき）

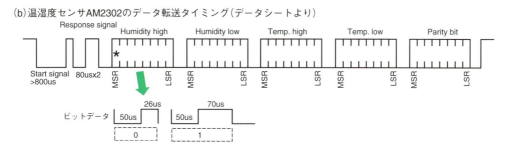

(b) 温湿度センサAM2302のデータ転送タイミング（データシートより）

　実際のAM2302用の通信用関数ReadAM( )がリスト1となります．最初にピンを出力モードにして800μsec以上のLowと30μsec以上のHighと続く開始シーケンスを出力したら，すぐ入力モードにして，80μsecのLowとHighが過ぎるのを待ちます．その後は1ビットごとの受信処理になって50μsecのLowが過ぎるのを待ち，その後のHighの区間のパルス幅をカウントします．このカウント値が40以上ならデータ「1」少なければデータ「0」としています．これを8回繰り返して1バイトの受信データとしてバッファに格納します．さらにこの1バイトの処理を5回繰り返せば全データの受信完了となります．

▼リスト1　デジタル式温湿度センサの制御プログラム例（TempHumi）

```c
/**********************************
 *  AM2302読み込み処理
 **********************************/
void ReadAM(uint8_t *buf){
    uint8_t i, j, Width, mask, data;

    /**** 開始シーケンス *****/
    IO_SetHigh();
    IO_TRIS = 0;                        // 出力モード
    IO_SetLow();
    __delay_ms(2);                      // Start Pulse >1ms
    IO_SetHigh();
    __delay_us(50);                     // >30us
    IO_TRIS = 1;                        // 入力モード
    while(IO_GetValue() == 0);          // =80us待ち
    while(IO_GetValue() == 1);          // =80us待ち
    /****** データ受信 ********/
    for(j=0; j<5; j++){                 // 5バイト繰り返し
        data = 0;                       // クリア
        mask = 0x80;                    // 上位ビットから
        for(i=0; i<8; i++){             // 1バイト受信
            while(IO_GetValue() == 0);  // 50usecLow待ち
            Width = 0;
            while(IO_GetValue() == 1){  // Highの時間カウント
                Width++;                // パルス幅カウント
            }                           // 0=26us か 1=70us
            if(Width > 40)              // パルス幅広い場合
                data = data | mask;     // データ1をセット
            mask >>= 1;                 // 次のビット
        }
```

第10章　何かを測りたい

```
        *buf = data;                // 1バイト保存
        buf++;                      // バッファポインタ更新
    }
}
```

SHT11の通信部はリスト2のようにしています。このセンサは最初に計測開始のコマンドを送信する前に、特別なスタートアップシーケンスが必要です。これを独立の関数`TRStart()`として用意しました。

このあとに温度計測か湿度計測のコマンドを送る必要がありますが、1バイトの送信関数`SendData()`で実現しています。この中でSCKピンとSDAピンをオンオフしながら出力しています。

同様に1バイトの受信関数`ReadData()`でもSCKとSDAピンをオンオフしながら制御しています。この関数を使って複数バイトの受信関数`GetData()`を作成しています。

▼リスト2　デジタル式温湿度センサのプログラム例（TempHumi）

```c
/**********************************
 *  SHT11  スタートシーケンス
 **********************************/
void TRStart(void){
    uint8_t i;
    
    SCK_TRIS = 0;                   // 出力モード
    SDA_TRIS = 0;
    /** 接続リセット **/
    SDA_SetHigh();                  // SDAはHighのまま
    SCK_SetLow();
    for(i=0; i<10; i++){
        SCK_SetHigh();              // 10回SCKオンオフ
        SCK_SetLow();
    }
    /** スタートシーケンス **/
    SDA_SetHigh();
    SCK_SetHigh();                  // SCK2回オンオフ
    SDA_SetLow();                   // SDAも2回オンオフ
    SCK_SetLow();
    SCK_SetHigh();
    SDA_SetHigh();
    SCK_SetLow();
}
/**********************************
 *  SHT11  1バイト入力
 **********************************/
uint8_t ReadData(void){
    uint8_t mask, pos, data;
    
    SDA_TRIS = 1;                   // 入力モード
    data = 0;
    mask = 0x80;                    // 上位から
    for(pos=0; pos<8; pos++){       // 8ビット
        SCK_SetHigh();
        if(SDA_GetValue() == 1)     // 1ビット入力
            data = data | mask;     // 1の時
        mask >>= 1;                 // 次へ
```

```c
            SCK_SetLow();
        }
        SDA_SetLow();
        SDA_TRIS = 0;                   // 出力モード
        SCK_SetHigh();                  // ACK返送
        __delay_us(1);
        SCK_SetLow();
        return(data);                   // データを戻す
    }
    /*******************************
    * SHT11 1バイト出力
    *******************************/
    uint8_t SendData(uint8_t data){
        uint8_t mask, pos, flag;

        SDA_TRIS = 0;                   // 出力モード
        mask = 0x80;                    // 上位ビットから
        for(pos=0; pos<8; pos++){       // 8ビット繰り返し
            SCK_SetLow();
            SDA_LAT=(mask & data) ? 1:0;//1ビット出力
            SCK_SetHigh();
            mask >>= 1;                 // 次のビットへ
        }
        SDA_TRIS = 1;                   // ACK入力モード
        SCK_SetLow();
        __delay_us(1);
        SCK_SetHigh();
        flag = SDA_GetValue();          // ACK入力
        SCK_SetLow();
        SDA_SetHigh();
        return(flag);                   // ACK状態を返す
    }
    /****************************************
    * SHT11 1バイトコマンド出力
    ****************************************/
    void SendCmd(uint8_t cmnd){
        TRStart();                      // スタート
        SendData(cmnd);                 // コマンド送信
    }
    /***************************************
    * SHT11 複数バイト入力
    ***************************************/
    void GetData(uint8_t *buffer, uint8_t size){
        uint8_t i;

        for(i=0; i<size; i++){          // 指定数繰り返し
            *buffer = ReadData();       // 1バイト読み込み
            buffer++;                   // ポインタ更新
        }
    }
```

　この専用のシリアル通信方式でのテストプログラムのメイン関数がリスト3となります。SHT11、AM2302の両方を順番に計測してパソコンにシリアル通信で送信しています。

　SHT11センサでは温度、湿度の計測要求のあと、計測が完了するまで350msecと80msecという結構長い時間を待つ必要があります。取得したデー

第10章　何かを測りたい

タを実際の温度や湿度に変換する変換式は少し複雑ですが、データシートのとおりとなっています。

シリアル通信ではprintf文を使っていますから、低レベル出力関数*をEUSARTに出力するように上書きしています。

071項p.218参照

▼リスト3　デジタル式温湿度センサのプログラム例（TempHumi）

```c
/**********************************************
 *  温湿度センサテストプログラム
 *  TempHumi
 **********************************************/
#include "mcc_generated_files/mcc.h"
#include <stdio.h>
/** 低レベル入出力関数の上書き **/
void putch(char Data){
    EUSART_Write(Data);
}
void SendCmd(uint8_t cmnd);
void GetData(uint8_t *buffer, uint8_t size);
void ReadAM(uint8_t *buf);
/** グローバル変数定義 **/
uint8_t RcvBuf[8], RcvBuf2[8];
double Ondo, Humi, Ondo2, Humi2;
uint16_t Temp;
/******** メイン関数 ************/
void main(void)
{
    SYSTEM_Initialize();              // システム初期化
    SendCmd(0x1E);                    // SHT11 Soft reset
    __delay_ms(30);                   // 11msec以上待ち
    while (1)
    {
        /********* SHT11の計測 *********/
        SendCmd(0x03);                // 温度計測開始
        __delay_ms(350);              // 350msec待ち
        GetData(RcvBuf, 3);           // 3バイトデータ受信
        /* 温度データに変換 */
        Ondo = 0.01*(RcvBuf[0]*256+RcvBuf[1])-40.1;  // @5V
        SendCmd(0x05);                // 湿度計測開始
        __delay_ms(100);              // 100msec待ち
        GetData(RcvBuf, 3);           // 3バイトデータ受信
        /* 湿度データに変換 */
        Temp = RcvBuf[0]*256 + RcvBuf[1];
        Humi = -2.0468+0.0367*Temp - 0.0000016*Temp*Temp;
        /* PCへ送信 */
        printf("\r\nSHT Temp= %2.2f DegC   Humi= %2.1f %%RH", Ondo, Humi);
        __delay_ms(1000);             // 1秒周期
        /******** AM2302の計測 *******/
        ReadAM(RcvBuf2);
        Humi2 = (RcvBuf2[0]*256+RcvBuf2[1]) / 10.0;
        Ondo2 = ((RcvBuf2[2]&0x7F)*256+RcvBuf2[3]) / 10.0;
        if((RcvBuf2[2]&0x80) != 0)
            Ondo2 = Ondo2 * -1;
        printf("\r\nAM  Temp= %2.2f DegC   Humi= %2.1f %%RH", Ondo2, Humi2);
        __delay_ms(3000);
    }
}
```

10-2 自然界の計測

085 大気圧が測れる複合センサを使いたい

大気圧が測れるセンサとしては、単独のものもありますが、温度や湿度も一緒に測れる複合センサがあります。このようなセンサとして図1のようなものが市販されています。

● 図1　市販の気圧を含む複合センサの例

ボッシュ社製
型番：BME280
I/F　：I^2C または SPI
温度：−40℃〜85℃　±1℃
湿度：0〜100%　±3%
気圧：300〜1100hPa　±1hPa
電源：1.7V〜3.6V　補正演算が必要
（秋月電子通商にて基板化したもの　AE-BME280）

STマイクロエレクトロニクス社製
型番：LPS331AP
I/F　：I^2C または SPI
温度：0℃〜80℃　±2℃
気圧：260〜1260hPa　±2hPa
電源：17V〜3.6V（IC）
　　　3.0Vから5.5V（基板）
　　　補正演算不要
（サンハヤトにて基板化したもの　MM-TXS03）

073項p.223、
074項p.226参照

　いずれも外部インターフェースはSPIかI^2C^*いずれも使えます。例えばMM-TXS03をI^2Cで使う場合にはPICマイコンとは図2のように接続します。電源とI^2Cの2本だけでその他は使いません。I^2Cの2本にはプルアップ抵抗を忘れずに付加します。

第10章 何かを測りたい

●図2　気圧・温度センサの接続回路図

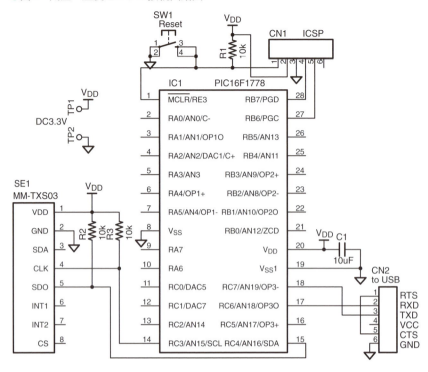

073項p.224参照

　この回路構成で作成したテストプログラムがリスト1となります。I²Cモジュールは MCC で設定し、データ通信は独立のライブラリとしています。I²Cのライブラリの詳細は「MCCでI²Cを設定して使いたい*」を参照してください。

　プログラムでは、最初にセンサを1秒間隔で計測する動作に設定しています。メインループで計測データを一括取得していますが、この一括取得では、読み込む内部レジスタの最初のアドレスを指定してから連続で5バイト受信します。これでアドレスが自動的に内部でカウントアップされて連続の5個のレジスタが読み出せます。この中に3バイトの気圧のデータと2バイトの温度のデータが含まれています。このあと実際の気圧と温度への変換をしていますが、この変換はデータシート通りで簡単にできます。最後にprintf文でパソコンに送信していますが、ここでは浮動小数をそのままprintf文に任せて変換しているので、プログラムサイズが8kワードを超えるサイズとなっています。

10-2 自然界の計測

▼リスト1　気圧・温度センサのプログラム例（Pressure）

```c
/**********************************************
 *  気圧・温度センサのテストプログラム
 *      Pressure
 **********************************************/
#include "mcc_generated_files/mcc.h"
#include <stdio.h>
#include "i2c_lib2.h"
/** 低レベル入出力関数の上書き **/
void putch(char Data){
    EUSART_Write(Data);
}
/* グローバル変数 */
uint8_t Buffer[8];
double Press, Ondo;
long temp;
int temp1;
/******** メイン関数 ***********/
void main(void)
{
    SYSTEM_Initialize();
    INTERRUPT_GlobalInterruptEnable();
    INTERRUPT_PeripheralInterruptEnable();
    CmdI2C(0x5D, 0x20, 0x90);          // Activate 1秒間隔
    while (1)
    {
        SendI2C(0x5D, 0xA8);            // Start Register Address
        GetDataI2C(0x5D, Buffer, 5);    // 5バイト受信
        /* 気圧データに変換 */
        temp = ((long)Buffer[2] << 16)+((long)Buffer[1] << 8)+(long)Buffer[0];
        Press = temp / 4096.0;
        temp1 = ((int)Buffer[4] << 8) + (int)Buffer[3];
        Ondo = temp1 / 480.0 + 42.5;
        printf("\r\nPres= %4.1f hPa   Temp= %2.1f DegC", Press, Ondo);
        __delay_ms(3000);
    }
}
```

10-2 自然界の計測

086 明るさを測りたい

明るさをルックスの単位で正確に測るのは難しい課題です。しかし、単に明るさを、明るい/暗いで相対的に測る場合には多くのセンサが使えます。

このような目的で市販されている明るさのセンサには図1のようなものがあります。いずれもアナログ方式*のセンサです。

> **アナログ方式**
> 明るさの変化を電圧/電流または抵抗値の変化で出力する。

●図1 市販の明るさのセンサの例

CdS
型番　：GL5549
波長　：540nmピーク
電圧　：Max150VDC
電力　：Max100mW
抵抗値：100Ω～200kΩ
暗時　：10MΩ

フォトICダイオード
型番　：S9648-200SB
波長　：300～820nm
　　　　560nmピーク
電圧　：-0.5～12V
出力　：アナログ電流
　　　　0.2μA～5mA

CdSは可視光に反応するように作られていますが、応答速度が遅いので比較的ゆっくり変化する光のセンサとして使われています。CdSの特性についてはあまり明確なデータは無いのですが、図3のような回路接続で使うとおよそ図2①のようになります。

これに対して照度センサの出力は電流出力となっており、高速に応答するとともに、両対数とすると図2②のように正確に照度に比例しています。

●図2 光センサの出力特性

① CdS回路のおよその出力特性

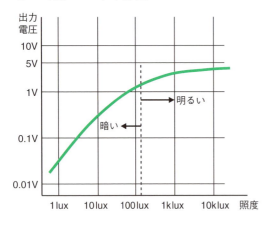

② 照度センサS9648-100の出力特性
　（データシートより）

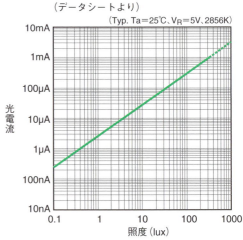

これらのセンサとPICマイコンとの接続は図3のようにします。

●図3 明るさセンサの接続回路図

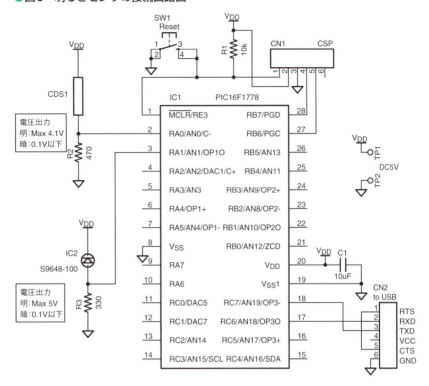

抵抗を直列に挿入して電源とGND間に接続して電流を流し、抵抗に発生する電圧をPICマイコンのアナログ入力としてAD変換して明るさを求めます。発生する電圧はおよそ図2の左側のような電圧値になるので、これをA/D変換して明るさの相対値として処理します。方法は「アナログ式温度センサを使いたい*」を参照してください。フォトICダイオードが回路図ではS9648-100ですが、S9648-200SBとほぼ同じ特性ですので同じ回路で使えます。

083項p.250参照

第10章 何かを測りたい

10-2 自然界の計測

087 色を測りたい

色をデジタル的に計測するためのセンサとして図1のようなものが市販されています。いずれもI^2CインターフェースでR、G、Bのそれぞれをデジタル数値で計測できます。

これらのカラーセンサは、野菜や果物の選別に使われたり、各種の工業製品の色による品質管理に使われたりしています。

●図1　市販のカラーセンサの例

カラーセンサ
型番：S11059-02DT
　　　（浜松ホトニクス製）
I/F　：I^2C　（0x2A）
電源：2.25V～3.63V
感度：1/1　1/10
出力：RGB各16bit
　　　（秋月電子通商で基板化したもの）

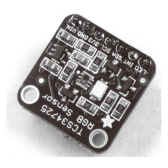

カラーセンサ
型番：TCS34725使用
　　　（Adafruit製）
I/F　：I^2C　（0x29）
電源：3.3V～5V
出力：RGB各16bit
　　　白色LEDも実装

例えばS11059の場合には、PICマイコンとの接続は通常のI^2Cモジュールとの接続と同じで問題ありません。**プルアップ抵抗を忘れないようにする必要があります**。I^2Cによる通信手順は図2、レジスタごとの内容は表1となっています。最初にコントロールレジスタに積分時間設定と、積分モードを設定します。次にマニュアルタイミングレジスタで積分時間を設定します。あとはコントロールレジスタで動作開始してから一定時間待ち、変換結果データをまとめて取り出します。

10-2 自然界の計測

● 図2　S11059の送受信手順

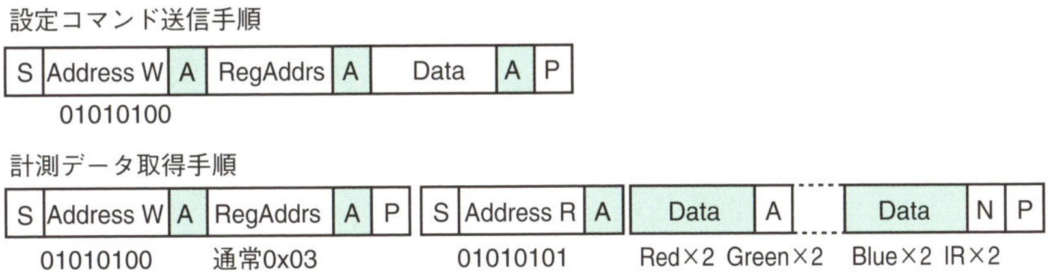

設定コマンド送信手順

| S | Address W | A | RegAddrs | A | Data | A | P |

01010100

計測データ取得手順

| S | Address W | A | RegAddrs | A | P | S | Address R | A | Data | A | ... | Data | N | P |

01010100　　　通常0x03　　　01010101　　Red×2 Green×2　　Blue×2 IR×2

▼表1　S11059のコマンド一覧

Adrs	機能	bit							
		7	6	5	4	3	2	1	0
00	コントロール	ADCリセット 1：リセット 0：動作開始	スリープ機能 1：待機モード 2：動作モード	スリープ機能モニタ	─	ゲイン選択 1：Highゲイン 0：Lowゲイン	積分モード 1：マニュアル設定モード 0：固定時間モード	積分時間設定 (00) 87.5us、(01) 1.4ms (10) 22.4ms、(11) 179.2ms	
01	マニュアルタイミングレジスタ	積分時間マニュアル設定レジスタ（上位バイト）							
02		積分時間マニュアル設定レジスタ（下位バイト）							
03	センサのデータ用レジスタ（Red）	出力データ（Red、上位バイト）							
04		出力データ（Red、下位バイト）							
05	センサのデータ用レジスタ（Green）	出力データ（Green、上位バイト）							
06		出力データ（Greeen、下位バイト）							
07	センサのデータ用レジスタ（Blue）	出力データ（Blue、上位バイト）							
08		出力データ（Blue、下位バイト）							
09	センサのデータ用レジスタ（赤外）	出力データ（赤外、上位バイト）							
0A		出力データ（赤外、下位バイト）							

073項p.223参照

　　この手順を元に作成したテストプログラムがリスト1となります。一定間隔で色を計測して、シリアル通信でパソコンに数値で送信します。I^2Cのライブラリを使っていますが、この詳細は「MCCでI^2Cを設定して使いたい*」を参照してください。

　　まず初期設定でセンサにマニュアルモードと積分時間を設定しています。

　　次にメインループでは、センサの変換を開始し、積分時間として2.5秒を待っています。その後3色と赤外の各2バイトのデータを一括取得してから、各2バイトを16ビットの数値に変換してパソコンに送信しています。

　　ここでの各色の値は絶対値ではなく相対値ですから、色を判定するためには、**実際の色ごとに値を整理して各色のスレッショルド値を決める必要があります。また値は照明によって大きく変化するので、測定時には常に同じ照明となるようにする必要があります。**

10 何かを測りたい

第10章 何かを測りたい

▼リスト1 カラーセンサのプログラム例（Color）

```c
/****************************************
 *   カラーセンサのテストプログラム
 *   Color
 ****************************************/
#include "mcc_generated_files/mcc.h"
#include <stdio.h>
#include "i2c_lib2.h"
/** 低レベル入出力関数の上書き **/
void putch(char Data){
    EUSART_Write(Data);
}
uint8_t Buffer[8];
uint16_t Red, Green, Blue, IR;
/******* メイン関数 *************/
void main(void)
{
    SYSTEM_Initialize();
    INTERRUPT_GlobalInterruptEnable();
    INTERRUPT_PeripheralInterruptEnable();
    CmdI2C(0x2A, 0x00, 0x04);        // Manual Tint=175us
    CmdI2C(0x2A, 0x01, 0x0C);        // 積分 0x0C30
    CmdI2C(0x2A, 0x02, 0x30);
    while (1)
    {
        /** センサからデータ取得 **/
        CmdI2C(0x2A, 0x00, 0x84);    // ADC reset weke up
        CmdI2C(0x2A, 0x00, 0x04);    // ADC start
        __delay_ms(2500);            // 2.5sec wait
        SendI2C(0x2A, 0x03);         // Start Reg address
        GetDataI2C(0x2A, Buffer, 8); // Get 8 bytes
        /*** 各色をPCに送信 ****/
        Red = Buffer[0] * 256 + Buffer[1];
        Green = Buffer[2] * 256 + Buffer[3];
        Blue = Buffer[4] * 256 + Buffer[5];
        IR = Buffer[6] * 256 + Buffer[7];
        printf("\r\nRed=%5u Green=%5u Blue=%5u IR=%5u", \
               Red, Green, Blue, IR);
        __delay_ms(3000);
    }
}
```

10-2 自然界の計測

088 GPSで緯度・経度・高度・時刻を測りたい

GPS
Global Positioning Systemの略。人工衛星を利用した位置情報計測システム。

GPS受信モジュール
GPS衛星からの信号を受信し、複雑な演算を実行して正確な時間と位置を出力するモジュール。

みちびき
JAXAが打ち上げた準天頂衛星。GPSと一体化して日本での測位精度を向上することができる。

緯度、経度、高度、時刻を正確に測るには**GPS***を用いるのが一番簡単です。市販のGPS受信モジュール*には図1のようなものがあります。最近ではみちびき*対応にもなっていて、より正確な位置情報が得られます。

●図1　市販のGPS受信モジュールの例

型番　　：GYSFDMAXB（太陽誘電製）
I/F　　　：UART（9600bps）
電源　　：3.8V ～ 12V
感度　　：－164dBm
　　　　　NMEA0183 V3.01準拠
消費電流：40mA
測地系　：WGS1984
　　　　　みちびき対応
　　　　　（秋月電子通商で基板化したもの）

型番　　：GMS6-CR6（TSKY製）
I/F　　　：TTL/RS232C（9600bps）
電源　　：3.3V ～ 6V
感度　　：－163dBm
　　　　　NMEA0183 V3.01準拠
測地系　：WGS-84
消費電流：35mA以下

071項p.216参照

029項p.80参照

　実際にPICマイコンと接続する場合には、図2のようにEUSARTモジュール*と接続するだけなので簡単です。ここでは液晶表示器*に緯度、経度などを表示するようにします。

　この回路で作成したテストプログラムがリスト1となります。常時緯度、経度、衛星数、品質などの情報を表示します。さらにS1を押している間は時刻と高度を表示させています。

　GPSモジュールの受信関数`GPSRcv()`で改行コードまで受信しバッファに格納します。そしてバッファの先頭の文字列を「`$GPGGA`」と比較し一致したら`PosDisp()`関数を呼び出し、文字列から緯度や経度などの部分を取り出しては液晶表示器に出力しています。S1が押されていれば時刻と高度を表示します。GPSの時刻は日本標準時とは9時間遅れていますから、補正する必要があります。

第10章　何かを測りたい

●図2　GPSセンサの接続回路図

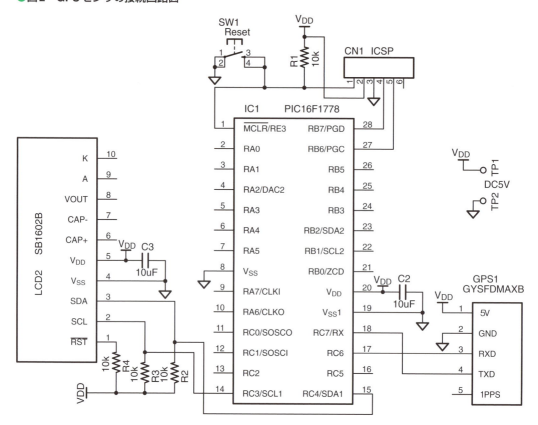

▼リスト1　GPS受信モジュールのプログラム例（GPS）

```
/*********************************************
 *   GPSモジュールテストプログラム
 *       GPS
 *********************************************/
#include "mcc_generated_files/mcc.h"
#include "i2c_lib2.h"
#include "lcd_lib2.h"
#include <string.h>
uint8_t Buffer[128];
void PosDisp(void);
void TimeDisp(void);
void GPSRcv(void);
/****** メイン関数 *******/
void main(void)
{
    SYSTEM_Initialize();
    INTERRUPT_GlobalInterruptEnable();
    INTERRUPT_PeripheralInterruptEnable();
    lcd_init();                 // LCD初期化
```

10-2 自然界の計測

```c
    while (1)
    {
        GPSRcv();
        /** LCDに表示出力 */
        if(memcmp(Buffer, "$GPGGA", 6) == 0){
            lcd_clear();              // 全画面クリア
            if(S1_GetValue())         // スイッチオフか？
                PosDisp();            // 緯度経度表示
            else
                TimeDisp();           // 時刻高度表示
        }
    }
}


/****************************************
 * GPSセンテンス受信サブ関数
 * 改行コードまで一括受信
 * 128バイトまでバッファに格納
 ****************************************/
void GPSRcv(void){
    uint8_t ptr, data;

    ptr = 0;                          // ポインタリセット
    do{
        data = EUSART_Read();         // 1バイト受信
        if(ptr < 128)                 // 最後か？
            Buffer[ptr++] = data;     // バッファに格納
    }while(data != 0x0A);             // 改行コード受信
}


/****************************************
 * GPS内容表示サブ関数
 * 緯度経度表示
 ****************************************/
void PosDisp(void)
{
    uint16_t i;

    /*** 緯度経度表示 ****/
    if(Buffer[18] != ','){            // 受信有効か？
        /** 1行目緯度表示 **/
        lcd_cmd(0x80);                // 1行目
        lcd_data(Buffer[28]);         // N/S
        lcd_data(' ');
        lcd_data(Buffer[18]);         // 緯度表示
        lcd_data(Buffer[19]);
        lcd_data(0xDF);               // °表示
        for(i=0; i<7; i++)
        lcd_data(Buffer[20+i]);       // 緯度分表示
        lcd_data(' ');
        lcd_data('S');
        lcd_data(Buffer[45]);         // 衛星数表示
        lcd_data(Buffer[46]);
        /** 2行目経度表示 **/
        lcd_cmd(0xC0);                // 2行目に移動
        lcd_data(Buffer[41]);         // E/W
```

```c
                lcd_data(Buffer[30]);
                lcd_data(Buffer[31]);           // 経度表示
                lcd_data(Buffer[32]);
                lcd_data(0xDF);                 // °表示
                for(i=0; i<7; i++)
                lcd_data(Buffer[33+i]);         // 経度分表示
                lcd_data(' ');
                lcd_data('F');                  // 受信状態0,1,2
                lcd_data(Buffer[43]);
        }
        else{                                   // 受信失敗
                lcd_str("Not Received");
        }
}


/****************************************
* GPS内容表示サブ関数
* 時刻表示
****************************************/
void TimeDisp(void){
    uint8_t i;

    /** 時刻表示 **/
    lcd_cmd(0x80);                              // 1行目
    lcd_data('T');
    lcd_data(' ');
    lcd_data(Buffer[7]);                        // 時間
    lcd_data(Buffer[8]);
    lcd_data(':');
    lcd_data(Buffer[9]);                        // 分
    lcd_data(Buffer[10]);
    lcd_data(':');
    for(i=0; i<2; i++){
        lcd_data(Buffer[11+i]);                 // 秒
    }
    /** 高度表示 **/
    if(Buffer[18] != ','){                      // 受信有効か？
        lcd_cmd(0xC0);
        lcd_data('H');                          // H表示
        lcd_data(' ');
        for(i=0; i<5; i++){                     // 可変長対応
            if(Buffer[52+i] == ',')
                break;
            else
                lcd_data(Buffer[52+i]);         // 高度
        }
        lcd_data(Buffer[52+i+1]);               // M
    }
}
```

10-2 自然界の計測

089 傾きを測りたい

重力加速度
地球の重力が地上の物体に及ぼす加速度で重力÷質量で表される。記号はgでほぼ9.80m/s2。この重力加速度つまり落ちようとする力が傾きにより変化することから物体の傾きを検出できる。

ジャイロ
角速度のセンサ。どれだけ速く傾こうとしているかをあらわす。

磁気コンパス
地磁気の強さを測定するセンサ。向きにより地磁気の強さが変化することから方向を検出できる。

アナログ出力
センスした値に比例した電圧を出力する。

傾き、つまり**重力加速度**[*]を測るセンサには多くの種類があり、加速度だけでなく、**ジャイロ**[*]や**磁気コンパス**[*]まで含めた複合センサもあります。重力加速度で傾きが測定できるので物体の傾きを知るセンサとしてよく使われます。

市販されている例には図1のようなものがあり、デジタル出力とアナログ出力[*]のものがあります。

●図1 市販の加速度センサの例

3軸加速度センサ
型番　：ADXL345
　　　　（アナログデバイス製）
I/F　：I^2C、SPI
電源　：2.0V～3.6V
レンジ：Max±16g
分解能：Max13bit
　　　　（秋月電子通商）

3軸加速度センサ
型番　：ADXL-335
　　　　（アナログデバイス製）
I/F　：電圧出力
電源　：1.8V～3.6V
レンジ：3g
感度　：300mV/g　@3V
0°出力：1.5V　@3V
　　　　（秋月電子通商）

9軸センサ
型番　：BMX055（Bosch製）
I/F　：I^2C
電源　：3.3V/5V
項目　：3軸加速度
　　　　3軸ジャイロ
　　　　3軸磁気コンパス
　　　　（秋月電子通商）

第10章 何かを測りたい

例としてADXL345というデジタル出力のセンサを使ってみます。PICマイコンとの接続は図2のようにSPIで接続します。

●図2　3軸加速度センサの接続回路図

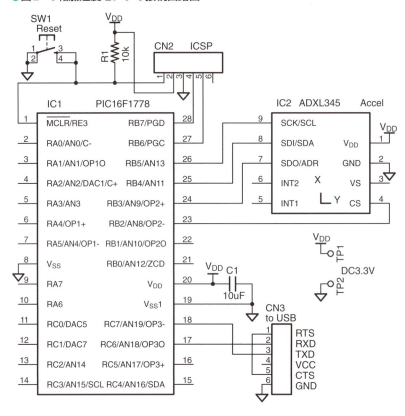

この回路で作成したテストプログラムがリスト1となります。SPIの通信部は「MCCでSPIを設定して使いたい*」を参照してください。この通信部を使ってまずセンサの初期設定をしています。その後メインループで3軸のデータを一括して読み出し、ユニオンを使って3軸の16ビットのデータにしています。これで基板を傾ければX、Y、Z軸の各値が変化します。急に傾きを変えたりぐるぐる回したりすると大きな値になります。

074項p.226参照

▼リスト1　加速度センサのプログラム例（Accel）

```c
/***************************************
 *  3軸加速度センサのテストプログラム
 *       Accel
 ***************************************/
#include "mcc_generated_files/mcc.h"
#include <stdio.h>
/** 低レベル入出力関数の上書き **/
void putch(char Data){
    EUSART_Write(Data);
}
/* グローバル変数定義 */
union {
    uint8_t buf[6];                     // バイト単位　読み込み用
    int ibuf[3];                        // int型　変数用
}data;
int Xdata, Ydata, Zdata;
void SPICmd(uint8_t adrs, uint8_t data);
void GetSPIData(uint8_t adrs, uint8_t *buf, uint8_t cnt);

/****** メイン関数 ********/
void main(void)
{
    SYSTEM_Initialize();
    /* 加速度センサ初期設定 */
    SPICmd(0x2C, 0x0A);                 // PowerOn 100Hz
    SPICmd(0x31, 0);                    // SPI DataFormat 10bit Right 2g
    SPICmd(0x38, 0);                    // FIFO Mode Bypass
    SPICmd(0x2D, 0x08);                 // Mesure mode
    __delay_ms(5);
    while (1)
    {
        /* 加速度値を読みだす */
        GetSPIData(0xF2, &data.buf[0], 6);   // 6バイトデータ受信
        Xdata = data.ibuf[0];                // X軸
        Ydata = data.ibuf[1];                // Y軸
        Zdata = data.ibuf[2];                // Z軸
        /* 加速度データを送信 */
        printf("\r\n X= %+4d   Y= %+4d   Z= %+4d", Xdata, Ydata, Zdata);
        __delay_ms(500);
    }
}
```

10-2 自然界の計測

090 方角を知りたい

地磁気センサ
地磁気の強さを測定するセンサで、方向により地磁気が異なることから方位を検出できる。しかし地球が丸いため、センサの検出した値を立体的に補正する必要がある。

方角を知るためには**3軸地磁気センサ**＊が使えます。地球の地磁気の磁力の3軸の大きさを元に方角を計算できます。ただし地磁気に関するオフセットを補正しないと正確な値が求められません。市販の地磁気の方位センサには図1のようなものがあります。

●図1　市販の地磁気方位センサの例

3軸デジタルコンパス
型番　：HMC5883L（ハネウェル製）
I/F　　：I²C
電源　：2.16V〜3.6V
　　　　レンジ±0.88〜±8.8ガウス
分解能：12bit
（ストロベリーリナックス社で基板化したもの）

9軸センサ
型番　：BMX055（Bosch製）
I/F　　：I²C
電源　：3.3V/5V
項目　：3軸加速度
　　　　3軸ジャイロ
　　　　3軸磁気コンパス
（秋月電子通商で基板化したもの）

プルアップ抵抗
信号ラインを電源に接続してHigh状態とする。I²Cの場合はWired OR回路を構成している。

例えばHMC5833LセンサとPICマイコンとの接続は図2のようにI²Cで接続します。プルアップ抵抗＊が必要です。

● 図2　3軸センサの接続回路図

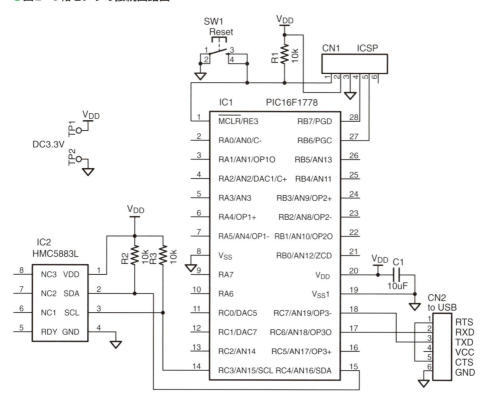

この回路で作成したテストプログラムがリスト1となります。X、Y、Z軸ごとの値と、X、Y軸の値から求めた方角をシリアル通信でパソコンに送信しています。実際には地磁気に関するオフセット補正と、Z軸に対する傾きの補正が必要なのですが、3次元的な計算が必要になるため、ここではこれらの補正は無視しています。角度への変換は、Y軸をX軸へ投影した形として下記の式で求めています。Z軸の影響は無視しています。

$$\phi = \mathrm{acos}(y / \sqrt{(x^2 + y^2)}) \quad 角度 = \phi \times 180 / 3.1416$$

実際のテスト結果が図3ですが、**近くに金属があったり磁気を帯びたものがあったりすると正確な方向にはならないので**、屋外で試せるようにしてテストする必要があります。

▼リスト1　地磁気センサのプログラム例（Compass）

```
/*******************************************
 *    3軸地磁気センサのテストプログラム
 *        Compass
 *******************************************/
#include "mcc_generated_files/mcc.h"
```

第10章 何かを測りたい

```c
#include <stdio.h>
#include <math.h>
#include "i2c_lib2.h"
/** 低レベル入出力関数の上書き **/
void putch(char Data){
    EUSART_Write(Data);
}
uint8_t Buffer[10];
int X, Y, Z;
double Temp, Direc;
/***** メイン関数 ******/
void main(void)
{
    SYSTEM_Initialize();
    INTERRUPT_GlobalInterruptEnable();
    INTERRUPT_PeripheralInterruptEnable();
    while (1)
    {
        CmdI2C(0x1E, 0x02, 00);          // 連続計測モード
        GetDataI2C(0x1E, Buffer, 6);     // 連続6バイト受信
        X = ((int)Buffer[0] << 8) | Buffer[1];
        Z = ((int)Buffer[2] << 8) | Buffer[3];
        Y = ((int)Buffer[4] << 8) | Buffer[5];
        printf("\r\nX=%4d Y=%4d Z=%4d", X, Y, Z );
        /*** 方角への変換 ***/
        Temp = sqrt((double)X*(double)X+(double)Y*(double)Y);
        Direc = acos((double)Y/Temp)*180.0/3.1416;
        printf("  Direction= %3.1f", Direc);
        __delay_ms(1000);
    }
}
```

●図3　テスト結果

```
COM3:9600baud - Tera Term VT
ファイル(F)  編集(E)  設定(S)  コントロール(O)  ウィンドウ(W)
X=-116 Y=-169 Z= -91  Direction= 145.5
X=-231 Y=-440 Z= -71  Direction= 152.3
X=-191 Y=-532 Z= -20  Direction= 160.3
X=-109 Y=-581 Z= -74  Direction= 169.0
X= -71 Y=-587 Z= -80  Direction= 173.1
X= -70 Y=-590 Z= -72  Direction= 173.2
X= -61 Y=-598 Z= -70  Direction= 174.2
X= -30 Y=-614 Z= -75  Direction= 177.2
X= -27 Y=-614 Z= -72  Direction= 177.5
X=  16 Y=-636 Z= -75  Direction= 178.6
X=  18 Y=-632 Z= -80  Direction= 178.4
X=  37 Y=-641 Z= -77  Direction= 176.7
X=  73 Y=-643 Z= -84  Direction= 173.5
X= 130 Y=-635 Z=-104  Direction= 168.4
X= 191 Y=-634 Z=-108  Direction= 163.2
X= 241 Y=-612 Z=-120  Direction= 158.5
X= 313 Y=-576 Z=-147  Direction= 151.5
X= 367 Y=-541 Z=-147  Direction= 145.8
X= 434 Y=-475 Z=-168  Direction= 137.6
X= 501 Y=-425 Z=-197  Direction= 130.3
X= 559 Y=-373 Z=-208  Direction= 123.7
X= 627 Y=-319 Z=-233  Direction= 117.0
X= 685 Y=-272 Z=-275  Direction= 111.7
```

10-2 自然界の計測

091 磁力の強さを測りたい

ホール素子
ホール効果を利用した磁気センサで磁界の強さに比例した電気信号を出力する。BLDCモータのロータ位置検出などに使われている。

磁力の強さを測るには「**ホール素子**[*]」を使います。ホール素子単体を使うためには定電流で駆動するブリッジ回路を使う必要があり、やや面倒です。しかし、最近はこれらの周辺回路を一体化したICがあり簡単に使えるようになっています。実際に市販されている磁力センサには図1のようなものがあります。

● 図1　市販の磁力センサの例

ホールセンサIC
型番　：A1324LUA-T
　　　　（Allegro MicroSystems製）
出力　：アナログ電圧出力
　　　　5mV/Gのリニア出力
電源　：5V　6.9mA
誤差　：±1.5%以下

磁気抵抗素子
型番　：DM-106B（ソニー製）
出力　：抵抗値出力
　　　　1.4kΩ～3.7kΩ
電源　：5V

ホール素子
型番　：THS119B
　　　　（東芝セミコンダクタ製）
電流　：Max10mA
出力　：電圧出力
　　　　55mV～140mV
内部抵抗：450Ω～900Ω

ここではIC化されたDM-106Bを使ってみます。実際にPICマイコンと接続する場合には図2のような回路構成とします。素子そのものは一種の可変抵抗のような構成となっているので、図のように5Vの電源とGNDに接続すれば磁力に応じた電圧が信号出力ピンから出力されます。磁力が無いとき出力電圧が約2.5Vで、磁力の向きにより上側か下側の電圧となります。しかし、出力電圧変化が最大80mVしかないのでオペアンプ[*]で増幅する必要があります。

075項p.228参照

この増幅は、磁力0のときの2.5Vからの差だけを増幅する必要があるので、オペアンプを反転増幅回路[*]とし、＋側入力に可変抵抗で2.5V付近を加え、この電圧を調整してセンサ出力の0点補正をします。そしてこの差分だけを約45倍に増幅しています。

反転増幅回路
入力に対して出力の極性が反転する増幅回路。

第10章 何かを測りたい

●図2 ホールセンサの接続回路図

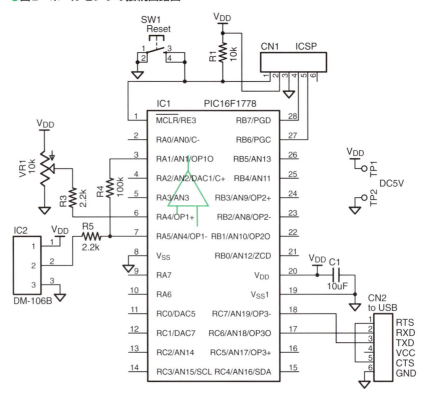

075項 p.228参照

　この回路で作成したテストプログラムがリスト1となります。オペアンプ*の出力をAD変換した結果を数値でパソコンに送信しているだけです。

▼リスト1　磁力センサのプログラム例（HallSensor）

```
/**********************************
 *   ホールセンサテストプログラム
 *      HallSensor
 **********************************/

#include "mcc_generated_files/mcc.h"
#include <stdio.h>
/** 低レベル入出力関数の上書き **/
void putch(char Data){
    EUSART_Write(Data);
}
uint16_t result;
/****** メイン関数 ***************/
void main(void)
{
    SYSTEM_Initialize();                // システム初期化
```

```
    while (1)
    {
        result = ADC_GetConversion(HAll);    // センサ出力取得
        printf("\r\nHall= %4d", result);     // PCに送信
        __delay_ms(1000);                    // 1秒で繰り返し
    }
}
```

結果のデータが図3となります。小型の磁石をセンサの上で回転させたときの出力変化で、結構敏感に反応します。磁力の強さを絶対値で計測するのは難しく相対的な変化をみることになります。磁力線の方向により値が511付近を境にして上側と下側に変わるので、いろいろな場面で使えます。

● 図3　テスト結果

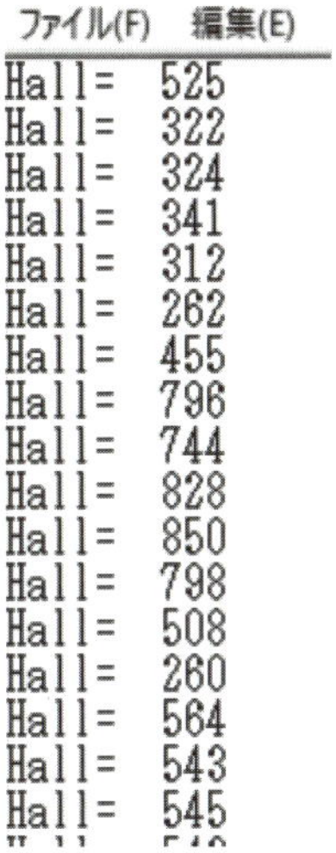

```
ファイル(F)  編集(E)
Hall=  525
Hall=  322
Hall=  324
Hall=  341
Hall=  312
Hall=  262
Hall=  455
Hall=  796
Hall=  744
Hall=  828
Hall=  850
Hall=  798
Hall=  508
Hall=  260
Hall=  564
Hall=  543
Hall=  545
```

10-2 自然界の計測

092 超音波センサで距離を測りたい

超音波
人間の耳には聞こえない高い振動数を持つ音波。通常の音と物理的特長は変わらない。伝播速度はT℃の空気中では331.5＋0.61T m/s。

超音波*の反射時間を利用して**距離**を測るセンサには図1のようなものが市販されています。図右側の超音波センサ単独で使う方法もありますが、アンプやコンパレータなどが必要となり複雑になります。図左側のHC-SR04はこれらの周辺回路を一体化した製品で、簡単に使えます。

●図1　市販の超音波距離センサの例

型番　：HC-SR04（サインスマート製）
測定距離　：2cm ～ 400cm
電源　　　：DC5V　15mA
動作周波数：40kHz
トリガ　　：Min10usec
出力　　　：距離比例パルス幅

型番　：UT1612MPR/UR1612MPR（SPL社製）
中心周波数：40kHz ± 1kHz
出力レベル：115dB @10Vrms
最大入力　：20Vp-p
受信感度　：－65dBA
検出距離　：0.2m ～ 4m

例としてHC-SR04を使ってみます。このセンサはトリガ信号を与えると超音波パルスを発生し、反射応答時間に比例した幅のパルスを出力します。実際にPICマイコンとの接続は図2のようにします。

●図2　超音波距離センサの接続回路図

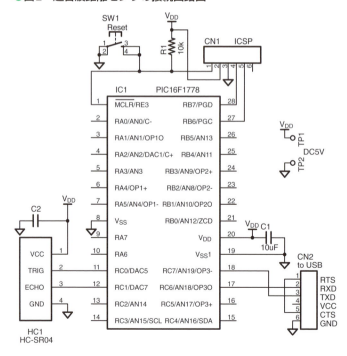

超音波を使った距離測定の原理は図3のようになります。送信側から発した超音波パルスが反射して戻ってきて、受信センサでそれを受信し、**送信から受信までの時間を測定すれば音速から距離が計算できます**。

● 図3 距離測定の原理

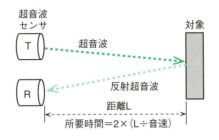

所要時間＝2×(L÷音速)

この回路で作成したテストプログラムがリスト1となります。メイン関数部とCCP*の割り込み処理関数部から構成されます。初期設定はMCC*で行っています。

パルス幅の計測*にはCCP1とCCP2とTimer1モジュールを使っています。センサの出力パルス幅は音速での往復の時間となっていますから、2cmから4mの距離でおよそ60μsecから12msecという範囲となります。

そこでTimer1を1μsecでカウントアップさせ、CCP1で立ち上がりをキャプチャし、CCP2で立ち下がりをキャプチャします。この二つのキャプチャ値の差を求めればパルス幅を1μsec単位で計測できます。あとは音速340m/secで距離に変換し半分にします。計測終了はCCP2の割り込みで判定します。

CCP
Capture/Compare/PWMの略。
Captureでパルスの幅を計測できる。

019項p.42参照

080項p.243参照

▼リスト1　超音波距離センサのプログラム例（Distance1）

```
/***************************************
 *   超音波距離センサのテストプログラム
 *         Distance1
 ***************************************/
#include "mcc_generated_files/mcc.h"
#include <stdio.h>
/** 低レベル入出力関数の上書き **/
void putch(char Data){
    EUSART_Write(Data);
}
uint8_t Flag;
float Distance;
/******** メイン関数 ****************/
void main(void)
{
    SYSTEM_Initialize();
    INTERRUPT_GlobalInterruptEnable();
    INTERRUPT_PeripheralInterruptEnable();
    while (1)
    {
```

第10章 何かを測りたい

```
        Flag = 0;                   // フラグクリア
        TMR1_WriteTimer(0);         // タイマ1クリア
        Trig_SetHigh();             // トリガパルス出力
        __delay_us(30);
        Trig_SetLow();
        __delay_ms(1000);           // 1秒待ち
        if(Flag)                    // 応答ありの場合
            printf("\r\nDistance= %3.1f cm",Distance);
        else                        // 応答なしの場合
            printf("\r\nNo Ansewer?");
        __delay_ms(2000);           // 2秒周期
    }
}


/*********************************
 * CCP2割り込み処理関数
 *********************************/
extern uint8_t Flag;
extern float Distance;
void CCP2_CallBack(uint16_t capturedValue)
{
    uint16_t Start, End, Width;

    Start = CCPR1H * 256 + CCPR1L;   // 立ち上がり
    End = CCPR2H * 256 + CCPR2L;     // 立ち下がり
    Width = End - Start;             // usec
    Distance = Width * 0.034 / 2;    // cm
    Flag = 1;                        // 応答あり
}
```

実行結果の例が図4となります。障害物を徐々に遠ざけたときの例ですが、結構正確な距離で測定できます。

● 図4 実行結果の例

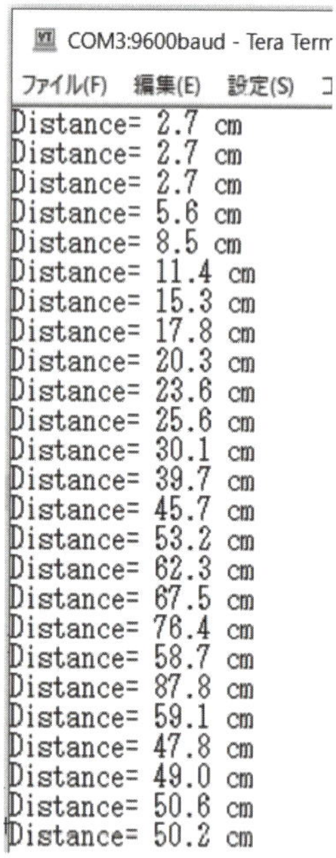

```
COM3:9600baud - Tera Term
ファイル(F) 編集(E) 設定(S)
Distance= 2.7 cm
Distance= 2.7 cm
Distance= 2.7 cm
Distance= 5.6 cm
Distance= 8.5 cm
Distance= 11.4 cm
Distance= 15.3 cm
Distance= 17.8 cm
Distance= 20.3 cm
Distance= 23.6 cm
Distance= 25.6 cm
Distance= 30.1 cm
Distance= 39.7 cm
Distance= 45.7 cm
Distance= 53.2 cm
Distance= 62.3 cm
Distance= 67.5 cm
Distance= 76.4 cm
Distance= 58.7 cm
Distance= 87.8 cm
Distance= 59.1 cm
Distance= 47.8 cm
Distance= 49.0 cm
Distance= 50.6 cm
Distance= 50.2 cm
```

10-2 自然界の計測

093 赤外線測距センサで距離を測りたい

入射角度
三角測量の原理と同じ。

赤外線の反射光の入射角度*で距離を測定するセンサで図1のようなものが市販されています。出力はアナログ電圧で距離に反比例します。あまり遠くは計測できませんが、かなり直線性よく計測できます。

● 図1 赤外線距離センサの例（グラフはデータシートより）

型番　　：GP2Y0A21YK
　　　　　（シャープ製）
測定距離：10cm〜80cm
電源　　：DC4.5V〜5.5V
出力　　：アナログ電圧

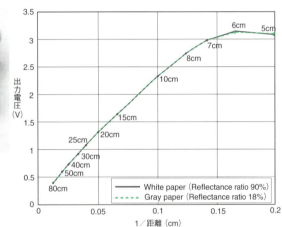

このセンサとPICマイコンとは単純にアナログ入力ピンに接続してADコンバータで計測します。これで作成したテストプログラムがリスト1となります。
3秒間隔で計測し距離に変換してパソコンに送信しています。変換はグラフを直線とみなして*y＝ax＋bで求めています。

グラフを直線とみなす
グラフの2点から直線のパラメータを求める。

▼ リスト1　赤外線距離センサのプログラム例（Distance2）

```
/***************************
 *  赤外線測距センサテストプログラム
 *  Distance2
 ***************************/
#include "mcc_generated_files/mcc.h"
#include <stdio.h>
/** 低レベル入出力関数の上書き **/
void putch(char Data){
    EUSART_Write(Data);
}
uint16_t result;
float Distance, Volt;
/***** メイン関数 *******/
```

第10章　何かを測りたい

```
void main(void)
{
    SYSTEM_Initialize();

    while (1)
    {
        result = ADC_GetConversion(Sensor);
        Volt = (result * 5.0) / 1023;
        Distance = -35.9 * Volt + 94.4;
        printf("\r\nDistance= %3.1f cm", Distance);
        __delay_ms(3000);
    }
}
```

　実行結果の例が図2となります。このときは電源電圧を5Vとしています。
　徐々に障害物を近づけたり遠ざけたりしたときの例ですが、20cm以下となると精度が急激に悪化します。数十cmの付近で使うことになります。

●図2　実行結果の例

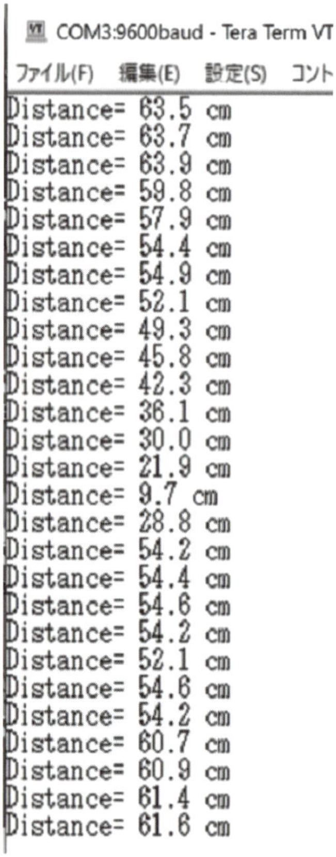

```
COM3:9600baud - Tera Term VT
ファイル(F)  編集(E)  設定(S)  コント
Distance= 63.5 cm
Distance= 63.7 cm
Distance= 63.9 cm
Distance= 59.8 cm
Distance= 57.9 cm
Distance= 54.4 cm
Distance= 54.9 cm
Distance= 52.1 cm
Distance= 49.3 cm
Distance= 45.8 cm
Distance= 42.3 cm
Distance= 36.1 cm
Distance= 30.0 cm
Distance= 21.9 cm
Distance= 9.7 cm
Distance= 28.8 cm
Distance= 54.2 cm
Distance= 54.4 cm
Distance= 54.6 cm
Distance= 54.2 cm
Distance= 52.1 cm
Distance= 54.6 cm
Distance= 54.2 cm
Distance= 60.7 cm
Distance= 60.9 cm
Distance= 61.4 cm
Distance= 61.6 cm
```

10-2 自然界の計測

094 人の接近を知りたい

焦電型赤外線センサ
物体が発する温度差により赤外線が変化することを利用したセンサ。

ドップラ効果
音波や電磁波が物体から反射されたとき、物体の移動速度により反射波の周波数が異なること。

人が**接近**していることを検出するためのセンサで、図1のようなものが市販されています。**焦電型赤外線センサ**＊は**人感センサ**としてIC化されていて多くの種類があります。また、マイクロ波のドップラ効果＊を利用した**ドップラセンサ**もあります。検出距離などでいくつかの種類があるので、用途に合わせて選択します。

●図1 市販の人感センサの例

型番　　：PSUP7C-02-NCL-16-1
　　　　　（日本セラミック製）
測定距離：Max2m
電源　　：DC3V～5.25V
出力　　：オンオフ出力

型番　　：Sb612A
測定距離：Max8m
電源　　：DC3.3V～12V
出力　　：オンオフ出力
保持　　：2sec～80min

ドップラセンサモジュール
型番　　：NJR4265 J1
　　　　　（日本無線製）
測定距離：Max10m
電源　　：DC3.3V、5.25V
出力　　：オンオフ出力（接近/離反）
　　　　　UART接続
（秋月電子通商にて基板化したもの）

いずれも人や物体などの接近をデジタルのオンオフ信号で出力するので、PICマイコン等との接続は簡単です。ドップラセンサをPICマイコンに接続した例が図2となります。

第10章　何かを測りたい

●図2　ドップラセンサの接続例

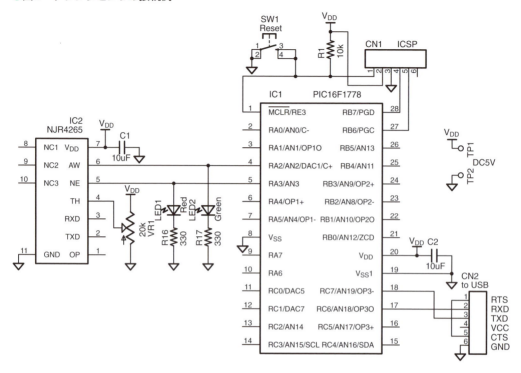

　このドップラセンサの場合には、図のように外付けで可変抵抗を追加することで検出距離を数mの範囲で調整できます。さらに近づいて来る場合と遠ざかる場合とを区別できるようになっているので、それぞれをPICマイコンの入力ピンに接続しています。この二つの入力を検知してEUSARTでパソコンにメッセージを出力することにします。

　明るさのセンサを組み合わせて暗くなってから検出するようにすることもできます。明るさセンサの使い方は「明るさを測りたい*」を参照してください。

086項 p.262参照

　この回路で作成したテストプログラムがリスト1となります。入力ピンのHighを検知したらメッセージを出力し、Highの状態が続いている間はそのまま待っています。これは、センサの出力がちょっとの間継続するようになっているので、メッセージ出力が1回だけとなるようにするためです。

　NearとAwayというピンの名称はMCCで入力ピンを設定する際に［Pin Module］*の窓で付与しています。

019項 p.44参照

　このプログラムの実行結果が図3となります。

10-2 自然界の計測

▼リスト1　ドップラセンサのプログラム例（Doppler）

```
/****************************************
 * ドップラーセンサ　テストプログラム
 *       Doppler
 ****************************************/
#include "mcc_generated_files/mcc.h"
#include <stdio.h>
/** 低レベル入出力関数の上書き **/
void putch(char Data){
    EUSART_Write(Data);
}
/****** メイン関数 *********/
void main(void)
{
    SYSTEM_Initialize();

    while (1)
    {
        if(Near_GetValue() == 1){
            printf("\r\nSomeone come here!");
            while(Near_GetValue() == 1);
        }
        if(Away_GetValue() == 1){
            printf("\r\nAnyone go away!");
            while(Away_GetValue() == 1);
        }
    }
}
```

●図3　実行結果

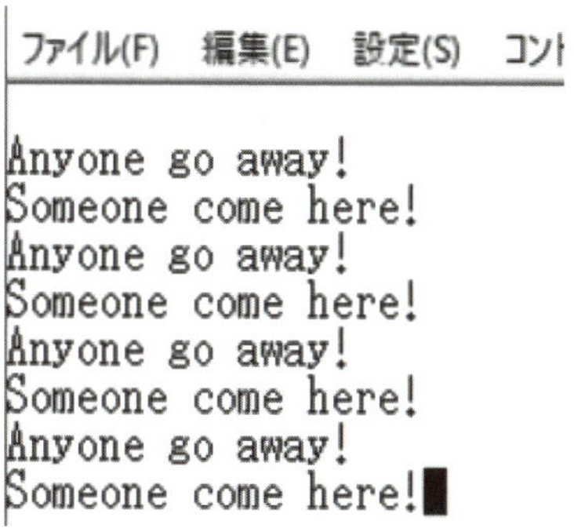

```
ファイル(F)　編集(E)　設定(S)　コント

Anyone go away!
Someone come here!
Anyone go away!
Someone come here!
Anyone go away!
Someone come here!
Anyone go away!
Someone come here!█
```

10-2 自然界の計測

095 圧力を測りたい

高分子厚膜フィルム
PTF：Polymer Thick Filmの略。

　押されたり、踏んだり、物が置かれたりという単なる**圧力**を検出するセンサには、図1のようなものがあります。いずれも高分子厚膜フィルム*でできており、圧力が無いときはほぼ無限大の抵抗値で、圧力を加えると圧力に応じて直線的に抵抗値が変化することを利用しています。形や大きさにより数種類あります。

●図1　市販の圧力センサの例

圧力センサ
型番　：FSR402
　　　（インターリンク製）
圧力　：0.2N～20N
感度　：数10g
出力　：抵抗出力
　　　　2kΩ～1MΩ
再現性：±5％
個体差：Max±25％

圧力センサ
型番　：FSR406
　　　（インターリンク製）
圧力　：0.2N～20N
感度　：数10g
出力　：抵抗出力
　　　　2kΩ～1MΩ
再現性：±5％
個体差：Max±25％

　出力は抵抗値変化ですから、図2のように接続して電圧に変換してから、AD変換で計測します。重量という絶対値は計測できませんが、相対的な差は検出できます。

　何も負荷が無いときはほぼ0Vとなり、指で軽く押さえると1V程度の電圧が出力されますから、結構敏感に検出ができます。

　これでモノが置かれたとか、壁に接触したとかの検出ができます。

●図2　圧力センサの接続回路例

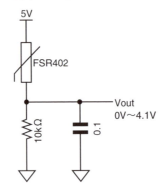

10-2 自然界の計測

096 においを測りたい

におい、つまりいろいろなガスの臭気を検出するには特殊なセンサが用意されています。市販されていて入手しやすいにおいセンサが図1のものです。多くのガスを感知して抵抗値の変化として出力します。センサをクリーンに保つため周期的にヒータでセンサを清掃する必要があります。このヒータにはパルス状に電流を流す必要があり、**長く電流を流すと断線してしまうので注意が必要です**。さらにセンサ自身も、**測定するときだけ電源を加えるようにする必要がある**ので注意しましょう。

●図1 市販のにおいセンサの例

においセンサ
型番　　：TGS2450（フィガロ技研）
検知濃度：0.1ppm
対象　　：メチルメルカプタン、
　　　　　硫化水素、エタノール、
　　　　　アンモニア
ヒータ　：138mA
　　　　　8msオン、242msオフ
センサ　：5msオン、245msオフ
抵抗出力：5.6kΩ～56kΩ

このセンサとPICマイコンとの接続は図2のようにします。ヒータには100mA以上流すのでMOSFET*トランジスタを使って制御します。またプルアップ*抵抗経由でセンサ自身に流す電流もRA4ピンで制御できるようにしています。

MOSFET
トランジスタの一種、オン抵抗が小さく大電流を流しても発熱が少ない。

プルアップ抵抗
信号ラインを電源に接続してHigh状態とするための抵抗。

●図2　においセンサの接続回路図

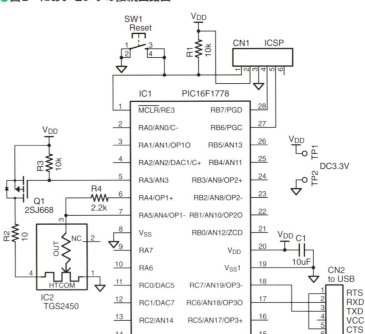

　この回路で製作したにおいセンサのテストプログラムがリスト1となります。
　250msecの周期の間にまず5msec間でセンサの計測を実行し、その後8msecだけヒータをオンにします。そのあとで計測データをパソコンに送信するということを繰り返しています。時間制御はすべてdelay関数で行っています。

▼リスト1　においセンサの例（GAS）

```
/***********************************
 *    ガスセンサテストプログラム
 *        GAS
 ***********************************/
#include "mcc_generated_files/mcc.h"
#include <stdio.h>
/** 低レベル入出力関数の上書き **/
void putch(char Data){
    EUSART_Write(Data);
}
uint16_t result;
/***** メイン関数 *******/
void main(void)
{
    SYSTEM_Initialize();
```

```
while (1)
{
    __delay_ms(237);
    Sensor_SetHigh();    // Start Mesure
    __delay_ms(3);
    result = ADC_GetConversion(Mesure);
    __delay_ms(2);
    Sensor_SetLow();     // End Mesure
    Heat_SetLow();       // Heater On
    __delay_ms(8);
    Heat_SetHigh();      // Heater Off
    printf("\r\nGas= %4d", result);
}
```

　図3が測定結果で、平常時は高い数値でほぼ一定の値の出力値となりますが、何らかのガスを検知すると急激に数値が下がります。ガスが無くなれば緩やかに値が戻ります。

● 図3　実行結果の例

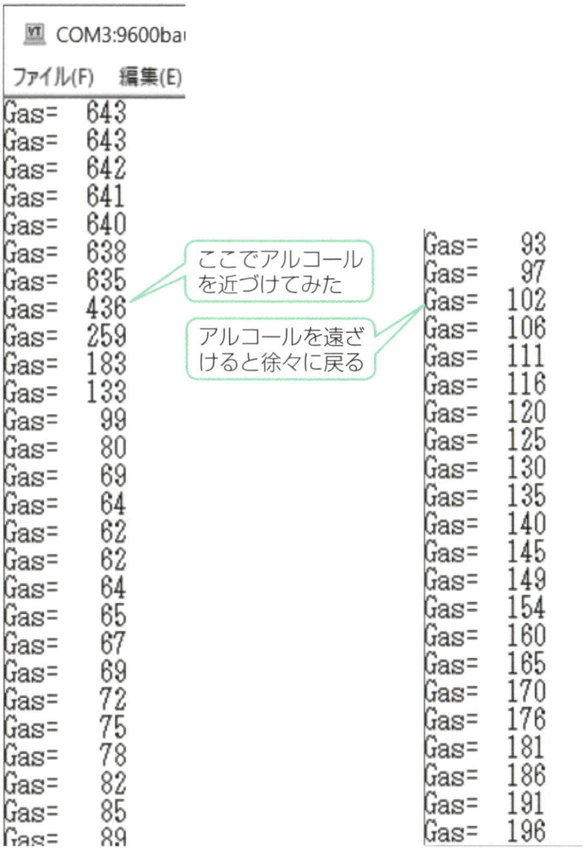

```
 COM3:9600ba
ファイル(F)  編集(E)
Gas=  643
Gas=  643
Gas=  642
Gas=  641
Gas=  640
Gas=  638         ここでアルコール
Gas=  635         を近づけてみた
Gas=  436
Gas=  259         アルコールを遠ざ      Gas=   93
Gas=  183         けると徐々に戻る      Gas=   97
Gas=  133                               Gas=  102
Gas=   99                               Gas=  106
Gas=   80                               Gas=  111
Gas=   69                               Gas=  116
Gas=   64                               Gas=  120
Gas=   62                               Gas=  125
Gas=   62                               Gas=  130
Gas=   64                               Gas=  135
Gas=   65                               Gas=  140
Gas=   67                               Gas=  145
Gas=   69                               Gas=  149
Gas=   72                               Gas=  154
Gas=   75                               Gas=  160
Gas=   78                               Gas=  165
Gas=   82                               Gas=  170
Gas=   85                               Gas=  176
Gas=   89                               Gas=  181
                                        Gas=  186
                                        Gas=  191
                                        Gas=  196
```

10-2 自然界の計測

097 人や物の通過や白黒の検出をしたい

透過型フォトインタラプタ
発光素子と受光素子を一つのパッケージにして向い合わせ、その間を物体が通過したことを検出する。

物がゲートを通過したことを監視するセンサには「**透過型フォトインタラプタ***」か、「**反射型フォトリフレクタ***」というセンサを使います。これらのセンサとして図1のようなものが市販されています。それぞれに大きさや形状で数種類があります。

●図1　市販のフォトインタラプタの例

透過型フォトインタラプタ
型番：LBT-131（Letex Technology製）
入力：LED　　Vf：1.2V～1.4V　@20mA
出力：トランジスタ　Vce(sat)：0.4V
立ち上がり/立ち下がり：10 μs

透過型フォトインタラプタ
型番：CNZ1023（パナソニック製）
入力：赤外LED　Vf：1.25V　@20mA
出力：トランジスタ　Vce(sat)：0.4V
立ち上がり/立ち下がり：5 μs

市販のフォトリフレクタの例

反射型フォトリフレクタ
型番：LBR-127HLD（Letex Technology製）
入力：赤外LED　Vf：1.2V～1.5V
　　　　　　　　If：Max 60mA
出力：トランジスタ　Vce(sat)：Max 0.4V
立ち上がり/立ち下がり：15 μs

反射型フォトリフレクタ
型番：RPR-220（ローム製）
入力：LED　Vf：1.34V～1.5V
　　　　　　　If：Max 50mA
出力：トランジスタ　Vce(sat)：Max 0.3V
立ち上がり/立ち下がり：10 μs

反射型フォトリフレクタ
発光素子と受光素子を一つのパッケージにして同じ方向に向け、物体から反射されてきた光を検知することで物体を検知する。

043項p.125参照

アナログコンパレータ
内蔵モジュールの一つで、アナログ電圧を比較してHighかLowの出力をする。

072項p.220参照

このセンサとPICマイコンとの接続方法は、フォトカプラ*と同じとなりますが、LED側とトランジスタ側の電源を絶縁する必要はなく、同じ電源としても問題ありません。入力側と出力側の抵抗値の決め方は図2のようにします。透過型の出力はデジタルのオンオフとして扱って問題ありませんが、反射型でラインの白黒を判定するような場合には、色の濃さや周囲の明るさにより、出力が完全なオンオフ状態にはならない場合があるので、アナログコンパレータ*やA/Dコンバータ*などで**出力電圧を計測して判定を行う必要があります**。

●図2　RPR220の使い方

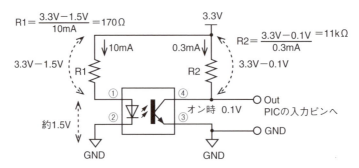

10-2 自然界の計測

098 音の大きさを測りたい

MEMS
Micro Electro Mechanical Systemsの略。
半導体の微細加工技術を応用して極小のばねや振り子、鏡などの機械素子を組み込んだ超小型の機械システム。

空間に拡がる**音**を計測するためには**マイクロフォン**を使う必要があります。最近は単なるマイクではなく、図1のようにMEMS*構造でアンプICを内蔵したものや、A/Dコンバータを内蔵してPCM*のデジタル出力ができるものも市販されています。いずれも外部でマイクの微小な電圧を増幅する必要がなくなるので音を容易に扱えて便利です。

● 図1　市販のMEMSのマイクロフォンの例

MEMSマイクロフォン
型番：SPU0414HR5H-SB
感度：－22dB
電源：DC1.5V ～ 3.6V
出力インピーダンス：400Ω
オフセット電圧：0.93V
（秋月電子通商）

MEMSデジタルマイクロフォン
型番：SPM0405HD4H
感度：－26dB
電源：DC1.6V ～ 3.6V
出力：PCM 14bitデジタル
クロック：Max3.25MHz
（秋月電子通商）

PCM
Pulse Code Modulationの略。
アナログの音声データを符号化、復号化する方式の一つで、アナログ信号の音を一定間隔でA/D変換してデジタル化する方式。

ここでは増幅回路のみ内蔵したSPU0414の方を使ってみます。PICマイコンとの接続は図2のようにします。

● 図2　マイクの接続回路図

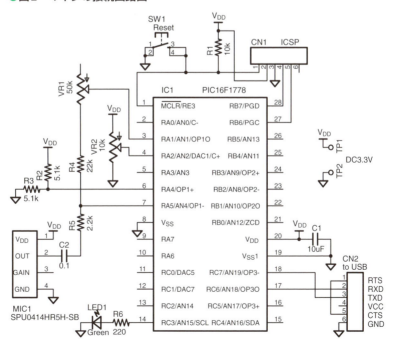

マイク出力電圧は直接ではちょっと電圧レベルが低過ぎるので、内蔵オペアンプOPA1を使って増幅します。図2の回路では、PICマイコンの内蔵オペアンプの構成を図3のようにしています。

可変抵抗（VR1）で25倍程度の増幅率で調整できるようにしています。またマイク出力には直流成分があるのでコンデンサ（C2）で音声のみ通過するようにし、さらにR2とR3の抵抗で電源電圧（V_{DD}）の1/2の電圧を加えて交流増幅ができるようにしています。これでオペアンプの出力はV_{DD}の1/2を中心に音声信号で上下することになります。

このオペアンプの出力をアナログコンパレータ*CMP2の−入力とし、＋側に接続した可変抵抗（VR2）の電圧と比較し、その出力でLEDを点灯/消灯させます。VR2の電圧を$1/2V_{DD}$よりわずかに大きくしておけば、コンパレータの出力は常時はLowで、音の入力があったときにコンパレータの出力がHighとなってLEDが点灯します。

この回路はすべてMCC*で設定するだけで完了し、プログラムによる制御はありません。コンパレータは常時はLowとなるように設定します。

アナログコンパレータ
内蔵モジュールの一つで、二つのアナログ電圧入力を比較しその大小でHighかLowの出力をする。

019項p.42参照

●図3　PIC内部の接続構成

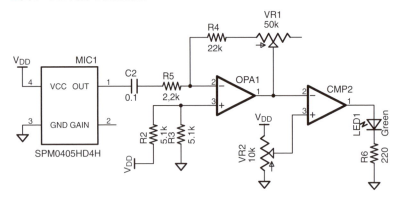

実際の動作テストでは、この回路を動作させ、マイクの前で手をたたいたりすればLEDが点灯します。音の大きさによる調節はVR1でアンプのゲインを調整し、VR2でコンパレータのスレッショルドを設定します。

第11章
音を扱いたい

　PICマイコンで音を出力したり、音声を入力したりする方法を説明します。
　音を入出力するデバイスとして次のものを説明します。

- 電子ブザー／圧電サウンダ
- スピーカ
- 音声合成IC

11-1 簡単に音を出す

099 ブザーを鳴らしたい

電子ブザー
最近は多くがセラミック素子で構成されている。

　基板に実装可能な**ブザー**として、電圧を加えるだけで一定周波数の音が出る**電子ブザー**[*]と、パルスを入力することでそのパルスの周波数の音が出る**圧電スピーカ**とか**圧電サウンダ**と呼ばれるものとの2種類があります。図1のようなものが市販されています。

●図1　市販の基板実装型電子ブザーの例

電子ブザー
型番：PKB24SPCH3601（村田製作所製）
発振周波数：3.6kHz
音圧：90dB
電源：DC2V～20V
電流：8mA～12mA

圧電サウンダ
型番：PKM13EPYH4000-AD（村田製作所製）
音圧：70dB以上
電源：Max 30Vp-p

圧電サウンダ
型番：PKLCS1212E4001-R1（村田製作所製）
適応周波数：4kHz
音圧：75dB以上
電源：Max 25Vp-p

　電子ブザーは直流電圧を加えるだけで鳴りますし、電流も10mA弱ですからPICマイコンの入出力ピンに直結してオンオフできます。
　圧電サウンダの場合は、パルスを加える必要があるので、デューティ50%のパルスで駆動します。応答周波数は数kHz付近が中心となっています。
　実際にPICマイコンに接続した回路図が図2となります。電子ブザーは極性に注意して直接PICマイコンの出力ピンに接続できますが、圧電サウンダの場合はPICマイコンの保護用に1kΩから2kΩの抵抗を直列に挿入することが推奨されています。

11-1 簡単に音を出す

●図2 ブザーの接続回路

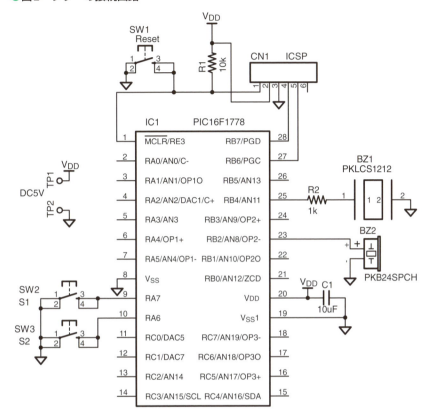

　このブザーを鳴らすプログラムがリスト1となります。
　S1を押している間BZ2の電子ブザーが一定の音で鳴動します。
　S2を押している間BZ1の圧電サウンダが8kHzから500Hzごとに周波数を下げながら各3秒間鳴動します。
　この周波数パルス生成には16ビットPWMモジュール*を使っています。本来はPWMパルスを生成するモジュールですが、ここでは周期が16ビットという高分解能であることから、広範囲の周波数を生成できることを利用しています。
　MCC*の初期設定で16ビットPWMモジュールのクロックを2MHzに設定しているので、周波数から周期値を求めるときは2MHz÷周波数となります。デューティは常に50%となるようにしています。

PWM
Pulse Width Modulation の略。16ビットPWMモジュールは内蔵モジュールの一つ。

019項p.42参照。
16ビットPWMの設定方法は066項p.198を参照。

第11章 音を扱いたい

▼リスト1　ブザーのテストプログラム（**Buzzer**）

```c
/***************************************
 *   ブザーの鳴動
 *      Buzzer
 ***************************************/
#include "mcc_generated_files/mcc.h"
uint16_t temp, Freq;
/******* メイン関数 *******/
void main(void)
{
    SYSTEM_Initialize();            // システム初期化
    Freq = 8000;                    // 周波数初期値8kHz
    PWM11_Stop();                   // PWM停止
    while (1)
    {
        if(S1_GetValue() == 0)      // S1オンの場合
            BZ_SetHigh();           // ブザーオン
        else                        // S1オフの場合
            BZ_SetLow();            // ブザー停止
        if(S2_GetValue() == 0){     // S2オンの場合
            temp = 2000000 / Freq;  // 周波数から周期
            PWM11_PeriodSet(temp);  // 周期設定
            PWM11_DutyCycleSet(temp/2); // デューティ50%
            PWM11_LoadBufferSet();  // ロード
            PWM11_Start();          // ブザー鳴動
            Freq -= 500;            // 500Hz単位
            if(Freq < 500)          // 終わりか
                Freq = 8000;        // 最初の周波数に戻す
            __delay_ms(3000);       // 3秒ごと
        }
        else                        // S2オフの場合
            PWM11_Stop();           // ブザー停止
    }
}
```

11-1 簡単に音を出す

100 音階を出力したい

音階は下記の周波数を基本にし、これを2倍にすれば1オクターブ上の音階となり、1/2にすれば1オクターブ下の音階となります。

　ド：65.406Hz　　レ：73.416Hz　　ミ：82.407Hz　　ファ：87.307Hz
　ソ：97.999Hz　　ラ：110.00Hz　　シ：123.471Hz

この音階を正確な周波数で出力するには、高分解能の発振器が必要です。PIC16F1ファミリにはNCO*というモジュールを内蔵しているファミリがあり、20ビットという高分解能で広範囲の周波数を生成できます。

NCOの内部構成は図1のようになっていて、クロックの周期ごとに増し分レジスタの値を加算器でアキュムレータ*に加算します。そしてアキュムレータがオーバーフローしたとき外部に信号を生成します。これをJKフリップフロップ*でデューティ50%のパルスにして出力するので、オーバーフロー周期の2倍の周期のパルスが出力されることになります。例えば、図1右のように31.25kHzのクロックで増し分を最小の1とすると、0.015Hz（正確には0.0149）の周波数のパルスが出力されます。したがって任意の周波数を出力する場合には、0.015で割った値を増し分レジスタにセットすればよいことになります。

NCO
Numerical Controlled Oscillatorの略。20ビットという高分解能でパルスを生成できる。

アキュムレータ
積算レジスタ。

JKフリップフロップ
フリップフロップの一種。入力にJとKがあり両方をHighのままクロックを入力すると、その1/2の周波数のパルスがD出力から出力される。

●図1　NCOモジュールの内部構成

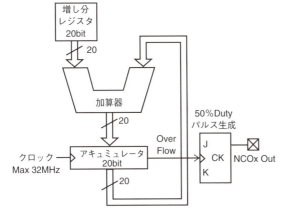

$$出力周波数 = \frac{クロック周波数 \times 増し分レジスタ値}{2 \times 2 の 20 乗（=2097152）}$$

クロックが32MHzのとき
　増し分1のとき：32MHz÷2097152＝15.26Hz
クロックが21MHzのとき
　増し分1のとき：21MHz÷2097152≒1Hz
クロックが31.25kHzのとき
　増し分1のとき：31250÷2097152≒0.015Hz

このNCOを使って実際に音階を出力してスピーカを駆動するようにした回路が図2となります。NCOを内蔵しているPIC16F18857を使います。このように小型スピーカをPICマイコンの入出力ピンに直接接続しても結構大きな

音が出ます。電解コンデンサを使って直流成分をカットし、可変抵抗をスピーカに直列に挿入して音量調整としています。

102項p.305参照

さらに本格的にスピーカを鳴らす場合には、「スピーカを鳴らしたい*」を参照してください。

●図2　音階生成の回路

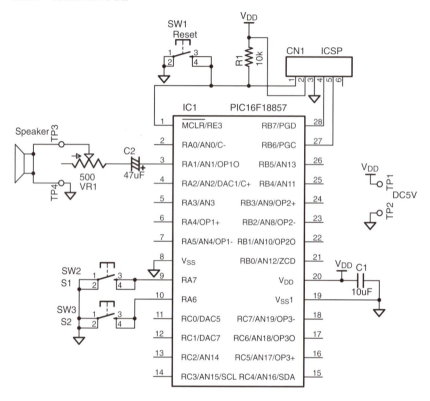

　この回路でNCOを使って音階を出力するプログラムがリスト1です。基本の音階の周波数を配列で用意し、それをオクターブごとに2倍しながら6オクターブを繰り返します。出力すべき周波数を0.0149で割り算してNCOの増し分レジスタへの設定値を求めています。これで求めた値を3個の増し分レジスタに20ビットのデータとして書き込みます。

　人間の耳は非常にシビアで、特に低い音は1Hzずれても違いがわかります。

11-1 簡単に音を出す

▼**リスト1 音階を出力するプログラム（Onkai）**

```c
/*******************************************
 * 音階を出力するプログラム
 *      Onkai
 *******************************************/
#include "mcc_generated_files/mcc.h"
double Base[7] =
    {65.406, 73.416, 82.407, 87.307, 97.999, 110.00, 123.471};
double Oct;
uint16_t i, j, k;
uint32_t Temp;

/****** メイン関数 ******/
void main(void)
{
    SYSTEM_Initialize();

    while (1)
    {
        for(j=0; j<6; j++){                   // 6オクターブ
            for(i=0; i<7; i++){               // ドからシまで
                Oct = Base[i];                // 基音取得
                for(k=0; k<j; k++)            // オクターブ変換
                    Oct = Oct*2.0;            // 2倍
                Temp = (uint32_t)(Oct/0.0149); // 増し分設定値
                NCO1INCL = Temp;              // 下位バイトセット
                NCO1INCH = Temp >> 8;         // 中位バイトセット
                NCO1INCU = Temp >> 16;        // 上位バイトセット
                __delay_ms(3000);             // 2秒待ち
            }
        }
    }
}
```

11-1 簡単に音を出す

101 正弦波を出力したい

D/Aコンバータ
内蔵モジュールの一つで、デジタル数値をアナログ電圧として出力する。

バッファ
ゲイン1倍のオペアンプ回路をバッファと呼ぶ。

　PICマイコンを使って正弦波を出力するためには、内蔵10ビットD/Aコンバータ*を使うと簡単にできます。実際には下図のように構成します。まず正弦波の1サイクルを100分割したデータを、sin関数を使ってあらかじめ生成し配列データとして保存します。このデータをタイマ2の一定周期でD/Aコンバータに順次出力します。これで正弦波の電圧がD/Aコンバータから出力されますから、内蔵オペアンプでバッファ*して外部出力とします。

●図1　正弦波の出力構成

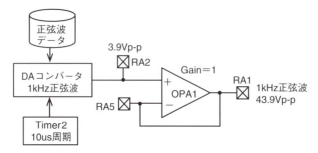

実際に出力される波形例が図2となります。

●図2　実行結果の波形例

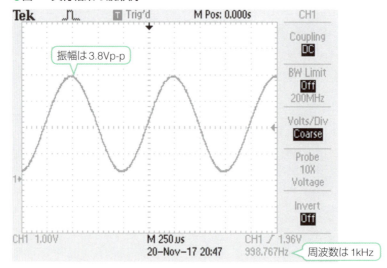

11-1 簡単に音を出す

実際の回路が図3となります。回路はすべてPICマイコンの内蔵モジュールだけで構成されますから、外部への出力ピンTP3があるだけです。

D/Aコンバータは出力駆動能力が低いのでオペアンプでバッファしてから外部出力とする必要があります。

● 図3　正弦波生成の回路

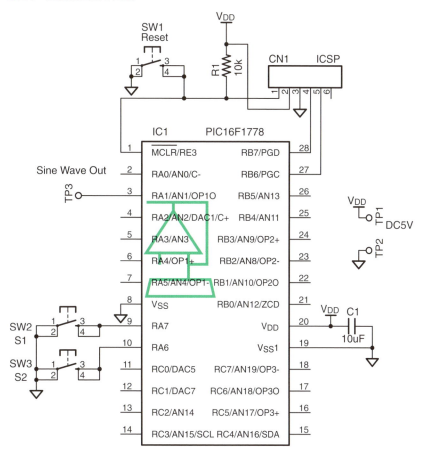

sin関数
C言語の標準算術関数の一つ、これを使うためには、math.hをインクルードする必要がある。

オペアンプの出力の最大最小電圧
電源電圧ぎりぎりまで出力できるレールツーレールのオペアンプだが、完全な0VからV_DDまでは出力できないので、それより狭い範囲の電圧で出力する。

この回路で実際に正弦波を出力するプログラムがリスト1となります。初期設定はすべてMCCで行います。

メイン関数ではまず正弦波の1サイクル分のデータを配列として確保します。これには単純にsin関数*を使い、1サイクルを100等分して生成します。D/Aコンバータが10ビット分解能ですから0から1023までの値を設定できますが、オペアンプの出力の最大最小電圧*を考慮して、511±400の範囲で生成しています。つまり電源電圧の約80%の範囲の正弦波としています。これで2.5Vを中心にして±1.5Vの振幅の正弦波を出力します。

303

> プログラムの実行速度の限界。

次に周波数はタイマ2の周期で決まりますが、プログラムの1個のデータの出力処理時間が最小8μsec程度*ですので、タイマ2の最小インターバルを10μsecとして100個のデータ出力を繰り返す周期が1msec、つまり最高周波数を1kHzとしました。

スイッチS2を押すごとに周波数を1/2にするようにして、1kHz、500Hz、250Hz、125Hz、62.5Hzの周波数の正弦波を出力します。低い周波数には特に制限はないため、さらに低い周波数とすることもできます。

出力の確認にはオシロスコープを使いましたが、いずれもきれいな正弦波として出力されています。

▼リスト1　正弦波を出力するプログラム（SineWave）

```
/**********************************************
 *    正弦波を出力するプログラム
 *        SineWave
 **********************************************/
#include "mcc_generated_files/mcc.h"
#include <math.h>

#define  C  3.141516/180.0
uint16_t n, Wave[100], Index, temp;
/***** メイン関数 *****/
void main(void)
{
    SYSTEM_Initialize();
    /** 正弦波生成 **/
    for(n=0; n<100; n++)
        Wave[n] =(unsigned int)(400.0 * sin(C * (double)n*3.6) + 511.0);
    Index = 0;                              // インデックスリセット
    temp = 9;                               // 周波数初期値1kHz

    while (1)
    {
        while(PIR1bits.TMR2IF == 0);        // タイムアウト待ち
        PIR1bits.TMR2IF = 0;                // フラグクリア
        DAC1_Load10bitInputData(Wave[Index++]); // 正弦波  DA出力
        if(Index > 99)                      // インデックス終了判定
            Index = 0;                      // 最初に戻す
        if(S1_GetValue() == 0){             // S2が押されている場合
            temp = temp + temp + 1;         // 周波数を1/2にする
            if(temp > 160)                  // 62.5Hzより下の場合
                temp = 9;                   // 1kHzに戻す
            TMR2_Period8BitSet(temp);       // 周期設定
            __delay_ms(1000);               // 1秒待ち
        }
    }
}
```

11-1 簡単に音を出す

102 スピーカで音を鳴らしたい／音を大きくしたい

オーディオアンプ
音響の信号を電力増幅し、スピーカなどの駆動に十分な電力を供給できるようにする増幅器のこと。出力可能な電力をワットで表す。

BTL
Balanced Transformer Lessの略。無音のときに出力がDC0Vとなるようにして、出力コンデンサを省略できるようにしたアンプ回路のこと。

Dクラスアンプ
デジタルPWM信号で出力し、ローパスフィルタでアナログ信号にするアンプ回路の方式のこと。

PICマイコンなどの音を本格的に**スピーカ**で鳴らすためには**オーディオアンプ***が必要です。小型低出力のオーディオアンプICとして図1のようなものが市販されています。いずれも1W以下の出力ですが、単電源で少ない外付け部品で動作するので便利に使えます。特にBTL接続*のものは大型の出力コンデンサが要らないので小型化には便利です。最近「Dクラスアンプ*」というデジタル方式のオーディオアンプ用ICも販売されていますが、**ノイズ源となることもある**ので使い方には注意が必要です。

● 図1　市販のオーディオアンプICの例

オーディオアンプ
型番　：NJM386BD（新日本無線製）
電源　：DC4V ～ 18V
出力　：0.3W @6V
電流　：5mA（無負荷）
増幅度：20 ～ 200倍

オーディオアンプ
型番　：NJM2073D（新日本無線製）
電源　：DC1.8V ～ 15V
出力　：0.3W @3V　BTL動作
電流　：6mA（無負荷）
増幅度：44dB

オーディオアンプ
型番　：HT82V739（HOLTEK Semiconductor製）
電源　：DC2.2V ～ 5.5V
出力　：1.2W @5V　BTL動作
電流　：3.5mA（無負荷）
増幅度：70dB

101項p.302参照

　実際にPICマイコンにオーディオアンプのHT82V739を接続した回路が図2となります。正弦波の出力*をスピーカで鳴らせるようにしたものです。このICはBTL接続で外付け部品も少なく出力も大きいので便利に使えます。可変抵抗で音の大きさを可変できるようにしています。

第11章 音を扱いたい

● 図2 スピーカ駆動用アンプの回路

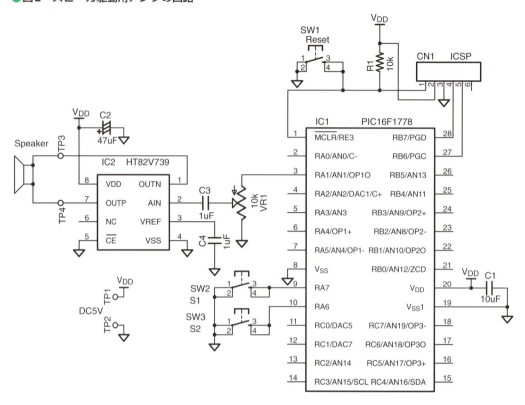

11-2 音を入出力する
103 WAVファイルの音楽を再生したい

WAV
Wave。マイクロソフトとIBMで開発された音声データを記述するためのフォーマットで非圧縮データ。

D/Aコンバータ
デジタル数値データを電圧というアナログ信号に変換する内蔵モジュールのこと。

051項p.151参照

WAV形式*の音楽を再生するためには、一定間隔でWAVファイルのデータを**D/Aコンバータ***に出力することで可能になります。

例題として、外付けのSPIフラッシュメモリ*に保存されているWAVファイルを再生してみます。このWAVファイルは、8kHzのサンプリングで8ビットモノラルのWAVファイルとします。

WAVファイル再生を実現する回路が図1のようになります。SPIで大容量フラッシュメモリを接続し、D/Aコンバータの出力をオペアンプでバッファしてRA1ピンに出力しています。この出力をオーディオアンプで増幅してスピーカを鳴らすようにしています。

●図1 WAV音楽再生用回路

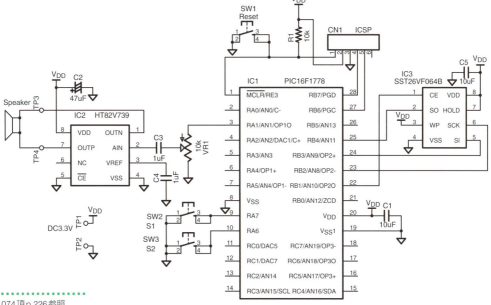

074項p.226参照

FVR
Fixed Voltage Referenceの略。定電圧リファレンス。アナログ計測やアナログ出力電圧の精度を保つためのもので、電源電圧が多少変動しても安定な一定電圧を保つ。

この回路でWAVファイルを再生するプログラムがリスト1となります。MSSPモジュール（SPI）*、D/Aコンバータ、FVR*、タイマ2モジュールを使い初期設定はすべてMCCで行っています。

フラッシュメモリには0番地から1曲のWAVファイルが書き込まれているものとしています。タイマ2の8kHzのインターバルごとに、SPIでフラッ

第11章　音を扱いたい

シュメモリから順番に1バイトを読み出し、D/Aコンバータに出力しています。曲の最後はバイト数で判定しているので、フラッシュメモリに書き込まれた曲により変更する必要があります。D/Aコンバータの出力にはオフセット（＋50）を加えてオペアンプの出力の下限[*]で出力がクリップしないようにしています。

> **出力の下限**
> オペアンプの出力が完全にV_{DD}や0ボルトまで出せないため波形の上下端がつぶれてしまうのを回避する必要がある。

▼リスト1　WAVファイル再生プログラム（WAVPlayer）

```c
/***********************************************
 * WAV再生のプログラム    8kHzサンプリング
 *  WAVPlayer
 ***********************************************/
#include "mcc_generated_files/mcc.h"
#include "spi_flash_lib.h"

uint8_t data[256];
uint32_t adrs, l;

/******** メイン関数 ************/
void main(void)
{
    SYSTEM_Initialize();

    adrs = 0;                           // アドレスリセット
    while (1)
    {
        while(PIR1bits.TMR2IF == 0);    // タイムアウト待ち
        PIR1bits.TMR2IF = 0;            // フラグクリア
        SPIFlashRead(adrs, 1, data);    // メモリから1バイト読み出し
        DAC1_Load10bitInputData(data[0]+50); // D/A出力
        adrs++;                         // 次のアドレス
        if(adrs >= 1128000) {           // データ最後判定
            adrs = 0;                   // 最初に戻す
            __delay_ms(1000);           // 1秒休み
        }
    }
}
```

このテストプログラムでは1曲だけしか再生できませんが、フラッシュメモリは8Mバイトの容量があるので、数曲は保存できます。プログラムの工夫しだいで曲の選択再生も可能です。

WAVファイルの作成の仕方は「WAVファイルをフラッシュメモリに書き込みたい[*]」を参照してください。

> 104項p.309参照

11-2 音を入出力する
104 WAVファイルをフラッシュメモリに書き込みたい

音楽の再生のために外部フラッシュメモリにWAVファイルを書き込むためには次のようにします。ここで必要なWAVファイルはモノラル、8ビット分解能、8kHzのサンプリング周期とします。

1 パソコンで元の音楽から必要なWAVファイルを作成する

フリーのAudacity*というソフトウェアを使って、変換したい音楽を取り込みます。元の音楽のファイル形式は何でも読み込めます。多くの音楽ファイルはステレオですが、Audacityのトラックメニューを使ってモノラルに変換します。次にサンプリングレートを8kHzに変更してから[Export]で書き出します。このとき図1のようにヘッダなしの8ビットエンコーデングと指定して出力します。これで必要な8ビットのモノラルのWAVファイルが生成できます。

> **Audacity**
> フリーのデジタルオーディオエディタ。https://www.audacityteam.org/よりダウンロード。

● 図1 AudacityのWAVファイルの変換設定

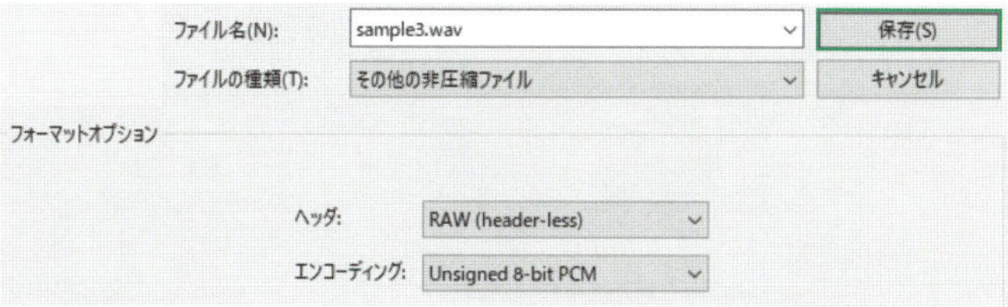

2 パソコンからシリアル通信でWAVファイルを送信する

TeraTerm*を使ってファイル送信を選択し、図2のようにバイナリモードを指定してWAVファイルを送信します。これで先に生成したWAVファイル全体をバイナリで送信してくれます。

> **TeraTerm**
> フリーソフト。COMポートで送受信ができる。

● 図2 TeraTermでファイル送信する際の設定

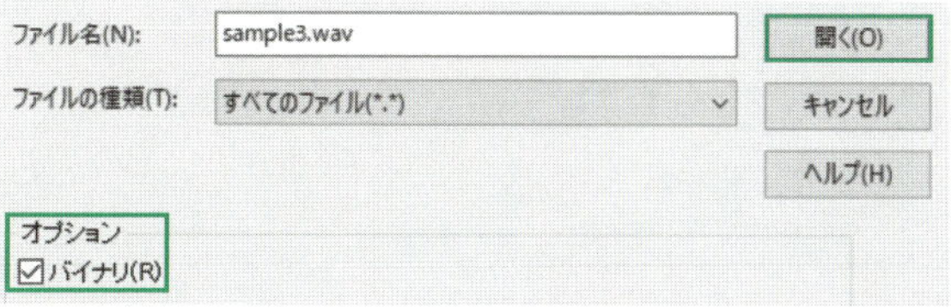

リスト1のPICマイコンのプログラムでフラッシュメモリにファイル全体を書き込むことができます。この**書き込みには長時間かかる**ので注意してください。この書き込みに必要な回路は「WAVファイルの音楽を再生したい*」と同じで、

> 103項p.307参照

EUSARTを使います。

　フラッシュメモリの1バイトの書き込みには2.5msecかかるので、EUSARTの通信速度を2400bpsにします。これで約4msecごとに1バイトが送信されますから十分に時間を確保できます。その代わりファイル全体の送信に長時間を必要とします。

　最初にフラッシュメモリを全消去しているのでこのままでは1曲のみしか書きこめません。一応消去確認のため0番地から256バイトだけをTeraTermに送信しています。

　あとはTeraTermから送られてくるデータを1バイト受信するごとにフラッシュメモリに書き込んでいます。永久に受信待ちとなるのでTeraTerm側のファイル送信完了操作で終了させてください。

▼リスト1　大容量フラッシュへの書き込みプログラム（WAVWrite）

```
/**************************************
 *  外部大容量フラッシュへの書き込み
 *     WAVWrite
 **************************************/
#include "mcc_generated_files/mcc.h"
#include "spi_flash_lib.h"
#include <stdio.h>
uint8_t data, Buffer[256];
uint32_t adrs;
char getch(void){
    return EUSART_Read();
}
void putch(char txData){
    EUSART_Write(txData);
}
/******** メイン関数 *********/
void main(void)
{
    SYSTEM_Initialize();

    __delay_ms(100);
    SPIFlashUnprotect();            // プロテクト解除
    SPIFlashErase();
    SPIFlashRead(0, 256, Buffer);   // 一括読み出し
    for(adrs=0; adrs<256; adrs++){  // 256バイト繰り返し
        if(adrs % 16 == 0)          // 16バイトごと
            printf("\r\n");         // 改行挿入
        printf(" %02X", Buffer[adrs]); // データ出力
    }
    printf("\r\nErase End!");       // チップ消去
    adrs = 0;                       // 0番地から
    while (1)
    {
        data = getch();             // 1バイト受信
        SPIFlashByteWrite(adrs, data); // 1バイト書き込み
        adrs++;                     // 次のアドレスへ
    }
}
```

11-2 音を入出力する

105 テキストを音声で出力したい（音声合成）

音声合成
人間の声を人工的に作り出すこと。

テキストを音声で読み上げるという処理は、PICマイコンだけでは難しい課題ですが、ワンチップで**音声合成***を実現してくれるデバイスが市販されています。図1がその例ですが、このデバイスそのものはAVRマイコンが元になっています。音声の種類によりいくつかのデバイスがあります。

このデバイスはローマ字のテキストと音声記号で作成した文章を音声に変換して出力します。

● 図1 市販の音声合成ICの例

型番：ATP3011F4-PU　かわいい女性
（アクエスト社製）
電源：DC2.5V ～ 5.5V
電流：3.5mA（発声時）
音声合成コア：AquestTalk pico
I/F　：UART/I²C/SPI
入力：ローマ字音声記号列
出力：8kHzFS PCM 8bit PWM

型番：ATP3011M6-PU　男性の音声
（アクエスト社製）
電源：DC2.5V ～ 5.5V
電流：3.5mA（発声時）
音声合成コア：AquestTalk pico
I/F　：UART/I²C/SPI
入力：ローマ字音声記号列
出力：8kHzFS PCM 8bit PWM

074項p.226参照

これを実際に使った回路例が図2となります。この例ではSPIのモード0*のインターフェースで接続しています。DIPスイッチは音声合成ICの動作モードの設定用で、図2中の表の4種のモードの選択ができます。出力はオーディオアンプICで増幅してスピーカを鳴らしています。

● 図2 音声合成ICの回路例

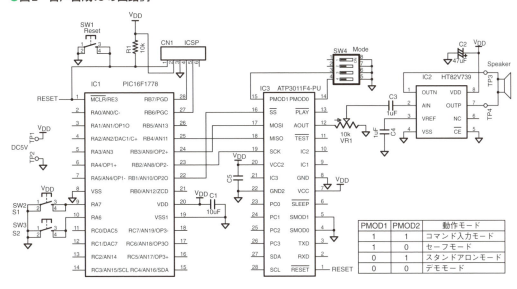

第11章　音を扱いたい

019項p.42参照

これを実際に動作させるプログラムがリスト1となります。初期設定はすべてMCC*で行っていますが、注意が必要なのはSPIの通信速度を1MHz以下にする必要があることと、1バイトごとに20μsecの間隔が必要なことです。

実際のテキストはローマ字で書く必要があり、さらにアクセントなどの専用の音声記号を加えることで自然な発声となるようにします。テキストの最後に「¥r」を付加してコマンドの終わりを表し、このあと発声を開始します。

メッセージ1は「おはようございます。いい天気ですね。」

メッセージ2は「今度はもう少し複雑な音声記号です。」と発声します。

▼リスト1　テキスト読み上げのプログラム例（TextSpeech）

```
/******************************************
 *   テキスト読み上げ　音声合成
 *     TextSpeech
 ******************************************/
#include "mcc_generated_files/mcc.h"
/*** メッセージデータ ***/
uint8_t Mesg1[] = "ohayo-gozaima_su. i/ite'nkidesune.¥r";
uint8_t Mesg2[] = "ko'ndowa mo-suko'si/fukuzatuna/onse-ki'go-de_su.¥r";
uint8_t Chaim1[] = "#K¥r";             // チャイムコマンド

void SendMessage(uint8_t *pMesg);
/******** メイン関数 **************/
void main(void)
{
    SYSTEM_Initialize();        // システム初期化

    while (1)
    {
        if(S2_GetValue() == 0){    // S2が押されたとき
            SendMessage(Mesg1);    // メッセージ1を発生
            __delay_ms(1000);      // 待ち
        }
        if(S1_GetValue() == 0){    // S1が押されたとき
            SendMessage(Mesg2);    // メッセージ2を発生
            __delay_ms(1000);      // 待ち
        }
    }
}
/***********************************
 *  SPIでメッセージ出力
 ***********************************/
void SendMessage(uint8_t *pMesg){
    CS_SetLow();                   // CS Low
    while(*pMesg != 0){            // メッセージの最後まで
        SPI_Exchange8bit(*pMesg);  // SPI送信
        pMesg++;                   // 次の文字へ
        __delay_us(20);            // 20usec待ち
    }
    CS_SetHigh();                  // CS High
}
```

第12章
インターネットにつなぎたい

インターネットのネットワークに接続してIoTを実現する方法を説明します。インターネットとの接続にはWi-Fiを使い、次のような機能を実現します。

- IFTTTを使ってGoogleのスプレッドシートにデータを追加する
- NTPを使って時刻を取得する
- Twitterを使って自動でつぶやく

第12章 インターネットにつなぎたい

12-1 ネットワーク接続する

106 IFTTTを使って計測値をブラウザで見たい

IFTTT
If This Then Thatの略。複数のウェブサービス間の連携をとることができるサービス。例えば天気予報で雨の予報なら傘を持つようにメールするなど。

スプレッドシート
Googleアプリの一つ、表計算アプリ。

Getメッセージ
Web上でサーバとクライアントが送受するメッセージの一つで、クライアントからサーバへ送信するメッセージ。

IFTTT*というネットワーク上のアプリを活用して、Googleのスプレッドシート*にデータを送信しグラフ化し、PCやスマホのブラウザでそれを見られるようにします。IFTTTの活用方法は図1のようにします。PICマイコンからデータを含んだGETメッセージ*をWi-Fi経由でIFTTTサーバに送信します。

● 図1 IFTTTを使ってデータを送る

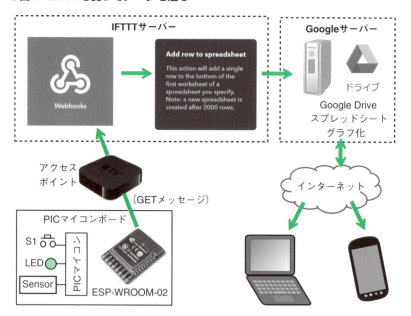

Webhook
アプリの更新情報を他のアプリへ通知する仕組みや概念のこと。

アプレット
IFTTTの中の個々のサービスのこと。

IFTTTではこれを「Webhook*」と「Spread Sheetに追加する」という二つのアプレット*を使ってGoogleサーバにデータを送信します。これでGoogleのDriveをブラウザで開いてスプレッドシートを見ればデータをどこからでもグラフとして確認できます。

IFTTTを使うためにはまずIFTTTにアカウントを作成し、上記の連携したアプレットを作成する必要があります。この手順は次のようにします。

(1) Google ChromeでIFTTTのサイト (http://ifttt.com) を開く
(2) [Sign in] ボタンをクリックしてログインする。初めての場合は [Sign up] でアカウントを作成する

12-1 ネットワーク接続する

(3) 次の画面で[My Applets]を選択して開く画面の右上の[New Applet]を選択する

(4) 次に開く画面で[if + this then that]のthisをクリックして開く画面で「webhooks」を検索してwebhooksアプレットを選択する

(5) webhooksをクリックして開く画面で[Receive a web request]内の[Event Name]欄に任意の名称（これがイベント名）を入力して[Create trigger]ボタンをクリックすればthisの設定は完了。

(6) 戻った画面で[if & this then + that]のthatをクリックして開く画面で「sheet」を検索して[Add row to spreadsheet]を選択する

(7) これで開く図2左の設定画面で、①～③のように設定し、最後に④[Create action]ボタンをクリックする。さらにこれで開く画面で⑤[Finish]ボタンをクリックする。さらにこれで開く画面で⑥[Check now]ボタンをクリックしてチェックし、OKが画面上部に表示されたら終了で、続いて画面上部の⑦Webhooksをクリックする

●図2　IFTTTの設定時のthat設定

第12章　インターネットにつなぎたい

（8）次に開く画面の右上で「Documentation」を選択すると図3の画面が開くので、ここで図のように⑧イベント名と⑨データを設定してから、⑩［Test It］をクリックすると実際にGoogleアプリの読者のスプレッドシートにLogDataというファイルが生成され、データが1行登録される

●図3　IFTTTの設定時のテスト画面例

（9）この図3のテストの画面で、そのイベント名称と、シークレットキーを記録しておく

これでIFTTTの設定は完了です。

次に、この機能を実現するためのPICマイコンの接続回路は図4のようにしました。PICマイコンにWi-Fiモジュールと気圧と温湿度が計測できるウェザーモジュール複合センサ（BME280）[*]を追加した構成としています。

Wi-FiモジュールはEUSARTで、ウェザーモジュールはI^2Cで使うようにしています。

085項p.259参照

● 図4　IFTTT用回路

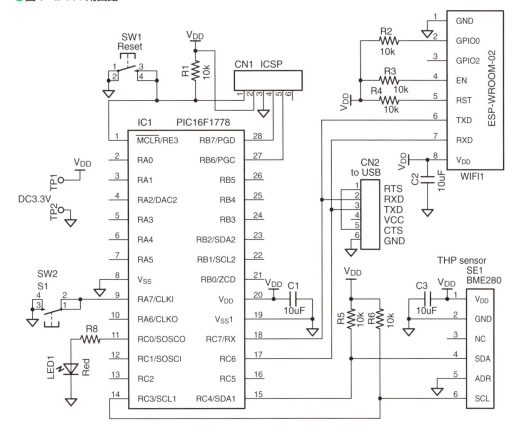

ATコマンド
米国Hayesが1980年代に開発したモデム制御用コマンドで、ATで始まるためその名で呼ばれる。

アクセスポイント
Wi-Fiルータのこと。

　この回路を使って作成したプログラムのデータ定義部がリスト1となります。ここではWi-Fiモジュールに対するATコマンド*を定義しています。このATコマンドだけでWi-Fiモジュールを制御しています。

　Joinの項のアクセスポイント*のSSIDとパスワードは読者がお使いのものに変更してください。

　次がGETメッセージの1行を分割して定義しています。event項のtriggerの項目と、secretkey項のkeyの項目については、図3で記録したイベント名とシークレットキーに変更します。これで、読者が作成したアプレットに自動でログインしてトリガできるようになります。

　この中の三つのvalueの項目のx、y、zの部分は、プログラムで計測データが文字に変換されて上書きされます。

▼リスト1　IFTTT経由でデータ送信するプログラム　その1（IFTTT）

```c
/*******************************************
 *  IFTTT経由でGoogle Driveにデータ送信
 *  IFTTT
 *******************************************/
#include "mcc_generated_files/mcc.h"
#include "bme_lib2.h"
#include "i2c_lib2.h"
/* グローバル変数、定数定義 */
double temp_act, pres_act, hum_act;
signed long temp_cal;
unsigned long pres_cal, hum_cal;
unsigned char data;
int Flag;
/* WiFi設定用コマンドデータ */
const unsigned char Mode[] = "AT+CWMODE=1\r\n";            // Station Mode
const unsigned char Join[] = "AT+CWJAP=\"502HWa-??????\",\"175?????\"\r\n";
const unsigned char Open[] = "AT+CIPSTART=\"TCP\",\"maker.ifttt.com\",80\r\n";
const unsigned char Thru[] = "AT+CIPMODE=1\r\n";           // パススルーモード
const unsigned char Send[] = "AT+CIPSEND\r\n";             // 転送開始
const unsigned char Close[] = "AT+CIPCLOSE\r\n";           // サーバ接続解除
const unsigned char Shut[] = "AT+CWQAP\r\n";               // Ap接続解除
/* GET送信用メッセージ */
const unsigned char get[] = "GET ";
const unsigned char event[] = "/trigger/Send_Data";
const unsigned char secretkey[] = "/with/key/oagzIWGq6SZxxxxxxxxxx";
unsigned char Data1[] = "?value1=xxxxxx";
unsigned char Data2[] = "&value2=yyyy";
unsigned char Data3[] = "&value3=zz";
const unsigned char post11[] = " HTTP/1.1\r\n";
const unsigned char post2[] = "Host: maker.ifttt.com\r\n\r\n";
const unsigned char Stop[] = "+++";                        // パススルー停止
/* 関数プロトタイプ */
void SendStr(const unsigned char *str);
void SendCmd(const unsigned char *cmd);
void ftostring(int sseisu, int shousu, float data, unsigned char *buffer);
/***** タイマ2割り込み処理関数 ******/
void TMR2_Process(void){
    Flag = 1;
}
```

（注釈）SSIDとパスワードは読者の環境のものに変更する

（注釈）トリガとシークレットキーは設定したものに変更する

　メイン関数部がリスト2となります。ここではWi-Fiモジュールとウェザーモジュールの初期化をしてからメインループに入ります。

　メインループでは、タイマ2の2分間隔でFlagがセットされるのを待ち、セットされたら、まずセンサからデータを取得します。その後ATコマンドでアクセスポイントに接続し、続いてIFTTTサーバと接続してGETメッセージを送信します。GETメッセージはいくつかに分割されているのでSendStr()関数で間を明けずに連続して送るようにしています。

　すべて送信完了で接続を解除して次のFlagセットを待つ状態となります。

　ATコマンドにはWi-Fiモジュールから応答があるのですが、一定時間次の

コマンド送信を待つことですべて無視しています．この他に数値を文字列に変換するサブ関数がありますが省略しています．

▼リスト2　IFTTT経由でデータ送信するプログラムその2（IFTTT）

```c
/******* メイン関数 ******************/
void main(void)
{
    SYSTEM_Initialize();
    TMR2_SetInterruptHandler(TMR2_Process);
    INTERRUPT_GlobalInterruptEnable();
    INTERRUPT_PeripheralInterruptEnable();
    Flag = 1;                              // 開始フラグオン
    bme_init();                            // センサ初期化
    bme_gettrim();                         // センサ較正値一括読み出し
    __delay_ms(1000);                      // 1秒待ち
    while (1)
    {
        if(Flag == 1){                     // フラグ待ち
            Flag = 0;                      // フラグリセット
            /** センサデータ読み出しと較正 **/
            bme_getdata();                 // センサ読み出し
            temp_cal = calib_temp(temp_raw);   // 温度較正実行
            pres_cal = calib_pres(pres_raw);   // 気圧較正実行
            hum_cal = calib_hum(hum_raw);      // 湿度較正実行
            /** 計測値実際のの値にスケール変換 ****/
            temp_act = (double)temp_cal / 100.0;  // 温度変換
            pres_act = (double)pres_cal / 100.0;  // 気圧変換
            hum_act = (double)hum_cal / 1024.0;   // 湿度変換
            ftostring(4, 1, pres_act, Data1+8);   // 気圧変換格納
            ftostring(2, 1, temp_act, Data2+8);   // 温度変換格納
            ftostring(2, 0, hum_act, Data3+8);    // 湿度変換格納
            /******* GET送信 ****/
            LED_SetHigh();                 // 目印オン
            /* サーバと接続 */
            SendCmd(Mode);                 // Station mode
            SendCmd(Join);                 // APと接続
            __delay_ms(6000);              // AP接続待ち 6秒
            SendCmd(Open);                 // サーバと接続
            __delay_ms(5000);              // サーバ接続待ち
            /** GETデータ送信 **/
            SendCmd(Thru);                 // パススルーモード
            SendCmd(Send);                 // 送信開始コマンド
            SendStr(get);                  // "GET "
            SendStr(event);                // /trigger/Send_Data
            SendStr(secretkey);            // /with/key/キーコード"
            SendStr(Data1);                // 気圧
            SendStr(Data2);                // 温度
            SendStr(Data3);                // 湿度
            SendStr(post11);               // HTTP/1.1
            SendStr(post2);                // Host: maker.ifttt.com
            __delay_ms(2000);              // サーバ処理待ち
            SendStr(Stop);                 // パススルーモード解除
            __delay_ms(1000);              // パススルー解除待ち
            SendCmd(Close);                // サーバ接続解除
            SendCmd(Shut);                 // AP接続解除
```

第12章 インターネットにつなぎたい

```
            LED_SetLow();                    // 目印オフ
        }
    }
}
/*********************************
 *  WiFi文字列送信関数
 *********************************/
void SendStr(const unsigned char *str){
    while(*str != 0)
        EUSART_Write(*str++);
}
/*********************************
 *  WiFiコマンド送信関数
 *     遅延挿入後戻る
 *********************************/
void SendCmd(const unsigned char *cmd){
    while(*cmd != 0)
        EUSART_Write(*cmd++);
    __delay_ms(1000);
}
```

プログラムを実行するとGoogleのDriveのIFTTTフォルダ内に「LogData」というファイルが自動生成され、一定時間間隔でデータが追加されます。

あとは図5のようにスプレッドシートの機能を使ってグラフ化すれば、自動的に新しいデータも追加されていきますから、インターネット経由でどこからでも最新の内容を確認できます。

● 図5　実行結果をグラフ化した例

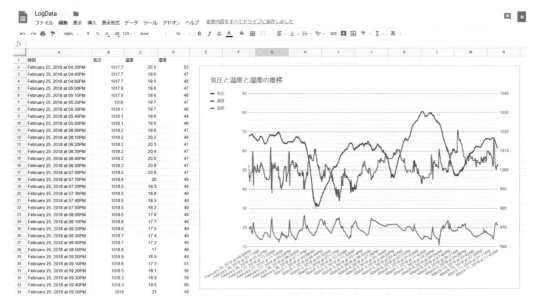

12-1 ネットワーク接続する

107 NTPから時刻を取得したい

NTP
Network Time Protocolの略。

NTPサーバ
NICT以外に下記がある。
ntp.jst.mfeed.ad.jp
s2csntp.miz.nao.ac.jp
ntp.ring.gr.jp
time.google.com

060項p.178参照

インターネットには時刻標準サーバが存在し、そこから時刻を取得するためには、**NTP**＊というプロトコルを使います。

日本ではNICT（日本通信研究機構）がサービスしているNTPサーバ＊（ntp.nict.jp）がよく使われています。ここでは、このNTPサーバに接続して時刻を取得し、時分秒を液晶表示器に表示させることにします。

必要な回路は図1となります。PICマイコンにWi-Fiモジュールと液晶表示器を接続した構成です。この回路は「ESP同士で直接通信したい＊」のサーバ側と同じです。

●図1 NTPと接続するための回路

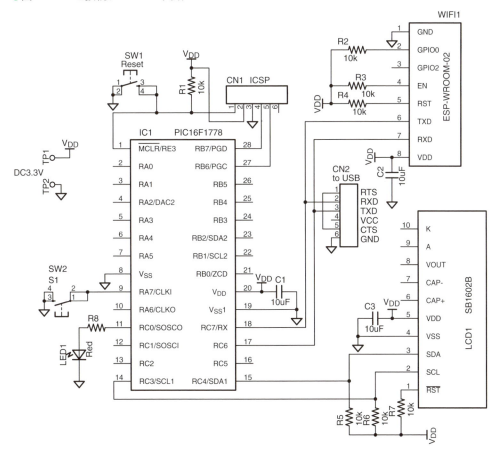

この回路でNTPから時刻を取得するプログラムを作成します。

まず、データ定義部がリスト1となります。最初に液晶表示器用のメッセージと、Wi-Fiモジュールに設定するコマンドを定義しています。Wi-Fi用のコマンドでは、**Join**項のアクセスポイントのSSIDとパスワードは読者がお使いのものに変更する必要があります。Wi-Fiモジュールの設定はすべてATコマンド*で行っています。

NTPコマンドはいくつかに分割して定義しています。送信データは48バイトと決められたサイズのものを送信する必要があります。

続いてタイマ1の30秒ごとの割り込みの**Callback**関数で**Flag**をセットしています。

> **ATコマンド**
> 米国Hayesが1980年代に開発したモデム制御用コマンドで、ATで始まるためその名で呼ばれている。

▼リスト1　NTPを使ったプログラム例　その1（NTP）

```c
/************************************
 *  NTP から時刻を取得する
 *     NTP
 ************************************/
#include "mcc_generated_files/mcc.h"
#include "i2c_lib2.h"
#include "lcd_lib2.h"
/* グローバル変数、定数定義 */
union {
    uint8_t ctime[4];       // char型
    uint32_t ltime;         // long型
}time;
uint8_t Buffer[128], Flag;   // 受信バッファ
uint32_t temp;
const uint8_t StMsg[] = "Start NTP Test!!";
uint8_t Line[]  = "Time= hh:mm:ss   ";
/* WiFi設定用コマンドデータ */
const uint8_t Mode[] = "AT+CWMODE=1\r\n";
const uint8_t Mult[] = "AT+CIPMUX=1\r\n";
const uint8_t Join[] =
    "AT+CWJAP=\"502HWa-??????\",\"175?????\"\r\n";
const uint8_t Open[] =
    "AT+CIPSTART=1,\"UDP\",\"ntp.nict.jp\",123,,0\r\n";
const uint8_t Send[] = "AT+CIPSEND=1,48\r\n";
const uint8_t Data[] =
    {0x0B,0x00,0x00,0x00,0x00,0x00,0x00,0x00,
     0x00,0x00,0x00,0x00,0x00,0x00,0x00,0x00,
     0x00,0x00,0x00,0x00,0x00,0x00,0x00,0x00,
     0x00,0x00,0x00,0x00,0x00,0x00,0x00,0x00,
     0x00,0x00,0x00,0x00,0x00,0x00,0x00,0x00,
     0x00,0x00,0x00,0x00,0x00,0x00,0x00,0x00};
const uint8_t Close[] = "AT+CIPCLOSE=1\r\n";
const uint8_t Shut[] = "AT+CWQAP\r\n";
/* 関数プロトタイプ */
void SendStr(const uint8_t *str, uint8_t cnt);
void SendCmd(const uint8_t *cmd);
void Receive(uint8_t *buf);
void itostring(int digit, int data, uint8_t *buffer);
/***** タイマ1割り込み処理 *****/
```

（SSIDとパスワードは読者の環境に変更する）

```
void TMR1_Process(void){
    Flag = 1;
}
```

　続くメイン関数部がリスト2となります。ここでは、まずアクセスポイントと接続してからメインループに進みます。
　メインループでは、タイマ1の30秒ごとのFlagセットによりNTP送受信処理が開始されます。
　最初にNTPサーバとUDPプロトコル*を使って接続し、接続できたら48バイトの固定メッセージを送信します。これでNTPサーバから48バイトの応答データが返送されますから、それを受信します。受信はEUSARTからになりますが、115.2kbpsと高速なので、MCCでの設定時に割り込みを使うようにし、さらにバッファを64バイトと大きめに設定します。
　Wi-Fiモジュールからの固定ヘッダ「+IPD,0,48:」と48バイトの58バイトが正常受信できれば、最後の8バイトにNTPサーバが送信した時間が格納されています。その前半4バイトに年月日時分秒がバイナリ値で取得できます。この時刻はサーバからの転送時間分だけ遅れますが、ここでは無視しています。
　取得したバイナリ値は1900年からの積算カウント値*になっていますから、いったんデータが確かに2000年以降であることを確認してから、24時間分のカウント値を繰り返し引き算すれば現在の時刻が残ります。そのあとは時刻を求めるために24時間、60分、60秒と割り算をしながら時分秒を求め、文字に変換して表示バッファに格納します。それを液晶表示器に表示し、最後にNTPサーバとの接続を切り離して一巡を終了します。

UDP
User Datagram Protocolの略。インターネットで使われている通信プロトコルの一つでサーバと端末との間でアドレス指定だけで直接送受信する方式。

積算カウント値
1900年1月1日午前0時を0として1秒ごとに＋1したカウント値になっている。

▼リスト2　NTPを使ったプログラム例　その2（NTP）
```
/****** メイン関数 *********/
void main(void)
{
    SYSTEM_Initialize();
    TMR1_SetInterruptHandler(TMR1_Process);
    INTERRUPT_GlobalInterruptEnable();
    INTERRUPT_PeripheralInterruptEnable();
    lcd_init();                     // LCD初期化
    lcd_clear();                    // LCD全消去
    lcd_str(StMsg);                 // 初期メッセージ
    /* サーバと接続 */
    SendCmd(Shut);                  // AP接続解除
    SendCmd(Mode);                  // Station mode
    SendCmd(Mult);                  // 多重接続
    SendCmd(Join);                  // APと接続
    __delay_ms(6000);               // AP接続待ち 6秒
    Flag = 1;
    while (1)
    {
        if(Flag){
```

第12章　インターネットにつなぎたい

```
            Flag = 0;
            /****** NTP接続 ****/
            LED_SetHigh();                   // 目印オン
            SendCmd(Close);
            SendCmd(Open);                   // サーバと接続
            __delay_ms(2000);                // サーバ接続待ち
            SendCmd(Send);                   // 送信開始コマンド
            SendStr(Data, 48);               // NTP送信データ
            Receive(Buffer);                 // NTPから受信
            /***** 受信データ処理 ****/
            time.ctime[3] = Buffer[50];      // 上位バイト
            time.ctime[2] = Buffer[51];
            time.ctime[1] = Buffer[52];
            time.ctime[0] = Buffer[53];      // 下位バイト
            /** 実時間に編集 ***/
            temp = time.ltime;               // 時間取得
            temp = temp + 9*3600;            // 9時間補正
            if(temp > 36524*86400ul){        // 2000年以降の確認
                while(temp >= 86400)         // 24*60*60
                    temp -= 86400;           // 24時以下まで
                /** 時分秒の文字に変換し表示 **/
                itostring(2, temp%60, Line+12); // 秒
                temp /= 60;
                itostring(2, temp%60, Line+9);  // 分
                temp /= 60;
                itostring(2, temp%24, Line+6);  // 時
                lcd_cmd(0xC0);               // 2行目指定
                lcd_str(Line);               // 時分秒表示
            }
            SendCmd(Close);                  // 接続解除
            LED_SetLow();                    // 目印オフ
        }
    }
}
```

次にサブ関数部がリスト3となります。

コマンド送信関数SendCmd()ではWi-Fiモジュールからの応答を無視するため1秒間の遅延を挿入しています。

受信処理関数Receive()では、1バイトごと割り込みで受信されますが、文字数の58バイト受信するまで繰り返し受信する処理としているので、58バイトを正常に受信できず永久待ちの状態にならないように、タイマ1の30秒でタイムアウトとして強制終了してメイン関数に戻るようにしています。

▼リスト3　NTPを使ったプログラム例　その3（NTP）

```
/*******************************
 * WiFi文字列送信関数
 *******************************/
void SendStr(const uint8_t *str, uint8_t cnt){
    while(cnt != 0){                 // 指定文字数繰り返し
        EUSART_Write(*str++);
        cnt--;
```

```c
    }
}
/*******************************
 *  WiFi コマンド送信関数
 *  遅延挿入後戻る
 *******************************/
void SendCmd(const uint8_t *cmd){
    while(*cmd != 0)
        EUSART_Write(*cmd++);
    __delay_ms(1000);
}
/*******************************
 * データ受信 割り込みで受信
 *******************************/
void Receive(uint8_t *buf){
    uint8_t *ptr, rcv, cnt;

    cnt = 0;                        // カウンタリセット
    ptr = buf;                      // ポインタセット
    do{
        if(EUSART_is_rx_ready()){   // 受信ありの場合
            rcv = EUSART_Read();    // 1文字取得
            if(rcv == '\n'){        // 改行の場合
                ptr = buf;          // ポインタリセット
                cnt =0;             // カウンタリセット
            }
            else{                   // 通常データの場合
                *ptr = rcv;         // バッファに格納
                ptr++;              // ポインタ更新
                cnt++;              // カウンタ更新
            }
        }
        if(Flag)                    // タイムアウト
            return;                 // 強制終了
    }while(cnt < 58);               // 58バイトまで
}
/***************************************
 *  数値から文字列に変換
 * ***************************************/
void itostring(int digit, int data, uint8_t *buffer)
{
    int i;

    buffer += digit;                // 文字列の最後
    for(i=digit; i>0; i--) {        // 最下位桁から上位へ
        buffer--;                   // ポインター1
        *buffer = (data%10)+'0';    // 文字にして格納
        data = data / 10;           // 桁-1
    }
}
```

029項p.80参照

　この他に I²C のライブラリと液晶表示器のライブラリがありますが、省略します。詳細は「I²C 接続のキャラクタ液晶表示器を使いたい*」を参照してください。

12-1 ネットワーク接続する

108 Twitterに自動でつぶやきたい

Twitter
ソーシャルネットワーキングサービスの一つで「ツイート」と呼ばれる短いメッセージや画像、動画を投稿しあうサービス。

プロキシーサービス
内外のネットワークの接続を代行するサービスのこと。

Twitter* にWi-Fi経由で自動的に任意のメッセージをつぶやく方法を解説します。Twitterに直接接続するのは、複雑な認証手順を処理する必要があり、PICマイコンレベルでは難しい処理になってしまいます。この複雑な部分を代行してくれる「**StewGate U**」というプロキシーサービス*があるのでこれを活用することにします。まず、このStewGate Uを使ってTwitter用のトークンを作成します。この手順は次のようにします。

(1) パソコンからStewGate Uのサイトにアクセスする
http://stewgate-u.appspot.com

(2) ［→使ってみる］のボタンをクリックして開くページで［Twitterにログイン］ボタンをクリックする。Twitterのアカウントが無いときは作成しておく

(3)「StewGate Uにアカウントの利用を許可しますか？」という表示がでるので［連携アプリを認証］ボタンをクリックする。これでTwitterアカウントとStewGate Uが連携できるようになる

(4) StewGate Uのダッシュボードを開くと「トークン」という32文字が表示されるので、これをコピーしておく

以上でStewGate U側の準備は完了です。
このトークンを使ってTwitterにつぶやくための回路が図1となります。スイッチS1を押したら可変抵抗の電圧値をツイートすることにします。
この回路を元に作成したプログラムがリスト1となります。最初にESP用の設定コマンドとPOSTメッセージ*を定義しています。TCP*で接続する相手がStewGate Uとなります。ここに接続してからPOSTコマンドでTwitterにつぶやくメッセージを送信します。SSIDとパスワードは読者のものに変更してください。

POSTメッセージ
Web上でサーバとクライアントが送受するメッセージの一つで、クライアントからサーバへ送信するメッセージ。

TCP
Transmission Control Protocolの略。インターネットにおいて標準的に使われている通信プロトコルの一つ。

POSTコマンドはフォーマットが決まっているのでこれに合わせる必要があります。自由になるのはつぶやくメッセージ部分でmesg[]の「&msg=」に続くデータ部になります。ここに追記したメッセージの文字数をn（CR、LFは含まない）とすると、Send[]のCIPSEND=の文字数は118＋nとなります。またcontent[]のContent-Lengthは40＋nとします。そして重要なのはkeycode[]で、ここに先に取得したStewGate Uのトークンの文字列を「_t=」のあとに追加します。
メインループの初期化はすべてMCCで行っています。スイッチS1が押さ

12-1 ネットワーク接続する

AP
Access Pointの略。インターネットのルータに相当。

れたら、AP*に接続し、StewGate Uに接続してから可変抵抗の電圧を計測して文字列で格納しています。続いてPOSTコマンドを送信し、Twitterからの応答を待って接続を切り離しています。

● 図1 Twitterにつぶやく回路

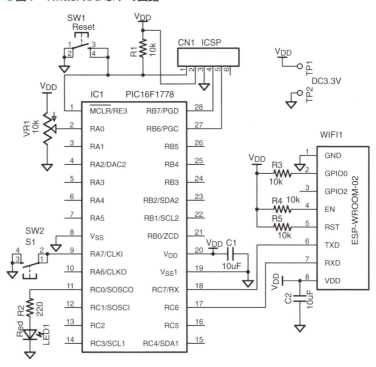

▼ リスト1 Twitterにつぶやくプログラム例（Twitter）

```
/******************************************
 * StewGate-U経由でTwitterにつぶやく
 * Twitter
 ******************************************/
#include "mcc_generated_files/mcc.h"
/* WiFi設定用コマンドデータ */
const uint8_t Mode[] = "AT+CWMODE=1¥r¥n";     // Station Mode
const uint8_t Join[] = "AT+CWJAP=¥"502HWa-??????¥",¥"175?????¥"¥r¥n";
const uint8_t Open[] =
        "AT+CIPSTART=¥"TCP¥",¥"stewgate-u.appspot.com¥",80¥r¥n";
const uint8_t Send[] = "AT+CIPSEND=134¥r¥n";  // 転送開始
const uint8_t Close[] = "AT+CIPCLOSE¥r¥n";    // サーバ接続解除
const uint8_t Shut[] = "AT+CWQAP¥r¥n";        // AP接続解除
/* POST送信用メッセージ */
const uint8_t post[] = "POST /api/post/ HTTP/1.0¥r¥n";
const uint8_t host[] = "Host:stewgate-u.appspot.com¥r¥n";
const uint8_t content[] = "Content-Length: 56¥r¥n¥r¥n";
const uint8_t keycode[] = "_t=39f1661c231cb782dcaxxxxxxxxxxxxx";
```

（SSIDとパスワードは読者の環境に変更する）

（トークンは読者のものに変更する）

第12章　インターネットにつなぎたい

```c
uint8_t mesg[] = "&msg=Volt = x.xx volt\r\n";
const uint8_t http[] = " HTTP/1.1\r\n";
/* グローバル変数、定数定義 */
uint16_t result;
double Volt;
/* 関数プロトタイプ */
void SendStr(const uint8_t *str);
void SendCmd(const uint8_t *cmd);
void ftostring(int seisu, int shousu, float data, uint8_t *buffer);
/****** メイン関数 *********/
void main(void)
{
    SYSTEM_Initialize();                // システム初期化

    while (1){
        if(S1_GetValue() == 0){
            /* サーバと接続 */
            SendCmd(Shut);              // AP接続解除
            SendCmd(Mode);              // Station mode
            SendCmd(Join);              // APと接続
            __delay_ms(6000);           // AP接続待ち 6秒
            /* 電圧計測 */
            LED_SetHigh();              // 目印オン
            result = ADC_GetConversion(POT);
            Volt = (3.3 * result) / 1023;
            ftostring(1, 2, Volt, mesg+12);
            /* StewGate接続・データ転送 */
            SendCmd(Open);              // サーバと接続
            __delay_ms(2000);           // サーバ接続待ち
            SendCmd(Send);              // 送信開始コマンド
            SendStr(post);              // POSTメッセージ送信
            SendStr(host);
            SendStr(content);
            SendStr(keycode);           // StewGate Key
            SendStr(mesg);              // メッセージ
            SendStr(http);
            while(S1_GetValue() == 0);
            __delay_ms(100);            // チャッタ回避
            LED_SetLow();               // 目印オフ
            /* 切り離し */
            __delay_ms(5000);           // 応答待ち
            SendCmd(Close);             // サーバ接続解除
            SendCmd(Shut);              // AP接続解除
        }
    }
}
```

実際にこのプログラムを実行してTwitterにつぶやいた例が図2となります。

●図2　実行結果のTwitter表示例

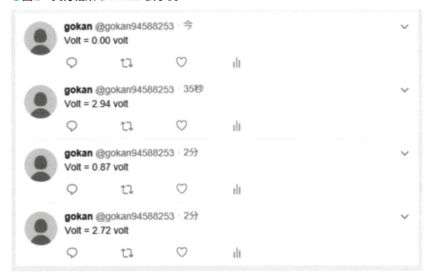

索 引

■記号・数字

- 16ビットファミリ …………………… 11
- 32ビットファミリ …………………… 11
- 3軸地磁気センサ ………………… 274
- 3端子レギュレータ ………………… 17
- 7セグメントLED …………………… 66
- 7セグメント発光ダイオード ……… 66
- 8ビットファミリ …………………… 10

■アルファベット

- A/Dコンバータ …… 220, 234, 238
- A/D変換 ……………………… 14, 220
- AC100Vのオンオフ …………… 128
- AM変調 ………………………… 204
- APモード ………………………… 175
- ASCII ……………………… 89, 168
- ATコマンド …………… 163, 175, 317
- Audacity ………………………… 309
- AVRファミリ ……………………… 11
- Bluetooth …………………… 158, 169
- BTL ……………………………… 305
- callback関数 …………………… 45
- CCP ………… 59, 186, 243, 246, 281
- CDC ……………………………… 168
- Cds ……………………………… 262
- CIP ……………………………… 57, 74
- CLC …………………………… 74, 230
- CMP1 …………………………… 58
- COG ………………………… 57, 188
- CS信号 ………………………… 227
- D/Aコンバータ ……………… 302, 307
- DCブラシモータ …………… 185, 188
- delay関数 ………………………… 48
- DHCP …………………………… 175
- DIP式ロータリースイッチ …… 112
- DIPスイッチ …………………… 109
- DMA ……………………………… 11
- DRAM …………………………… 11
- DSC ……………………………… 11
- DSP ……………………………… 11
- dsPICファミリ …………………… 11
- DSUB …………………………… 156
- Dクラスアンプ ………………… 305
- EEPROM … 132, 133, 141, 142, 146
- EERAM ………………………… 141
- ESP-WROOM-02
  ………………… 162, 171, 175, 178
- EUSART ………………… 109, 216
- EXTOSC ………………………… 29
- FET ……………………………… 26
- FETドライバ …………………… 188
- FVR ……………………………… 307
- GPS ……………………………… 267
- HEF ………………………… 132, 138
- I2C ……………………………… 223
- IDE ……………………………… 34
- IFTTT …………………………… 314
- IPアドレス ………………… 163, 175
- JKフリップフロップ …………… 299
- JTAG …………………………… 37
- LCD ……………………………… 13
- LDO ……………………………… 17
- LED …………… 48, 54, 56, 59, 63
- LEDテープ ……………………… 72
- LFINTOSC ……………………… 23
- long型 …………………………… 99
- LVP ……………………………… 43
- MCC ………………………… 34, 42
- MCLR …………………………… 43
- MEMS ………………………… 293
- MOSFET …………………… 55, 86
- MPLAB ICD4 …………………… 37
- MPLAB X IDE ………………… 34
- MPLAB XC ……………………… 34
- MPLAB XC Suite ……………… 36
- MPLAB Xpress ………………… 34
- MSSP …………………………… 223
- NCO …………………………… 299
- NTP …………………………… 321
- NVMREG ……………………… 133
- NVSRAM ……………………… 141
- PCM …………………………… 293
- PIC16LF ………………………… 22
- PIC24ファミリ …………………… 11
- PICkit3 ………………………… 37
- PICkit4 ………………………… 37
- PLL ………………………… 29, 241
- Polling ………………………… 166
- Postscaler ……………………… 29
- POSTメッセージ ……………… 326
- POT …………………………… 178
- ppm ……………………………… 32
- PPS ………………………… 45, 64

INDEX

printf ……………………………… 100	WAVファイル ……………… 307, 309	オペアンプ ……………………… 228
PWM ………………………… 59, 188	WDT ………………………… 23, 43	音階 ……………………………… 299
PWM3 …………………………… 189	Webhook ………………………… 314	音声合成 ………………………… 311
PWMモジュール ………………… 64	Wi-Fi ………………… 162, 170, 171	温度 ………………… 250, 253, 259
RCサーボ ……………… 195, 198, 202	Wi-Fiルータ …………………… 171	
RCフィルタ ……………………… 209		■か行
RS232C …………………………… 156	■あ行	回転速度 ………………… 188, 202
RTC ……………………………… 32	明るさ …………………………… 262	回転方向 ………………………… 188
S2 Terminal for Bluetooth Free … 169	アキュミュレータ ……………… 299	開発環境 ………………………… 34
sin関数 …………………………… 303	アクセスポイント ………… 163, 175	外部発振回路 …………………… 29
SMT ……………………… 240, 243	圧電サウンダ …………………… 296	ガス ……………………………… 289
SOSC …………………… 23, 240	圧電スピーカ …………………… 296	カソード ………………………… 63
SPI ……………………………… 226	圧力 ……………………………… 288	傾き ……………………………… 271
sprintf …………………………… 100	圧力センサ ……………………… 288	可変制御 ………………………… 188
SQI ……………………………… 151	アナログコンパレータ ………… 292	カラーセンサ …………………… 264
SRAM …………………………… 141	アナログ式温度センサ ………… 250	間欠動作 ………………………… 23
SSR ……………………………… 128	アノード ………………………… 63	逆起電圧 ………………………… 123
stdio.h ………………………… 218	アブソリュート型光学式	キャラクタ液晶表示器 ……… 77, 80
StewGate U …………………… 326	ロータリーエンコーダ …… 120	共通インピーダンス …………… 24
TCP ……………………… 171, 326	アプレット ……………………… 314	距離 ……………………… 280, 283
TCP/IPテストツール …………… 165	緯度 ……………………………… 267	グラフィック ………………… 84, 93
TeraTerm ……………………… 160	色 ………………………………… 264	グラフィック液晶表示器 ……… 89
TTLインタフェース ……………… 156	インクリメンタル型光学式	クリスタル発振子 ……………… 30
Twitter ………………………… 326	ロータリーエンコーダ …… 120	クロック ………………… 28, 29, 43
UART …………………………… 216	インパルス ……………………… 24	継電器 …………………………… 123
UDP ……………………………… 323	インピーダンス ………………… 24	経度 ……………………………… 267
USART ………………… 171, 216	ウェイクアップ ………………… 23	降圧型DC/DCコンバータ ……… 20
USB …………………… 156, 166	ウォッチドッグタイマ ……… 23, 43	降圧タイプ ……………………… 17
USBシリアル変換ケーブル …… 156	エディタ ………………………… 39	光学式ロータリーエンコーダ … 120
USBスタック …………………… 166	オーディオアンプ ……………… 305	高精度発振器 …………………… 31
VDD ……………………………… 189	押しボタンスイッチ …………… 106	高電子厚膜フィルム …………… 288
Watches ………………………… 41	音の大きさ ……………………… 293	高度 ……………………………… 267

331

索引

小型グラフィック液晶表示器 …… 84
コンパイラ …… 34
コンフィギュレーション
　…… 30, 38, 43
コンペアモード …… 196

■さ行

サーミスタ …… 250
最高周波数 …… 28
最大消費電流 …… 16
サブクロック …… 240
磁気コンパス …… 271
時刻 …… 32, 267, 321
システムクロック …… 30
実機デバッグ …… 37, 40
湿度 …… 253, 259
ジャイロ …… 271
シャント抵抗 …… 234
充電器 …… 25
充電制御IC …… 25
周波数 …… 246
周辺モジュール …… 13
重力加速度 …… 271
順方向電圧 …… 54
ジョイスティック …… 214
昇圧型DC/DCコンバータ …… 18
焦電型赤外線センサ …… 285
照度センサ …… 262
消費電流 …… 16
ショットキーダイオード …… 27
シリアル通信 …… 13
シリアル通信方式 …… 253

磁力 …… 277
白黒の検出 …… 292
人感センサ …… 285
シンタックス …… 39
水晶発振子 …… 30
数値の変換 …… 101
ステッピングモータ …… 191
スナバー回路 …… 128
スピーカ …… 305
スプレッドシート …… 314
スリープ …… 23, 241
正弦波 …… 302
赤外線 …… 208, 283
赤外線測距センサ …… 283
赤外線リモコン …… 208
絶縁型電流センサ …… 248
セラミック発振子 …… 30
ゼロクロスタイプ …… 127, 128
外付け大容量ICメモリ …… 141
ソリッドステートリレー …… 128

■た行

大気圧 …… 259
大電流 …… 248
ダイナミック点灯制御 …… 67
タイマ …… 14
タイマモジュール …… 50
大容量フラッシュメモリ …… 151
タクトスイッチ …… 106
タブレット …… 169, 170
多方向スイッチ …… 214
地磁気 …… 274

地磁気センサ …… 274
チャッタリング …… 106
超音波 …… 280
超音波距離センサ …… 280
調光 …… 57, 59
調歩同期式 …… 216
低消費電力 …… 22
停電 …… 32
低電圧書き込み …… 43
定電流電源 …… 57
低ドロップタイプ …… 17
低レベル入出力関数 …… 218
テキストの読み上げ …… 311
デジタル式温湿度センサ …… 253
デバイスリセット …… 23
デバッガ …… 37
デバッグ …… 40
デューティ比 …… 59
デルタシグマ型 …… 234
電圧 …… 234
電圧リファレンス …… 234
テンキー …… 114
電気二重層コンデンサ …… 27
電源 …… 16
電子ブザー …… 296
電池 …… 17, 18
点滅 …… 48
電流 …… 238
電流センサ …… 248
透過型フォトインタラプタ …… 292
統合開発環境 …… 34
トグルスイッチ …… 108

INDEX

時計 …………………………………… 32
ドットマトリクスLED ………………… 69
ドップラ効果 ………………………… 285
ドップラセンサ ……………………… 285
トリクル充電方式 …………………… 27

■な行

内蔵EEPROM ……………………… 133
内蔵発振回路 ………………………… 29
内蔵フラッシュメモリ ……………… 137
内蔵メモリ …………………………… 132
内蔵モジュール ………………… 13, 45
におい ……………………………… 289
においセンサ ……………………… 289
ニッカド電池 ………………………… 17
ニッケル水素電池 ………………… 17, 27
入出力ピン …………………………… 44

■は行

ハイエンドファミリ …………………… 11
バイト型 ……………………………… 99
バイパスコンデンサ ………………… 24
バウンシング ……………………… 106
パソコン ……………………………… 24
バックアップ ……………………… 27, 32
発光ダイオード ……………………… 48
バッファ …………………………… 302
パルス数 ……………………… 240, 246
パルス幅 …………………………… 243
パルスモータ ……………………… 191
パワーLED …………………………… 56
パワーアップタイマ ………………… 40

反射型フォトリフレクタ …………… 292
微弱電波 …………………………… 204
非ゼロクロスタイプ ………………… 127
非同期式 …………………………… 216
人の接近 …………………………… 285
人や物の通過 ……………………… 292
非反転増幅回路 …………………… 228
表現形式の変換 ……………………… 99
標準入出力関数 …………… 100, 218
ピン割り付け ………………… 45, 227
フォトICダイオード ………………… 262
フォトカプラ ……………………… 125
フォトトライアック ………………… 125
フォトリレー ……………………… 125
フォント ……………………………… 89
複合センサ ………………………… 259
ブザー ……………………………… 296
フラッシュメモリ
　　　………………… 132, 137, 151, 309
ブリッジ回路 ………………………… 14
プルアップ …………………………… 22
フルカラーLED ……………………… 63
フルカラーグラフィック
　液晶表示器 ……………………… 93
プルダウン …………………………… 22
フルブリッジ回路 ………………… 188
ブレークポイント …………………… 41
プロキシーサービス ……………… 326
プログラマ …………………………… 37
プログラム開発 ……………………… 34
プロジェクト ………………………… 38
ベースラインファミリ ……………… 10

方角 ………………………………… 274
方向 ………………………………… 214
ポーリング ………………………… 166
ホール素子 ………………………… 277
ポテンショメータ ………………… 178

■ま行

マイクロフォン …………………… 293
みちびき …………………………… 267
ミッドレンジファミリ ……………… 11
無線通信 …………………………… 204
無線リモコン ……………………… 204
メカニカル式ロータリー
　エンコーダ ……………………… 117
メカニカルリレー ………………… 123
文字 …………………………… 39, 89

■ら行

リアルタイムクロックIC …………… 32
リチウムイオン電池 …………… 17, 27
リニアレギュレータ ………………… 17
リモコン ……………………… 204, 208
リレー ……………………………… 123
ルックス …………………………… 262
レギュレータ ………………………… 17
レジスタ ……………………………… 42
ロータリーエンコーダ …… 117, 120
ロータリースイッチ ……………… 112
ロジック回路 ……………………… 230

参考文献

1. 「PIC16(L)F1777/8/9 28/40/44-Pin, 8-Bit Flash Microcontroller Data Sheet」DS40001819B

2. 「PIC16(L)F1764/5/8/9 14/20-Pin, 8-Bit Flash MCU Data Sheet」DS40001775D

3. 「PIC12(L)F1840 8-Pin Flash MCU with XLP Technology Data Sheet」DS40001441F

4. 「MCP1640/B/C/D Data Sheet」DS20002234D

5. 「MIC4682 Data Sheet」M9999-061507

6. 「MCP73831/2 Data Sheet」DS20001984G

7. 「MCP73841/2/3/4 Datasheet」DS21823D

8. 「MCP73827 Datasheet」DS21704B

9. 「SST26VF064B / SST26VF064BA 2.5V/3.0V 64 Mbit Serial Quad I/O (SQI) Flash Memory」DS20005119H

10. 「23LCV1024 1Mbit SPI Serial SRAM with Battery Backup and SDI Interface」DS25156A

11. 「25LC1024 1 Mbit SPI Bus Serial EEPROM Data Sheet」DS22064D

12. 「MCP3422/3/4 Data Sheet」DS22088C

　　PICのデータシートやMPLABの説明書については、Microchip Technology 社が著作権を有しています。本書では、図表等を転載するにあたりMicrochip Technology 社の許諾を得ています。Microchip Technology 社からの文書による事前の許諾なしでのこれらの転載を禁じます。

当社サイトからのダウンロードについて

以下のWebサイトから、本書で作成したプログラムをダウンロードできます。

　　　https://gihyo.jp/book/2019/978-4-297-10283-8/support

　ダウンロードしたプログラムは圧縮されています。解凍すると、節や章ごとにフォルダに分かれ、さらに各プロジェクトごとにフォルダにまとめられています。プロジェクトフォルダの中に、C言語によるソースファイルや、コンパイル済みのオブジェクトファイル、ライブラリなどがすべて納められています。すでにプロジェクトとして構築済みなので、MPLAB X IDEで開くことができます。

　プロジェクトを開くには、メインメニューから［File］→［Open Project…］で開きたいプログラムがあるフォルダに移動し、「○○.x」というプロジェクトファイルを選択してダブルクリックします。

■著者紹介
後閑 哲也　Tetsuya Gokan

1947年	愛知県名古屋市で生まれる
1971年	東北大学　工学部　応用物理学科卒業
1996年	ホームページ「電子工作の実験室」を開設 子供のころからの電子工作の趣味の世界と、仕事として いるコンピュータの世界を融合した遊びの世界を紹介
2003年	有限会社マイクロチップ・デザインラボ設立
著書	「PIC16F1ファミリ活用ガイドブック」「電子工作の素」 「PICと楽しむRaspberry Pi活用ガイドブック」「電子工作入門以前」 「C言語によるPICプログラミング大全」

Email　gokan@picfun.com
URL　http://www.picfun.com/

- カバーデザイン　　　平塚兼右・矢口なな (PiDEZA Inc.)
- カバーイラスト　　　石川ともこ
- 本文デザイン・DTP　（有）フジタ
- 編集　　　　　　　　藤澤奈緒美

逆引き
PIC電子工作 やりたいこと事典

2019年5月9日　　初版　　第1刷発行

著　者　後閑　哲也
発行者　片岡　巌
発行所　株式会社技術評論社
　　　　東京都新宿区市谷左内町21-13
　　　　電話　03-3513-6150　販売促進部
　　　　　　　03-3513-6166　書籍編集部
印刷／製本　図書印刷株式会社

定価はカバーに表示してあります。

本書の一部または全部を著作権の定める範囲を超え、無断で複写、
複製、転載、テープ化、ファイルに落とすことを禁じます。

©2019　後閑哲也

造本には細心の注意を払っておりますが、万一、乱丁（ページ
の乱れ）、落丁（ページの抜け）がございましたら、小社販売促
進部までお送り下さい。送料小社負担にてお取替えいたします。

ISBN978-4-297-10283-8 C3055
Printed in Japan

■注意
　本書に関するご質問は、FAXや書面でお願いいた
します。電話での直接のお問い合わせには一切お答
えできませんので、あらかじめご了承下さい。また、
以下に示す弊社のWebサイトでも質問用フォームを
用意しておりますのでご利用下さい。
　ご質問の際には、書籍名と質問される該当ページ、
返信先を明記して下さい。e-mailをお使いになれる方
は、メールアドレスの併記をお願いいたします。

■連絡先
〒162-0846
東京都新宿区市谷左内町21-13
（株）技術評論社　書籍編集部
「逆引き PIC電子工作 やりたいこと事典」係
　FAX番号：03-3513-6183
　Webサイト：https://gihyo.jp